普通高等教育工业设计专业“十二五”规划教材

产品设计表现——Photoshop+Illustrator 案例教程

任新宇 金冬 赵寅 王乐 编著

中国水利水电出版社
www.waterpub.com.cn

内 容 提 要

本教材的编写注重与实践教学相结合，通过系统规划，将计算机辅助工业设计中的材料、形态、结构、质感、色彩、肌理等设计要素的表现，以图示化的手法直观地传达给读者，并通过相关的文字说明，将表达流程规范化，力求使读者能通过某一产品表现过程的学习，掌握一类产品的表现与深入的方法。作者根据“计算机辅助工业设计”的课程特征，有针对性地通过实例分析，将计算机辅助工业设计的相关方法、原则、思考过程进行分解剖析，使学生在实践过程中能够直观地看到设计表现流程，提高学生的设计表现及深入的能力。

本教材力求与“计算机辅助工业设计”的教学过程同步，在每一部分均会针对所讲内容列出知识点中的重点、难点，以提高教学的针对性；另外，本书还提供了建议学时数，并在每节内容前进行标注，使选择本教材的老师能方便进行学时分配与调整。

本教材不仅可以作为普通高等学校工业设计、产品设计专业教材，而且可供广大从事工业产品设计的读者阅读参考。

图书在版编目（CIP）数据

产品设计表现：Photoshop＋Illustrator 案例教程/任新宇等编著．—北京：中国水利水电出版社，2013.2（2018.2 重印）
普通高等教育工业设计专业“十二五”规划教材
ISBN 978-7-5170-0658-9

Ⅰ.①产… Ⅱ.①任… Ⅲ.①产品设计-计算机辅助设计-应用软件-高等学校-教材 Ⅳ.①TB472-39

中国版本图书馆 CIP 数据核字（2013）第 032041 号

书　　名	普通高等教育工业设计专业“十二五”规划教材 **产品设计表现——Photoshop＋Illustrator 案例教程**
作　　者	任新宇　金冬　赵寅　王乐　编著
出版发行	中国水利水电出版社 （北京市海淀区玉渊潭南路 1 号 D 座　100038） 网址：www.waterpub.com.cn E-mail：sales@waterpub.com.cn 电话：（010）68367658（营销中心）
经　　售	北京科水图书销售中心（零售） 电话：（010）88383994、63202643、68545874 全国各地新华书店和相关出版物销售网点
排　　版	中国水利水电出版社微机排版中心
印　　刷	天津嘉恒印务有限公司
规　　格	210mm×285mm　16 开本　9.25 印张　247 千字
版　　次	2013 年 2 月第 1 版　2018 年 2 月第 3 次印刷
印　　数	6001—8000 册
定　　价	**36.00** 元

丛书编写委员会

普通高等教育工业设计专业“十二五”规划教材 参编院校

清华大学美术学院
江南大学设计学院
北京服装学院
北京工业大学
北京科技大学
北京理工大学
大连民族学院
鲁迅美术学院
上海交通大学
杭州电子科技大学
山东工艺美术学院
山东建筑大学
山东科技大学
东华大学
广州大学
河海大学
南京航空航天大学
郑州大学
长春工程学院
浙江农林大学
兰州理工大学
辽宁工业大学

天津理工大学
哈尔滨理工大学
中国矿业大学
佳木斯大学
浙江理工大学
青岛科技大学
中国海洋大学
陕西理工大学
嘉兴学院
中南大学
杭州职业技术学院
浙江工商职业技术学院
义乌工商学院
郑州航空工业管理学院
中国计量学院
中国石油大学
长春工业大学
天津工业大学
昆明理工大学
北京工商大学
扬州大学
广东海洋大学

任新宇，男，河北人，南京林业大学家具与工业设计学院讲师，家具设计与工程在读博士，国际商业美术师（ICAD）认证高级工业设计师，江苏省工业设计学会会员；在国内重要期刊、国际会议发表论文多篇，出版教材多部。

序

Foreword

工业设计的专业特征体现在其学科的综合性、多元性及系统复杂性上，设计创新需符合多维度的要求，如用户需求、技术规则、经济条件、文化诉求、管理模式及战略方向等，许许多多的因素影响着设计创新的成败，较之艺术设计领域的其他学科，工业设计专业对设计人才的思维方式、知识结构、掌握的研究与分析方法、运用专业工具的能力，都有更高的要求，特别是现代工业设计的发展，在不断向更深层次延伸，愈来愈呈现出与其他更多学科交叉、融合的趋势。通用设计、可持续设计、服务设计、情感化设计等设计的前沿领域，均表现出学科大融合的特征，这种设计发展趋势要求我们对传统的工业设计教育做出改变。同传统设计教育的重技巧、经验传授，重感性直觉与灵感产生的培养训练有所不同，现代工业设计教育更加重视知识产生的背景、创新过程、思维方式、运用方法，以及培养学生的创造能力和研究能力，因为工业设计人才的能力是发现问题的能力、分析问题的能力和解决问题的能力综合构成的，具体地讲就是选择吸收信息的能力、主体性研究问题的能力、逻辑性演绎新概念的能力、组织与人际关系的协调能力。学生们这些能力的获得，源于系统科学的课程体系和渐进式学程设计。十分高兴的是，即将由中国水利水电出版社出版的“普通高等教育工业设计专业‘十二五’规划教材”，有针对性地为工业设计课程教学的教师和学生增加了学科前沿的理论、观念及研究方法等方面的知识，为通过专业课程教学提高学生的综合素质提供了基础素材。

这套教材从工业设计学科的理论建构、知识体系、专业方法与技能的整体角度，建构了系统、完整的专业课程框架，此一种框架既可以被应用于设计院校的工业设计学科整体课程构建与组织，也可以应用于工业设计课程的专项知识与技能的传授与培训，使学习工业设计的学生能够通过系统性的课程学习，以基于探究式的项目训练为主导、社会化学习的认知过程，学习和理解工业设计学科的理论观念，掌握设计创新活动的程序方法，构建支持创新的知识体系并在项目实践中完善设计技能，“活化”知识。同时，这套教材也为国内众多的设计院校提供了专业课程教学的整体框架、具体的课程教学内容以及学生学习的途径与方法。

这套教材的主要成因，缘起于国家及社会对高质量创新型设计人才的需求，以及目前我国新设工业设计专业院校现实的需要。在过去的二十余年里，我国新增数百所设立工业设计专业的高等院校，在校学习工业设计的学生人数众多，亟须系统、规范的教材为专业教学提供支撑，因为设计创新是高度复杂的活动，需要设计者集创造力、分析力、经验、技巧和跨学科的知识于一起，才能走上成功的路径。这样的人才培养目标，需要我们的设计院校在教育理念和哲学思考上做出改变，以学习者为核心，所有的教学活动围绕学生个体的成长，在专业教学中，以增进学生们的创造力为目标，以工业设计学科的基本结构为教学基础内容，以促进学生再发现为学习的途径，以深层化学习为方法、以跨学科探究为手段、以个性化的互动为教学方式，使我们的学生在高校的学习中获得工业设计理论观念、专业精神、知识技能以及国际化视野。这套教材是实现这个教育目标的基石，好的教材结合教师合理的学程设计能够极大地提高学生们的学习效率。

改革开放以来，中国的发展速度令世界瞩目，取得了前人无以比拟的成就，但我们应当清醒地认识到，这是以量为基础的发展，我们的产品在国际市场上还显得竞争力不足，企业的设计与研发能力薄弱，产品的设计水平同国际先进水平仍有差距。今后我国要实现以高新技术产业为先导的新型产业结构，在质量上同发达国家竞争，企业只有通过设计的战略功能和创新的技术突破，创造出更多、自主品牌价值，才能使中国品牌走向世界并赢得国际市场，中国企业也才能成为具有世界性影响的企业。而要实现这一目标，关键是人才的培养，需要我们的高等教育能够为社会提供高质量的创新设计人才。

从经济社会发展的角度来看，全球经济一体化的进程，对世界各主要经济体的社会、政治、经济产生了持续变革的压力，全球化的市场为企业发展提供了广阔的拓展空间，同时也使商业环境中的竞争更趋于激烈。新的技术及新的产品形式不断产生，每个企业都要进行持续的创新，以适应未来趋势的剧烈变化，在竞争的商业环境中确立自己的位置。在这样变革的压力下，每个企业都将设计创新作为应对竞争压力的手段，相应地对工业设计人员的综合能力有了更高的要求，包括创新能力、系统思考能力、知识整合能力、表达能力、团队协作能力及使用专业工具与方法的能力。这样的设计人才规格诉求，是我们的工业设计教育必须努力的方向。

从宏观上讲，工业设计人才培养的重要性，涉及的不仅是高校的专业教学质量提升，也不仅是设计产业的发展和企业的效益与生存，它更代表了中国未来发展的全民利益，工业设计的发展与时俱进，设计的理念和价值已经渗入人类社会生活的方方面面。在生产领域，设计创新赋予企业以科学和充满活力的产品研发与管理机制；在商业流通领域，设计创新提供经济持续发展的动力和契机；在物质生活领域，设计创新引导民众健康的消费理念和生活方式；在精神生活领域，设计创新传播时代先进文化与科技知识并激发民众的创造力。今后，设计创新活动将变得更加重要和普及，工业设计教育者以及从事设计活动的组织在今天和将来都承担着文化和社会责任。

中国目前每年从各类院校中走出数量庞大的工业设计专业毕业生，这反映了国家在社会、经济以及文化领域等方面发展建设的现实需要，大量的学习过设计创新的年轻人在各行各业中发挥着他们的才干，这是一个很好的起点。中国要由制造型国家发展成为创新型国家，还需要大量的、更高质量的、充满创造热情的创新设计人才，人才培养的主体在大学，中国的高等院校要为未来的社会发展提供人才输出和储备，一切目标的实现皆始于教育。期望这套教材能够为在校学习工业设计的学生及工业设计教育者提供参考素材，也期望设计教育与课程学习的实践者，能够在教学应用中对它做出发展和创新。教材仅是应用工具，是专业课程教学的组成部分之一，好的教学效果更多的还是来自于教师正确的教学理念、合理的教学策略及同学习者的良性互动方式上。

2011 年 5 月

于清华大学美术学院

前言

Preface

“计算机辅助设计”是工业设计专业的一门重要课程，除了要通过课程让学生掌握一些产品效果表现的技巧和方法外，还应该根据课程特点，通过教学互动在宏观上培养学生的设计思维，使其明确设计绝不是简单的产品细节和特效的表现，而是对设计问题解决方案的系统的、创造性的探索。

鉴于国内计算机辅助工业设计的发展现状，本书选择 Photoshop 和 Illustrator 两款软件作为主要表现工具，通过大量实例系统讲述了以平面软件为主的计算机辅助工业设计的表现思路、方法及过程。它有别于其他辅助设计书籍，本书在前半部分利用一定篇幅将设计表现的基本原理、方法等内容进行了系统梳理，希望通过如此安排，让学生的关注点从分散的表现技巧集中到表现思路甚至设计思路上来。

本教材由南京林业大学任新宇统稿，并与南京林业大学的金冬老师、赵寅老师，以及南京工业职业技术学院的王乐老师共同编著。其中第 1～4 章以及附录部分由任新宇老师编写；第 5 章的 5.1 节和 5.2 节与第 6 章的 6.1 节和 6.2 节由金冬老师编写；赵寅老师编写了第 6 章的 6.3 节；王乐老师以及邵荔同学参与了本书部分案例的制作。参与编写工作的还有南京工业大学的张耀引老师、华南农业大学的高锐涛老师、江苏城市职业学院的周莹老师，以及华东理工大学的王焱老师。

由于时间关系以及作者水平有限，书中难免存在不当之处，恳请读者和设计界的前辈、专家、同仁给予批评指正。

编者

2012.11

目录

Contents

第 1 章

Chapter 1

计算机辅助工业设计——超现实工业设计开发

教学内容：①工业设计与计算机辅助设计的关系；②计算机辅助工业设计相关概念；③计算机辅助工业设计中常用的平面软件。

教学目标：了解计算机辅助设计的发展历史，理清工业设计与计算机辅助设计之间的关系，明确学习计算机辅助设计的重点及目标，了解计算机辅助设计中常用的二维软件。

授课方式：多媒体教学、理论知识与典型案例结合讲解。

建议学时：2～4 学时。

在世界工业设计的发展史上，技术与艺术长久以来交织在一起，难割难舍。工业设计以大批量生产为特点，工业革命之后，由于技术的进步和大工业生产的发展，从传统手工艺产业中分离出来，所以，从工业设计出现之初，技术就是推动和制约其发展的重要因素。当今各类高新技术中，以计算机技术为核心的信息技术无疑是最具代表性的技术之一，它已经给社会生活的各个方面带来十分深远的影响。具体到计算机技术对工业设计的影响，可以用广泛而深刻来描述。一方面，计算机的应用极大地改变了工业设计的技术手段，改变了工业设计的程序与方法，与此相适应，设计师的观念和思维方式也有了很大的转变；另一方面，以计算机技术为代表的高新技术开辟了工业设计的崭新领域，先进的技术必须与优秀的设计结合起来，才能使技术人性化，真正服务于人类，工业设计对推动高新技术产品的进步起到了不可估量的作用，计算机发展的历史本身就说明了这一点（见图 1.1）。

现阶段，企业信息化已成为一种必然的趋势，真正意义的计算机辅助设计是企业信息化进程中的有机组成部分，是工业设计走向精确、优质、高效的必要手段，是艺术与技术的桥梁。产品的设计、生产、管理及销售是一个复杂的循环系统，工业设计存在于这个系统环境中，其中每一个环节的运作都会对其他部分产生影响，只有建立 CAD/CAID/CAE/CAPP/CAM/PDM 等的 CIMS 集成系统才能充分发挥计算机快速、准确、高效的优势，直至产品的设计、开发过程可通过计算机系统进行优化，各设计部门能够并行工作，实时互动，使从概念设计到最终投产的整个设计研发过程，均能通过计算机进行模拟、仿真、评价、分析和修改。同时，由于数字化信息在传递过程中不会造成数据丢失，从

图 1.1　计算机的加入让设计师能够在产品批量生产之前直观而全面地检判设计

而能有效保证设计的原创性，提高产品设计的品质。

1.1　工业设计与计算机

计算机与工业设计的结合首先取决于计算机图形技术的发展。1958 年，CA Comp 公司推出的滚筒式绘图仪是世界上首台计算机图形输出设备，它的出现既满足了辅助设计制图的需要，也为计算机图形艺术的发展搭好了舞台。1963 年，《计算机与自动化》杂志发起了第一次计算机艺术竞赛。参赛的大部分作品都是用绘图仪或线条打印机输出的。计算机艺术的研究在贝尔实验室也获得了进展，他们以字母或图标的集散来表现照片明暗的灰度变化，创作出了“计算机裸体”等许多作品。

在竞争无处不在的今天，创新是提高企业竞争力的关键。个性化的需求、快速多变的市场，以及日益加剧的国际化竞争，都要求企业能够对市场作出快速反应，计算机辅助设计技术正好满足了这一需求。纵观工业设计的发展史，每一种设计工具都有它的独特性，计算机也不例外。它对工业设计的影响不仅表现在它能更有效地完成创作工作，而且其区别于其他传统设计工具的特点也给工业设计带来了新的风格、新的语言（见图 1.2）。与此同时还对工业设计的工作程序及方法产生了深远的影响。计算机对设计的变革，在很大程度上丰富了我们的设计思维与设计实践，使原来以传统方式很难甚至不可能的完成的任务成为了可能；许多原来需要耗费大量精力、物力的事情，变得方便快捷了，甚至可以做得干净利落、轻松自如（见图 1.3）。尽管设计的本质并不会也不可能因为计算机的引入而变化。

工业设计是从社会、经济、技术、艺术等多种角度，对批量生产的工业产品的功能、材料、结构、形态、色彩、表面处理、装饰等要素进行综合性的设计（见图 1.4），创造出能够满足人们不断增长的物质需求的新产品。工业设计在技术创新、产品成型以及商品的销售、服务和企业形象的树立过程中，都扮演着重要的角色，它是现代工业文明的灵魂，是现代科学技术与艺术的统一，也是科技与经济、文化的高度融合（见图 1.5）。随着科学技术的高速发展，特别是信息时代的到来，市场对产品的性能、价格和交货期的要求更加苛刻，要求产品的研发周期短、品种多样化、趣味化、个性化、小批量（见图 1.6），这些都要求制造企业能够快速开发出高质量的产品，以影响市场、响应市场的需求、提

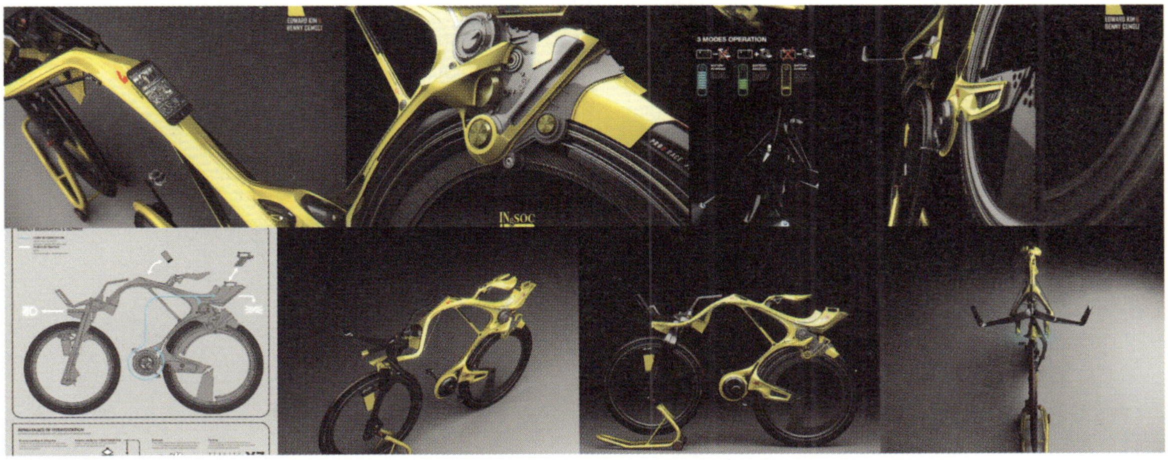

图 1.2　设计师 Edward Kimand Benny Cemoli 非常有趣的自行车概念设计产品

不寻常的空气动力学组合外形、传统的自行车和先进的混合动力技术的灵活处理，
让普通的自行车表现出了梦幻般的感觉。

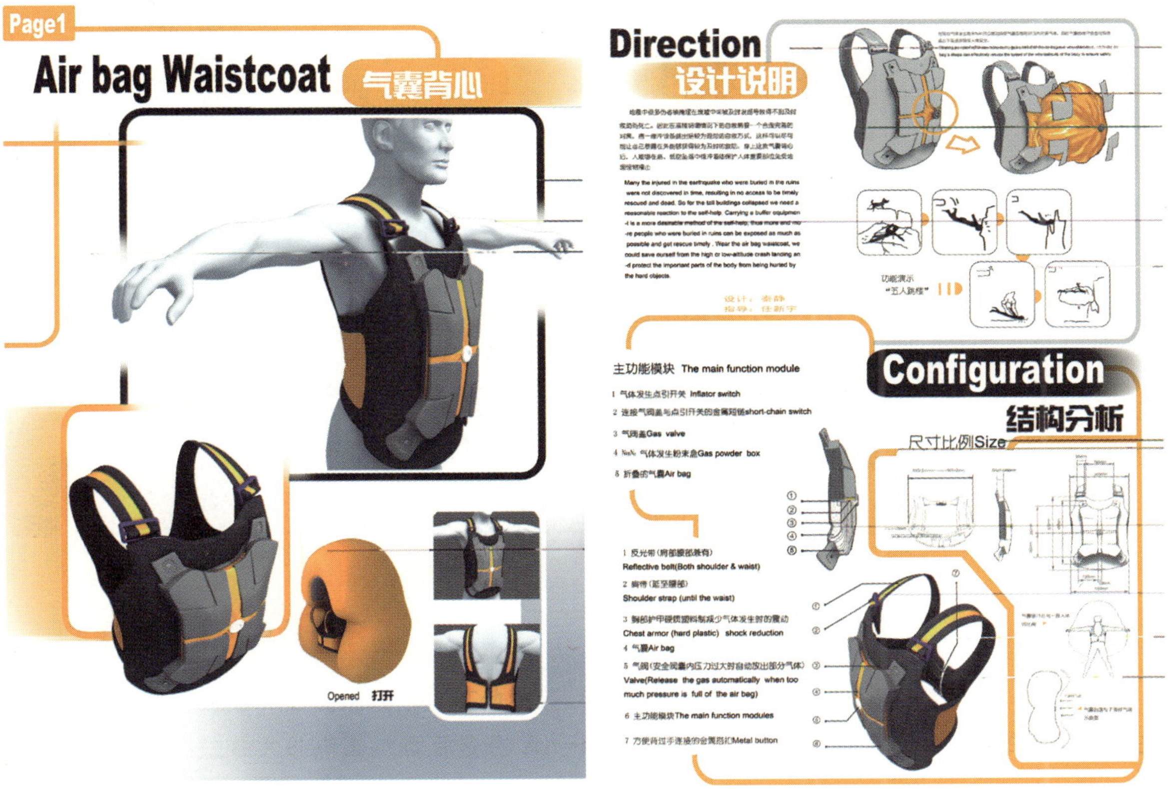

图 1.3　单人用高层住宅逃逸救生包（设计：秦静　　指导：任新宇）

虚拟技术让复杂多变的设计任务变得更加科学和直观。

高自身的竞争力。传统的产品设计方法已经不能满足瞬息万变的市场需求，因此基于计算机技术的CAID（计算机辅助工业设计）应运而生。

CAID，即在计算机技术和工业设计相结合形成的系统支持下，进行工业设计领域内的各种创造性活动，与传统的工业设计相比，CAID 在设计方法、设计过程、设计质量和设计效率等各方面都发生

图 1.4　Philips 公司设计的一系列产品

产品设计是一个系统工程，需要综合功能、结构、材料、形态、色彩以及环境等多个要素的影响。

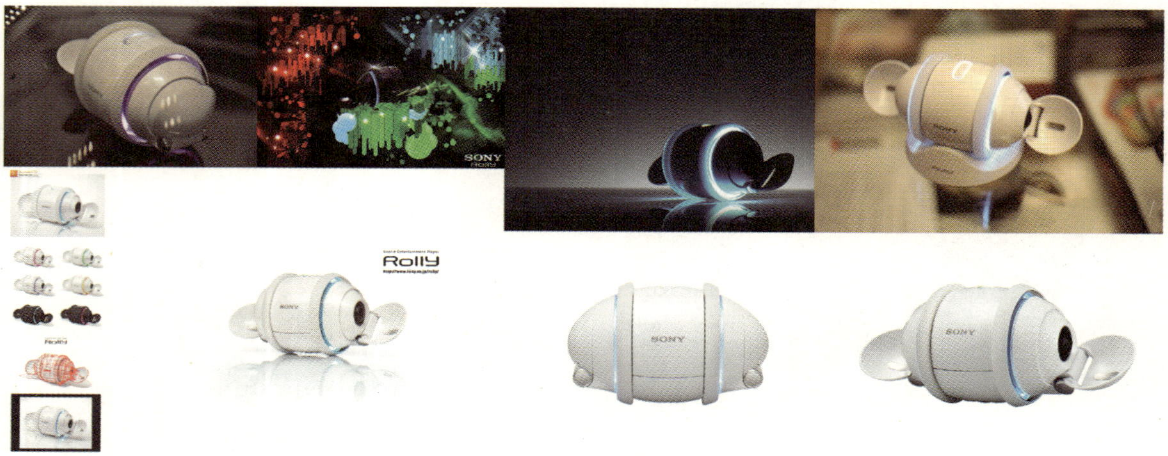

图 1.5　Sony 公司设计的音乐播放器

高新技术只有依附于具体的产品形式，才能为更多的普通消费者所使用。

了质的变化，它涉及 CAD 技术、人工智能技术、多媒体技术、虚拟现实技术、敏捷制造、优化技术、模糊技术、人机工程等许多信息技术领域，是一门综合的交叉性学科（见图 1.7）。

在以推动经济发展为根本目的的设计产业上，我们比西方发达国家落后了许多，以 OEM 生产为代表的劳动密集型产业在国民经济发展中的比重很难让我们满意，在全球经济一体化的大潮中，为了推动中国工业设计产业化的发展进程，加快与国际先进设计水平接轨的步伐，我们的企业不但要重视

图 1.6　调味瓶设计产品

对产品个性化的追求，消费者已经不再满足于只是占有和使用与其他人一样的产品，

而工业生产也越来越背离其出现之初的批量化生产原则。

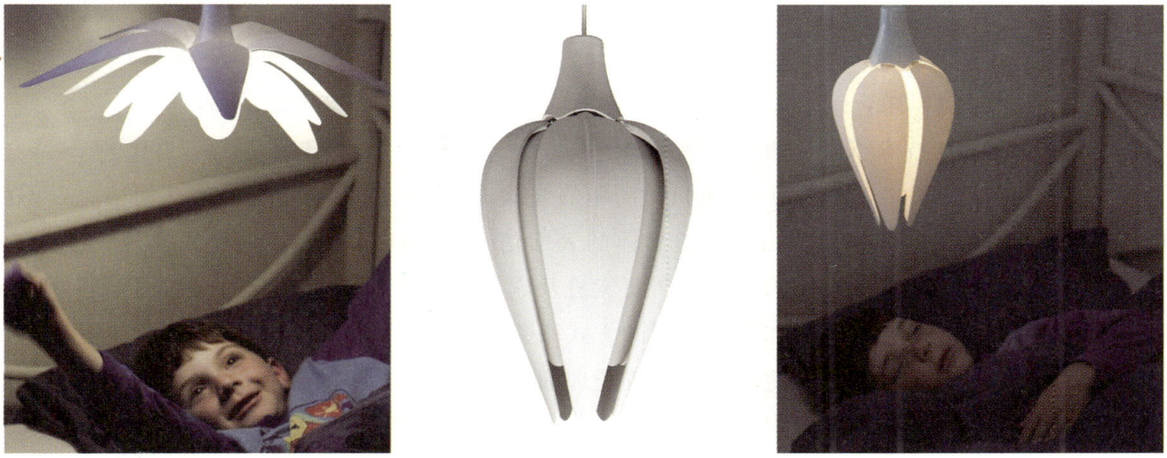

图 1.7　由 3 位挪威设计师（Marianne Varmo、Heidi Buene、Audun Kollstad）一起设计的花瓣吊灯产品

吊灯关闭时就像一个花苞，当打开时，会像花儿一样绽放。更为有趣的是，

晚上睡觉时，它可以定时逐渐闭合花瓣来关闭灯光。

CAID，而且更应该关注 CAID 设计中人机系统之间的互动模式。为了缩短时间并确保产品的新颖性、独特性、准确性，采用 CAID 是提高效率最有效的方法。工业设计解决的是人的需求问题，所以 CAID 也应该关注人的因素，建立更好的人与机器的互动模式，还应以计算机和网络等信息技术为辅助工具，实现产品形态、色彩、宜人性设计和美学原则的量化描述，从而设计出更加实用、经济、美观、宜人和创新的产品，满足人们不同层次的需求（见图 1.8）。

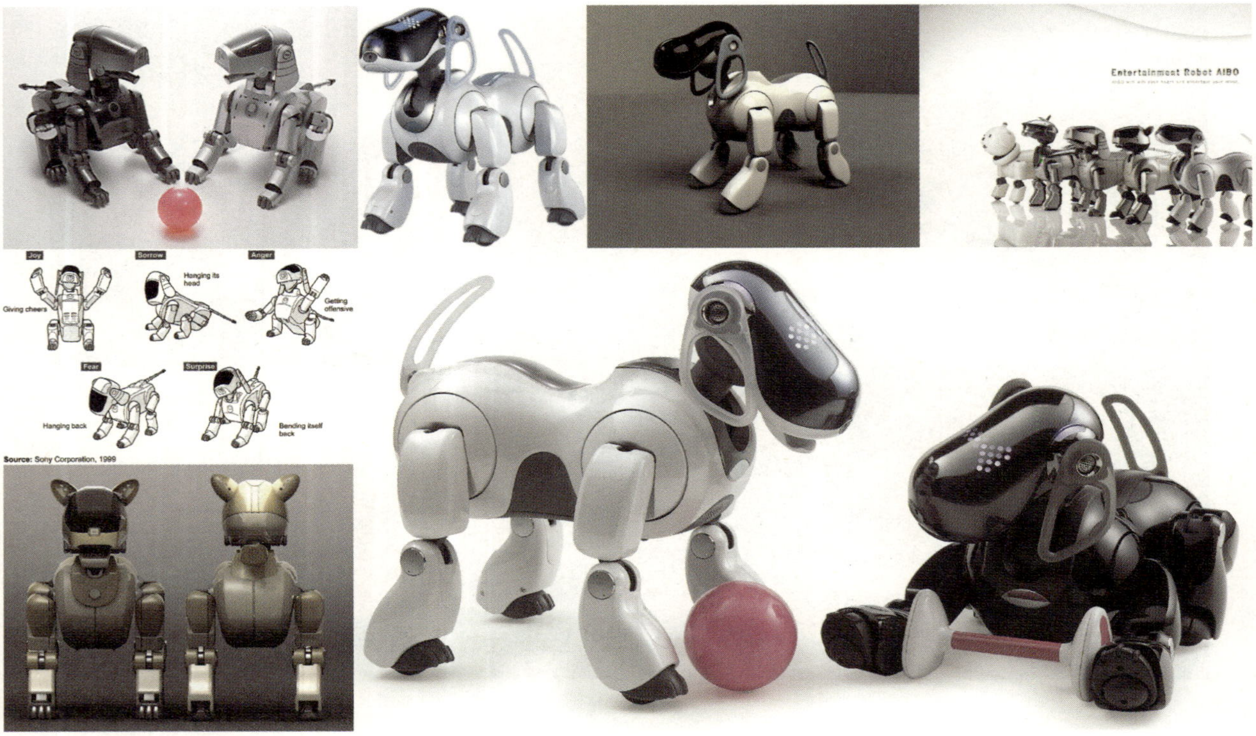

图 1.8　Sony 公司设计的智能电子宠物狗产品，能根据人的指令做出不同的动作、表情与主人互动

1.1.1　CAD 发展历史

CAID，也即计算机辅助工业设计，是 CAD（计算机辅助设计）学科中的一个分支。自从 20 世纪 50 年代 CAD 技术发展以来，到今天的广泛应用，此间经历了几次大的技术性革命。

1.1.1.1　第一次 CAD 技术革命—曲面造型系统

20 世纪 60 年代出现的三维 CAD 系统只是简单的线框式系统，只能表达基本的几何信息，不能有效地表达几何数据间的拓扑关系。由于缺乏形体的表面信息，CAE 及 CAM 均无法实现。进入 70 年代，正值飞机和汽车工业蓬勃发展的时期，期间飞机及汽车制造中遇到的大量的自由曲面问题，在当时的技术条件下只能用多截面视图和特征纬线的方式来进行表达。之后，在制造技术高速发展的背景下，法国人提出了贝赛尔算法，这使得用计算机处理曲线及曲面问题变得可行。法国达索飞机制造公司运用此算法，在二维绘图系统 CADAM 的基础上，开发出以表面模型为特点的三维造型系统 CATIA。CATIA 的出现，标志着计算机辅助设计技术从单纯模仿工程图纸的三视图模式中解放出来，首次实现以计算机完整描述产品零件的主要信息，同时也使得 CAM 技术的开发有了现实的基础。曲面造型系统 CATIA 为人类带来了第一次 CAD 技术革命，改变了以往只能借助油泥模型来近似表达曲面的工作方式。在这个时期，CAD 技术价格极其昂贵，软件商品化程度很低，只有少数几家受到国家财政支持的军火商，在 20 世纪 70 年代冷战时期才有条件独立开发或依托某厂商发展 CAD 技术。

例如：

CADAM—由美国洛克希德（Lockheed）公司支持；

CALMA—由美国通用电气（GE）公司支持；

CV—由美国波音（Boeing）公司支持；

IDEAS—由美国国家航空及宇航局（NASA）支持；

UG—由美国麦道（MD）公司开发；

CATIA—由法国达索（DASSAULT）公司支持。

这时的 CAD 技术主要应用于军用工业。与此同时一些民用主干工业，如汽车业也开始开发一些曲面系统为自己服务，如：

SURP—大众汽车公司；

PDGS—福特汽车公司；

EUCLID—雷诺汽车公司。

另外丰田和通用等汽车公司也开发了自己的 CAD 系统，但由于无军方（或国家财政）支持，开发经费及经验不足，其开发出来的软件商品化程度较军方支持的系统要低，功能覆盖面和软件水平亦相差较大。

1.1.1.2 第二次 CAD 技术革命—实体造型技术

20 世纪 80 年代初，CAD 系统的价格依然令一般企业望而却步，这使得 CAD 技术的市场覆盖率很低；在此背景下，为使自己的产品更有特色，以 CV、SDRC、UG 为代表的计算机辅助系统开发企业开始尝试建立自己的软件特色，希望能有所突破。70 年代末到 80 年代初，由于计算机技术的大跨步前进，CAD、CAM 技术也开始有了较大发展。SDRC 公司在当时“星球大战”的背景下，由美国宇航局支持，开发出了许多分析模块，用以降低巨大的太空实验费用，同时在 CAD 技术方面也进行了许多开拓；UG 则在曲面技术的基础上发展 CAM 技术，用以满足麦道飞机零部件的加工需求；CV 和 CALMV 则将主要精力都放在 CAD 市场份额的争夺上。

尽管有了表面模型，CAM 的问题可以基本解决，但由于表面模型只能表达形体的表面信息，难以准确表达零件的其他特性，如质量、重心、惯性矩等，这些缺点对 CAE 十分不利，最大的问题在于分析的前处理特别困难。基于对 CAD/CAE 一体化技术发展的探索，SDRC 公司于 1979 年发布了世界上第一个完全基于实体造型技术的大型 CAD/CAE 软件 I-DEAS。由于实体造型技术能够精确表达零件的全部属性，在理论上有助于统一 CAD、CAE、CAM 的模型表达，这无疑能给设计带来惊人的方便性，因此绝大多数人认为实体造型技术代表着未来 CAD 技术的发展方向，于是一时间实体造型技术呼声满天下。

实体造型技术带来了算法改进和未来发展希望的同时，也带来了数据计算量的极度膨胀。在当时的硬件条件下，实体造型的计算及显示速度很慢，这在很大程度上影响了其实际推广的效果。由于以实体模型为基础的 CAE 本身就属于高层次技术，普及面窄；另外，在算法和系统效率的矛盾面前，许多赞成实体造型技术的公司并没有下大力气去开发它，而是转去开发相对容易的表面造型技术，各公司的技术开发再度分道扬镳，实体造型技术因此没能在整个行业迅速推广，而推动此次技术革命的 SDRC 公司也与幸运之神擦肩而过，失去了一次大发展的机会。

不过，在此后的十年里，随着硬件性能的提高，实体造型技术又逐渐为众多 CAD 系统所采用。在这段技术跌宕起伏的时期，CV 公司最先在曲面算法上取得了突破，计算速度得到了大幅度提高。由于 CV 提出集成各种软件，为企业提供全方位解决方案的思路，并采取了将软件的运行平台向价格较低的小型机转移等有力措施，使其一举成为 CAD 领域的领导者，市场份额上升到第一位，同时兼并了 CALMA 公司，实力迅速膨胀。

1.1.1.3 第三次 CAD 技术革命—参数化技术

正当 CV 公司业绩蒸蒸日上以及实体造型技术逐渐普及之时，CAD 技术的研究又迎来了它的重大发展。

如果说在此之前的造型技术都属于无约束自由造型的话，进入 20 世纪 80 年代中期，CV 公司内部以高级副总裁为首的一批人提出了一种比无约束自由造型更新颖、更好的算法—参数化实体造型方法，这种算法主要有以下特点：基于特征、全尺寸约束、全数据相关、尺寸驱动设计修改。

当时的参数化技术还有很多技术难点有待攻克，CV 公司内部也就是否投资参数化技术展开了激烈争论。由于参数化技术核心算法与以往系统有本质差别，若采用参数化技术，势必要将全部软件重写，投资及工作量将非常惊人；另一点就是，当时参数化技术主要用于航空和汽车工业，而且尚不能为这些工业中所需的大量自由曲面提供有效的工具，更何况当时 CV 软件在市场上呈供不应求之势。因此，CV 公司内部否决了参数化方案。

策划参数化技术的这些人在新设想无法实现的情况下集体离开了 CV 公司，成立了一家参数化技术公司（Parametric Technology Corp. PTC），开始研制名为 Pro－ENGINEER 的参数化软件。早期的 Pro－ENGINEER 软件性能很低，只能完成简单的工作，但由于第一次实现了尺寸驱动零件设计修改，使人们看到了它给设计者带来的方便性。

80 年代末，计算机技术迅猛发展，硬件成本大幅度下降，CAD 技术硬件平台成本从二十几万美元降到几万美元，很多中小企业也开始有能力使用 CAD 技术。由于它们的设计工作量并不大，零件形状也不复杂，更重要的是他们无钱投资大型高档软件，因此他们把目光投向了中低档的 Pro－ENGINEER 软件。PTC 也正是因为瞄准了这一中档市场，迎合了众多中小企业在 CAD 技术上的需求，一举取得成功（见图 1.9）。进入 20 世纪 90 年代，参数化技术变得成熟起来，充分体现出其在通用件、零部件设计上存在的简便易行的优势。继而，PTC 公司又试图进入高端 CAD 市场，与 CATIA、SDRC、CV、UG 等群雄在汽车及飞机制造业市场逐鹿。目前，PTC 在 CAD 市场份额排名已名列前茅。可以说，参数化技术的应用主导了 CAD 发展史上的第三次技术革命。

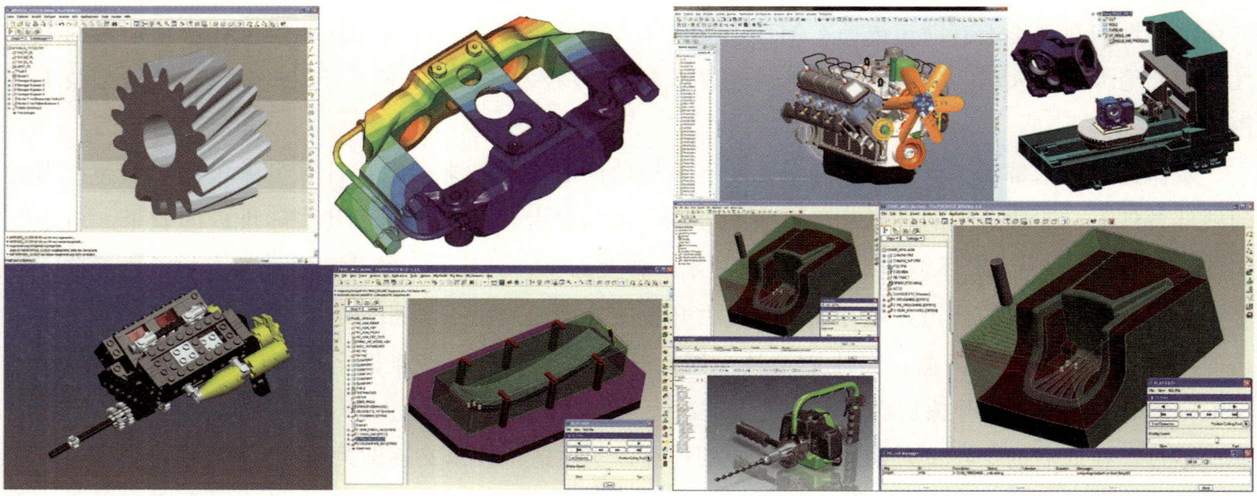

图 1.9 不同版本 Pro－ENGINEER 的工作

1.1.1.4 第四次 CAD 技术革命—变量化技术

参数化技术的成功应用，使它几乎成为 CAD 业界的标准，许多软件厂商纷纷起步开发自己的参数化设计软件。但是技术理论上的认可并非意味着实践上的可行性。由于 CATIA、CV、UG、EDCLID 都在原来的非参数化模型的基础上开发集成了许多其他应用软件，包括 CAM、PIPING 和 CAE 接口等，在 CAD 方面也做了许多应用模块开发；重新开发一套完全参数化的造型系统将花费很大的人力财力。因此他们采用的参数化系统基本上是在原有模型基础上进行局部、小块的修补。考虑到这种“参数化技术”的不完整性以及需要很长的过渡时期，CV、CATIA、UG 在推出自己的参数技术以后，均宣称自己是采用复合建模技术，并着力强调复合建模技术的优越性。

这种复合建模技术，并非完全基于实体，难以全面应用参数化技术。由于参数化技术和非参数化技术的内核有着本质不同，用参数化技术造型后的数据要进入非参数化系统须进行内部转换，才能被系统接受，而大量的转换极易导致数据丢失或其他不良后果。这样的系统由于在参数化和非参数化两方面都不占优势，系统整体竞争力不高，只能依靠某些实用性模块上的特殊能力来增强竞争力。

SDRC 公司在 1990 前摸索了几年参数化技术后，也面临着这样的抉择：是同样采用逐步修补的方式，继续将其 I-DEAS 软件参数化下去，还是全部改写。SDRC 的开发人员积数年的参数化研究经验，发现参数化技术有许多不足。首先，全尺寸约束的硬性规定干扰和制约着设计者创造力和想象力的发挥；其次，如在设计中关键的拓扑关系发生改变，失去了某些约束特征也会造成系统数据混乱。

基于以上的原因，SDRC 的开发人员大胆地提出了一种更为先进的实体造型技术—变量化技术，作为今后的开发方向。SDRC 的决策者们同意了该方案，并决定从根本上解决这一问题。从 1990～1993 年，SDRC 公司投资一亿美元，于 1993 年推出了全新体系结构的 I-DEAS Master Series 软件。在早期的大型 CAD 软件中，这是唯一一家在 90 年代将软件彻底重写的公司。

变量化技术既保持了参数化技术的原有优点，同时又克服了它的许多不足之处。它的成功应用，为 CAD 技术的发展提供了更大的空间和机遇。SDRC 几年来业务的快速增长，证明了它走的这条充满风险的研发道路是正确的。

随着计算机处理数据能力的提高，CAD/CAM 的应用由大型企业向中小型企业展开，由高技术领域向日用家电、轻工产品延伸。目前，发达国家的大型企业中，许多重大项目已开始实现无图纸生产，也就是说，产品的设计、分析、制造和管理已全部数字化。

在这样的形势下，工业设计师像企业一样也面临着激烈的市场竞争。在 CAD/CAM 迅速普及的大潮中，工业设计在产品开发、设计中的重要性决定了它运用计算机辅助设计的必要性和迫切性。可以说这是工业设计师面临的一种巨大挑战，但是，这何尝不是一个机会呢？

我国的工业设计起步较晚，20 世纪 90 年代中期，随着个人计算机的普及以及大量纯粹的设计软件的涌现，计算机辅助工业设计进入了全面发展时期。国内企业纷纷实现 CAD/CAM 一体化，全国许多高校竞相开设“计算机辅助工业设计”课程，很多设计公司都用计算机取代了传统的手工操作。应当说，在 90 年代中后期，国内才真正形成了计算机辅助工业设计的模式。

1.2 计算机辅助工业设计总览

1.2.1 计算机辅助工业设计概述

在工业设计领域中，计算机一直是一个辅助工具，真正的创意需要设计师的大脑进行创造、加工和实现。当然，计算机辅助工业设计也有其独特的一面，那就是计算机辅助设计在表现上的多重高效性。

（1）计算机在表现的时间效率上要高于设计师徒手的表现效率（见图 1.10）。

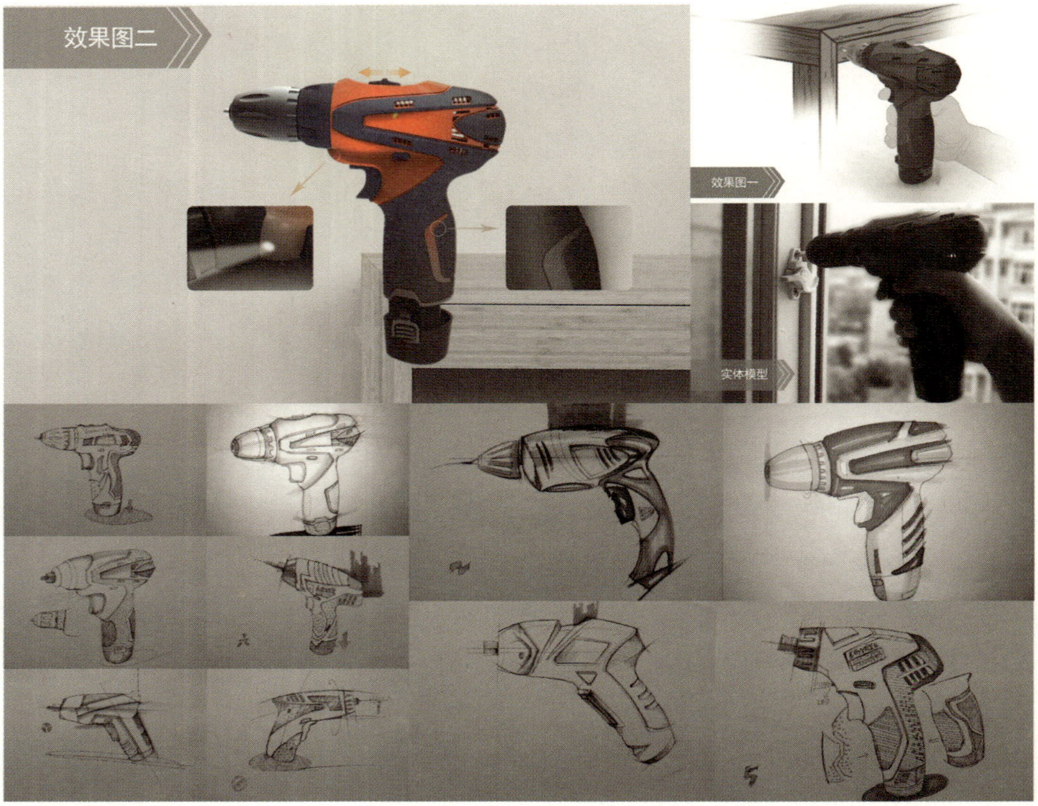

图 1.10　电动工具设计案例（设计：李广友　　指导：任新宇）

徒手表现虽然有着电脑无法比拟的灵活和手脑一致性，但是就同等精度尤其是高精度的表现效果来说，计算机辅助设计有着绝对的领先优势。

（2）计算机辅助设计还有极为突出的高效空间表现能力，能够在较短时间内将产品的多个视角甚至是工作状态及时的表现给操作者（见图 1.11）。

（3）计算机辅助设计表现出来的效果图更加具有感染力，视觉冲击力更强（见图 1.12）。

也正是因为计算机辅助设计具有的上述优点，才能使我们更加关注于设计本身的创新实质。因为传统的设计过程我们可以称其为“画”的过程，由于徒手绘制效果图是一项技巧性很强的活动，所以，传统意义上的工业设计对设计表达技巧有非常高的要求，往往将线条是否流畅、有张力，画面是否光鲜，色彩是否过渡自然看成是评价设计的重要标准。计算机辅助设计使这些技巧的掌握变得相对容易很多，所以计算机辅助设计使我们能够将更多目光关注到设计的本源上来。同时，随着互联网的发展，计算机辅助设计的数据可以传递到世界任何角落，方便不同地域的设计师实时的进行用户调查、数据分析、协同设计、交流意见，从而使设计能够在设计流程上采用并行设计的模式，并且在设计过程中可以避免很多传统设计模式中出现的问题。

另外，计算机辅助设计的出现有效地缩短了产品开发周期，它使设计师不再需要像利用传统设计工具时那样，将大量时间花费在设计的表现技巧上。这一特征突出的表现在设计方案的修改及细节的推敲上。因为只要设计师稍加注意，就可以将不同阶段的设计样稿以不同文件名的形式保存下来，这

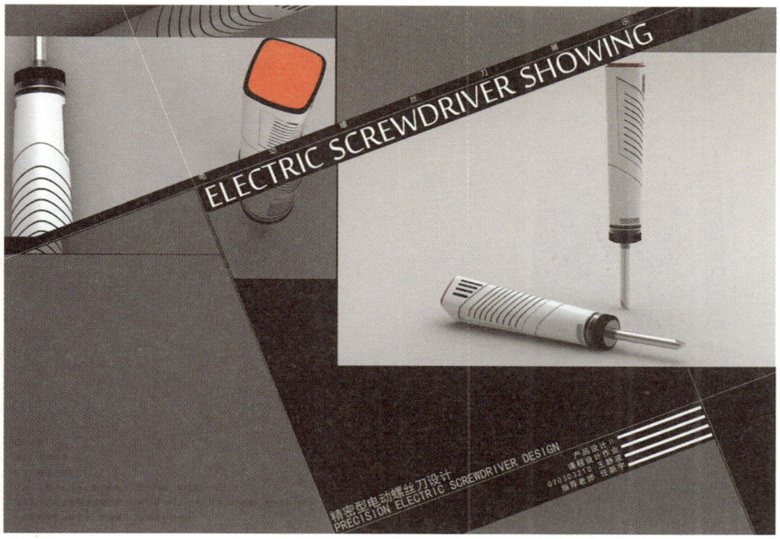

图 1.11　电动螺丝刀设计（设计：王静波　　指导：任新宇）

计算机辅助设计的一个突出优势，就是能够在较短时间内将产品的多个视角甚至是工作状态及时的表现给操作者。

图 1.12　利用计算机辅助设计软件表现的产品设计效果图

给了设计师一个随时吃“后悔药”的机会，而且这个药是可以由设计师自己来“配药”的。对于三维文件，设计师可以通过改变特征参数来改变数字模型，还可以通过赋予模型不同的材质和色彩并借助不同角度的场景渲染，多方位的观察设计对象，从而使设计阶段的评价更加准确；而对于二维文件，修改起来显得更加方便，设计师可以像传统操作方式一样来改变对象的样式、色彩、细节、轮廓线，而不同于传统方式的就是这种改变更加经济、更加省时而且效果更加逼真（见图 1.13）。

1.2.2　计算机辅助工业设计分类

随着计算机辅助工业设计在国内的发展，关于这一学科的分类出现了多种不同的意见。主流的意见包括下面几种。

1.2.2.1　按照工业设计的研究方向分类

按照国内工业设计教育的现状，很多开设工业设计专业的院校设定专业课程的时候对产品设计、

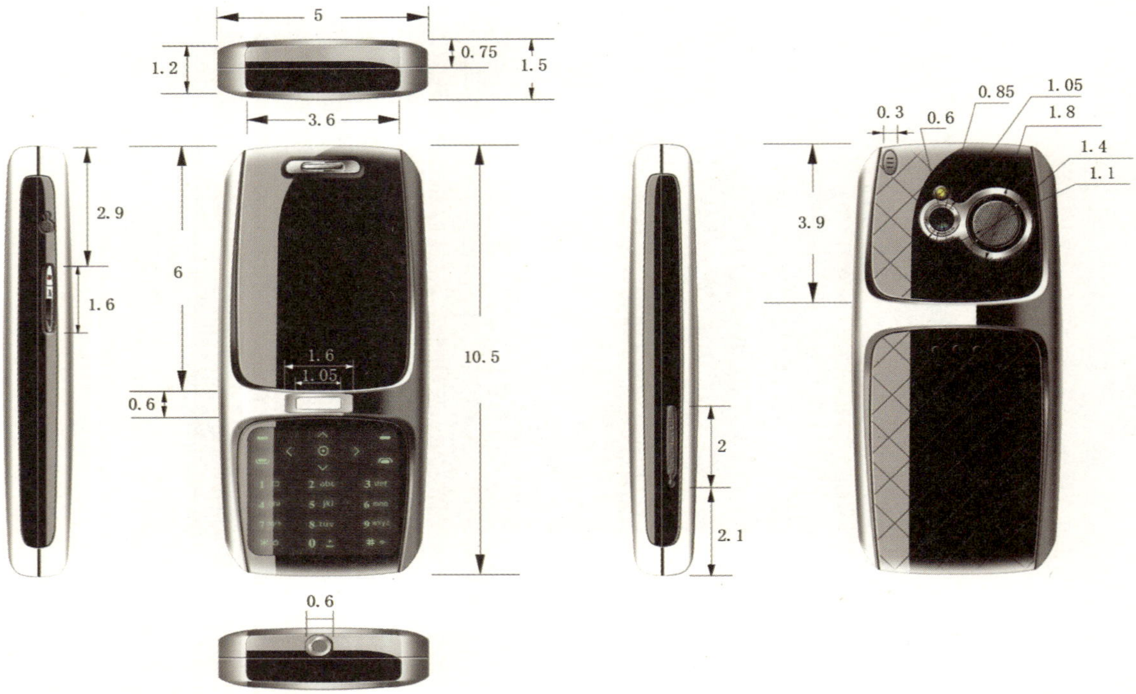

图 1.13　用平面软件表现的手机设计效果图（设计：肖小莉　　指导：任新宇）

视觉传达设计、环境艺术设计都有所涉及，所以反应到计算机辅助工业设计上，也就有了如下的分类方式。

（1）产品设计 CAID。

产品设计 CAID 的概念其实就是将计算机引入到了整个产品设计过程后，对产品设计的一个全新的认识。针对产品设计的不同阶段可以再细分成：计算机辅助市场调研、计算机辅助表现、计算机辅助工程设计等（见图 1.14 和图 1.15）。

图 1.14　计算机辅助设计中的形体及材质表现

（2）视觉传达 CAID。

视觉传达设计因为计算机的介入产生了显著地变化，借助计算机的帮助设计师能够表现出传统方

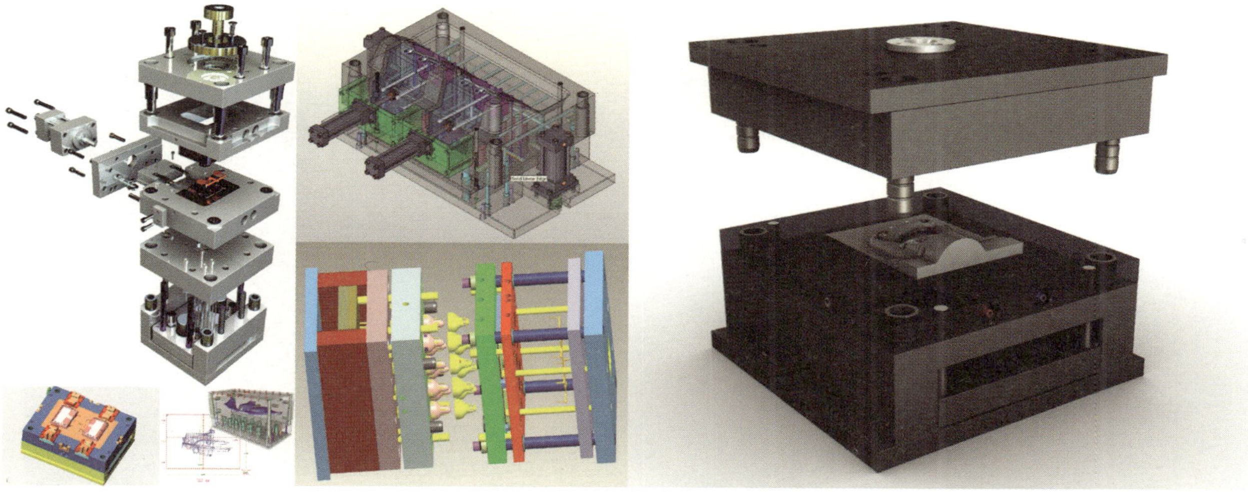

图 1.15 计算机辅助工程设计能够直观地对产品零部件的装配关系进行验证

式不能表现的视觉美感。比如，分型艺术是需要经过大量数学运算才能准确实现的一种视觉艺术形式，如果没有计算机的帮助是不可能完成的（见图 1.16）。另外，借助计算机记录数据的准确性和忠实原型的高效复制能力，设计师可以在进行 CI 等对图形、文字有较高统一性要求的设计工作时，更加得心应手。同时，又因为计算机的出现，在视觉传达设计中出现了一个和产品设计界线不是特别清楚的一个领域，那就是界面设计，相信随着计算机技术的快速发展，界面设计将会发展成一个有更大发展空间的学科（见图 1.17）。

图 1.16 分形艺术作品

（3）环境设计 CAID。

有了环境设计 CAID 的帮助，环境艺术设计师再也不用为画大量空间不同角度的效果图而头疼了。他们可以将这些工作在建完数字模型之后就完全交给计算机，而且表现的效果更加逼真。所以环境设计 CAID 成了环境设计行业必不可少的工具，又因为环境设计 CAID 的诸多优点，它甚至已经发展成了一个单独的行业，为大量没有经过系统训练的人提供了进入这一行业的机会（见图 1.18）。

图 1. 17　界面设计案例

图 1. 18　计算机制作渲染的室内设计效果图

1.2.2.2 按照软件的服务功能分类

按照软件的服务功能来为计算机辅助工业设计分类是一种比较大众化的分类方法。区分某种计算机辅助工业设计模式到底是属于表现性的，还是属于工程性的，这主要取决于计算机辅助设计的最后设计成果是为了推敲产品的形式感还是为了产品的最后实际生产，前者属于表现性的而后者属于工程性的。

（1）表现性计算机辅助工业设计。

这一类的计算机辅助工业设计主要是为了推敲产品的形式感而进行的一种设计表达。随着计算机辅助设计软件的发展，表现性的计算机辅助工业设计覆盖的领域变得越来越广泛。不论是一架飞机的造型和配色还是一条结构线的推敲甚或是一个交互界面的版面布局都可以由它来完成。在这个过程中我们主要考虑的是形式感的好坏、色彩搭配的和谐与否和人机交互的通畅性（见图 1.19）。

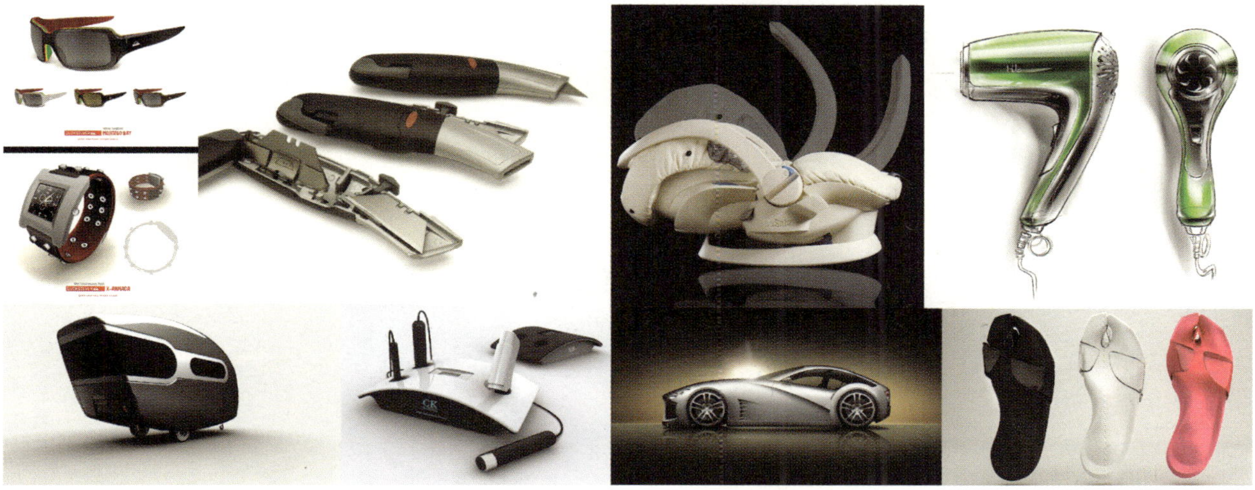

图 1.19 产品形态与色彩的推敲

（2）工程性计算机辅助工业设计。

工程性计算机辅助工业设计，顾名思义就是设计结果主要是为了实际生产服务的一类计算机辅助工业设计。这类计算机辅助工业设计其实已经更加接近于传统的计算机辅助设计。因为它对操作人员工艺学、结构学、材料学等学科的功底有较高的要求，还要求设计师具有较好的逻辑思维能力和空间想象能力，反而对设计师的创意能力要求相对要低一些（见图 1.20）。

1.2.2.3 按照软件表现的空间维度分类

刚刚入学的工业设计专业的同学经常会问老师这样的问题：工业设计专业的学生需要学习哪些软件，而老师也往往会告诉学生二维软件和三维软件应该至少各有一个比较熟练。这其中所讲的二维和三维也是一种对计算机辅助工业设计进行分类的标准。

（1）二维空间的计算机辅助工业设计。

这类计算机辅助工业设计也称为平面软件为基础的计算机辅助工业设计，主要是指它所利用的计算机软件为平面类计算机辅助设计软件。这一类的计算机辅助工业设计在本质上和传统形式的工业设计是没有差别的。因为它只是将原来设计师用的画笔变成了电脑的鼠标，工业设计的整个流程只是因为计算机的加入在时间上缩短了，步骤却没有发生变化。这类辅助设计的突出特点就是表现速度快，而且在设计细节的推敲上有独特的优越性，可以将设计对象的细节实时的进行不同形式的组合、移动，

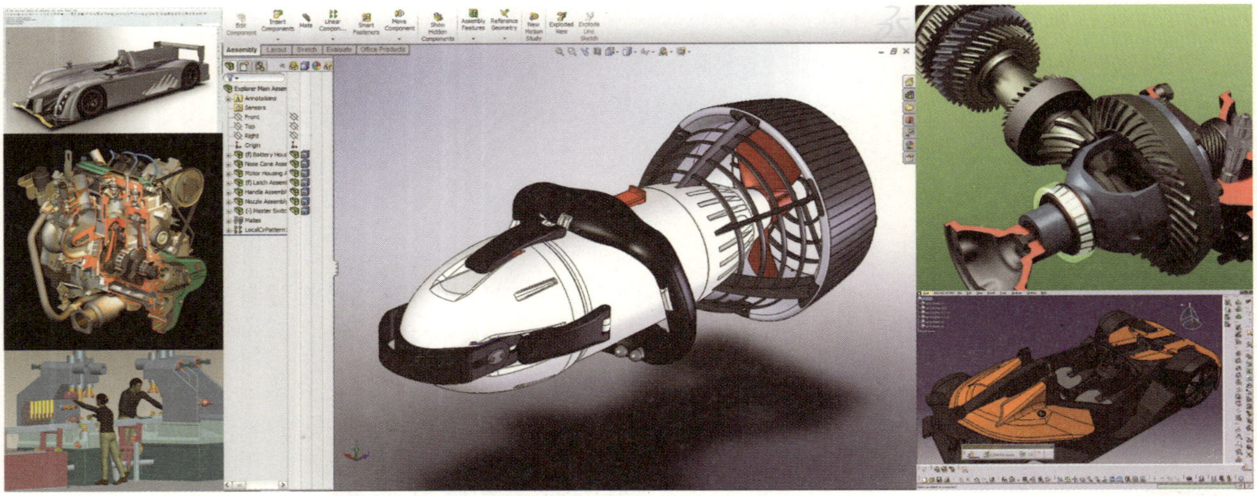

图 1.20　工程性计算机辅助设计实例

而与之相关的功能分区部分同样会随之发生变化。更加优越的是，这个过程不需要我们对数字模型做过多的改动甚至重新建立数字模型。国际上知名的设计公司甚或是实体产品公司的设计部门都在设计阶段将这种计算机辅助工业设计模式引入到了他们的设计流程中（见图 1.21）。

图 1.21　Scott Robertson 设计的自行车——初步设计全部在平面软件中进行

（2）三维空间的计算机辅助工业设计。

三维空间的计算机辅助工业设计在我国首先是从 CG 产业中移植到工业设计领域的。所以，最初在国内流行的计算机辅助设计软件首先是从 3D Max 这类以动画和渲染见称的软件开始（见图 1.22），后来由于工程类软件的推广，像 Pro－Engineer 这类的工程软件也开始介入，所以我们可以看到，在三维计算机辅助工业设计领域里边还可以细分出来两个小的分支：一是偏表现的计算机辅助工业设计，另外一种是偏工程的计算机辅助工业设计；前者能帮助设计师从不同角度去分析一个设计方案的优劣，而后者可以使设计方案更快地进入生产环节。以三维软件为基础的计算机辅助设计软件不仅需要花费大量的时间学习软件应用技巧，而且在实际操作过程中还要花费相对较多的时间去建立数字模型。

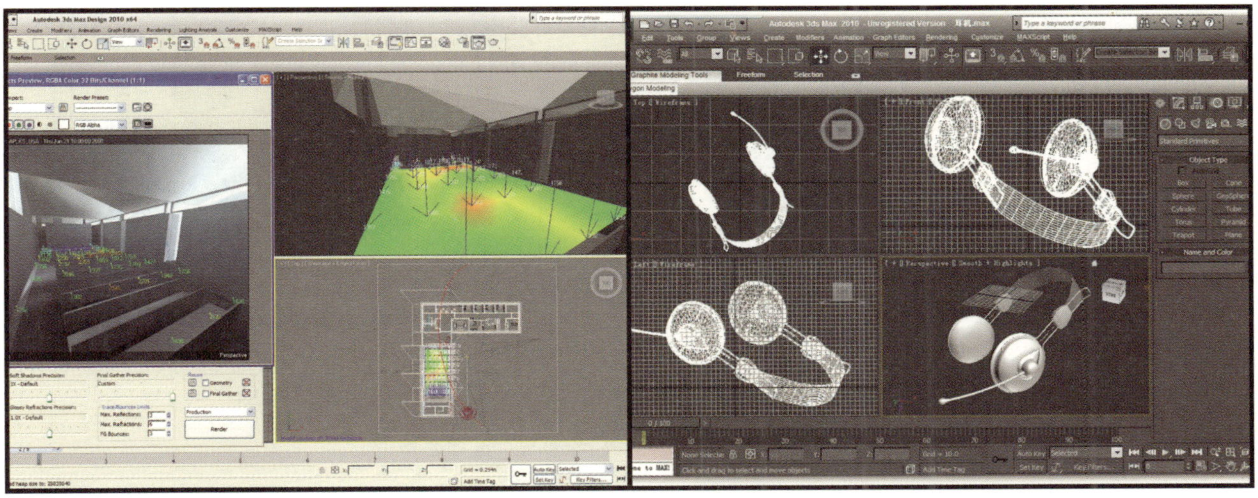

图 1.22　3D Max2010 版本工作界面

1.3　“三维”设计中的“二维”软件

随着国内计算机辅助工业设计的发展，以平面软件为基础的计算机辅助工业设计越来越受到人们的重视。因为这种 CAID 模式最接近工业设计本身的创新实质，它只要掌握某些软件的与工业设计表现相关的部分命令与菜单，就能够较好的完成工业设计项目，当然这还要有好的原初创意作保证。所以，可以说以平面软件为基础的 CAID 是真正地将软件作为设计工具来进行使用的计算机辅助工业设计模式（见图 1.23）。这也是为什么大量的设计公司或是设计部门将这类 CAID 模式引入设计流程的重要原因。

图 1.23　Harald Belker 和他设计、表现的部分产品

从某种程度上说，以平面软件为基础的 CAID 是随着消费类电子产品的生产和普及进入中国的工业设计领域的，因为平面类的设计软件主要是在视觉传达设计领域中应用，后来逐渐渗透到了产品设计领域，最初只是用于一些三维尺寸较小的产品，比如：家用路由器、MP3 播放器、手机等的设计过

图 1.24　CorelDRAW 软件表现的产品效果图

程中，这类产品体量感不大，但是对设计细节、色彩搭配的要求较高，而平面软件正好满足了这个需要。

用平面软件来进行效果图的表现手法多种多样。随着计算机辅助工业设计（CAID）技术的发展，平面软件绘制效果图逐渐取代了运用手绘方式精细描绘的 2D 效果图。此类软件主要包括矢量软件 CorelDraw（见图 1.24）、Illustrator、位图处理软件 Photoshop 等，利用这些软件绘制 2D 效果图时主要以无透视的正交视图为主，视图的多少按需要而定，有时甚至需要给出局部视图。

也许有人会问为什么不用 3D 软件进行表现？不错，3D 软件在表现起来无疑有着更为真实的效果，材质、结构、曲面通过渲染一目了然，而且多个视图也只不过通过多次渲染便能得到。看起来好像 3D 软件更为方便，但实际产品设计并不同于表现实物，有很多不确定因素，也没有现成的图片作参考，如果直接进行建模渲染会出现各种困难和麻烦，而且如果需要对方案进行调整，在 3D 软件中作改动也很麻烦，需要耗费大量的经历和时间，容易让工具限制设计师的思维。另一个原因就是用 3D 软件表现，在效率上要弱于 2D 表现。这也是本书将重点放在平面软件为基础的 CAID 上的重要原因。

在教学过程中，我们经常会发现很多同学因不知道如何利用平面软件表现产品设计的效果而苦恼，究其原因，大部分同学归咎于自己不会或不熟悉软件的功能。其实个中原因绝非这么简单，大多数情况的症结在于不知道该表现什么，而不是如何去表现。即使软件的命令和功能都已经非常熟悉，如果大脑中一片空白，没有对设计的系统性认识，也不可能做出优秀的设计图。以平面软件为基础的 CAID 需要操作者对形体、色彩、材质、肌理有较强的把握能力，在学习之前应该了解一些基础的绘画知识和材质的表现方法，只有这样才能借助软件的帮助将自己的设计创意表现出来。所以，在后续的教学内容中我们需要利用几节课的时间，和大家共同探讨一下塑造物体体量感、材质感以及肌理等视觉效果的基础理论。

第 2 章

Chapter 2

空间维度
——物象体量感的表现原理

教学内容：①CAID 表现的感知觉基础；②CAID 表现中的光影；③CAID 表现中的体量感。

教学目标：了解并掌握 CAID 表现中感知觉原理及光影、体量表现的原理、作用及技巧。

授课方式：多媒体教学、理论知识与典型案例结合讲解。

建议学时：4～6 学时。

2.1 体验——感知觉与设计

2.1.1 感觉

感觉是事物直接作用于感觉器官时，对事物个别属性的反映。人对客观事物的认识是从感觉开始的，它是最简单的认识形式。例如当菠萝作用于我们的感觉器官时，我们通过视觉可以反映它的颜色；通过味觉可以反映它的酸甜味；通过嗅觉可以反映它的清香气味，同时，通过触觉可以反映它的粗糙凸起……人类就是通过各种感觉认识到事物的各种属性的（见图 2.1）。

感觉不仅反映客观事物的个别属性，而且也反映我们身体各部分的运动和状态。例如，我们可以感觉到双手在举起，感觉到身体的倾斜，以及感觉到肠胃的剧烈收缩，等等（见图 2.2）。

感觉虽然是一种极简单的心理过程，可是它在我们的生活实践中具有重要的意义。有了感觉，我们才可以分辨外界各种事物的属性，才能分辨颜色、声音、软硬、粗细、重量、温度、口味、气味等（见图 2.3）；有了感觉，我们才能了解自身各部分的位置、运动、姿势、饥饿、心跳等；有了感觉，我们才能完成其他复杂的认识过程。失去感觉，就不能分辨客观事物的属性和自身状态。因此，我们说，感觉是各种复杂的心理过程（如知觉、记忆、思维）的基础，就这个意义来说，感觉是人关于世界的一切知识的源泉。

感觉可以分为外部感觉和内部感觉。

图 2.1　人类对任何实物的认识都是通过多种感觉的立体感受来实现的

图 2.2　有了感觉，我们除了能感受世界、了解世界，还能感受自我

图 2.3　不同材质表现出来的不同肌理

外部感觉有视觉、听觉、嗅觉、味觉和肤觉五种。这类感觉的感受器位于身体表面，或接近身体表面的地方。

内部感觉是反映机体本身各部分运动或内部器官发生的变化，这类感觉的感觉器位于各有关组织的深处（如肌肉）或内部器官的表面（如胃壁、呼吸道）。这类感觉有运动觉、平衡觉和机体觉。

但是感觉在人的感知过程中很少独立发挥功能（刚出生的婴儿除外），一般感觉和知觉总是联系在一起。

2.1.2 知觉

知觉就是人脑对直接作用于感觉器官的客观事物的整体属性的反映，一般知觉按不同标准可分为几大类。

（1）依照知觉过程中起主导作用的分析器来划分，可分为视知觉、听知觉、嗅知觉、味知觉和肤知觉五种。

（2）根据知觉对象分为空间知觉、时间知觉、运动知觉。

（3）根据有无目的分为无意知觉和有意知觉。

（4）根据能否正确反映客观事物分为正确知觉和错觉。

2.1.2.1 知觉整体性

知觉对象是由许多个部分组成的，各部分都有不同特征，但人们总是把它们视为一个统一的整体，原因是事物都是由各种属性和部分组成的复合刺激物，当这种复合刺激物作用于我们感觉器官时，就在大脑皮层上形成暂时神经联系，以后只要有个别部分或个别属性发生作用时，大脑皮层上有关暂时神经系统马上兴奋起来，产生一个完整映象（见图 2.4）。

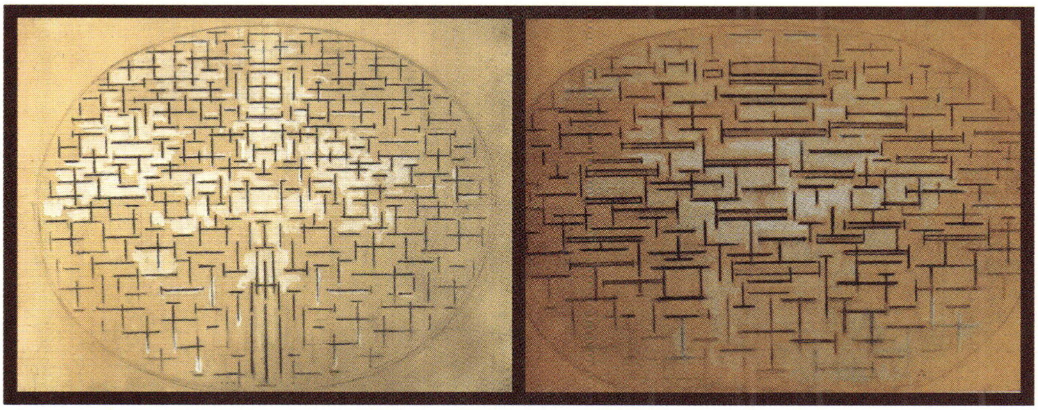

图 2.4 蒙特利安的《海堤与海》（左图）和《Ocean 5》（右图），这两幅作品的可理解性完全基于人类知觉的整体性

2.1.2.2 知觉选择性

客观事物是多种多样的，在一定时间内，人们总是选择少数事物作为知觉对象，把它和背景区别开来，从而对它们做出清晰反应，这种特性称之为知觉选择性（见图 2.5）。

为了使知觉能对对象做出清晰反映，必须使知觉对象从背景中分出来，这依赖于如下几个条件：

（1）对象与背景的差别。对象与背景差别越显著，越容易分出来，反之越难。

（2）对象各部分组合。刺激物各部分组合常常是我们分出知觉的重要条件，有接近和近似组合。

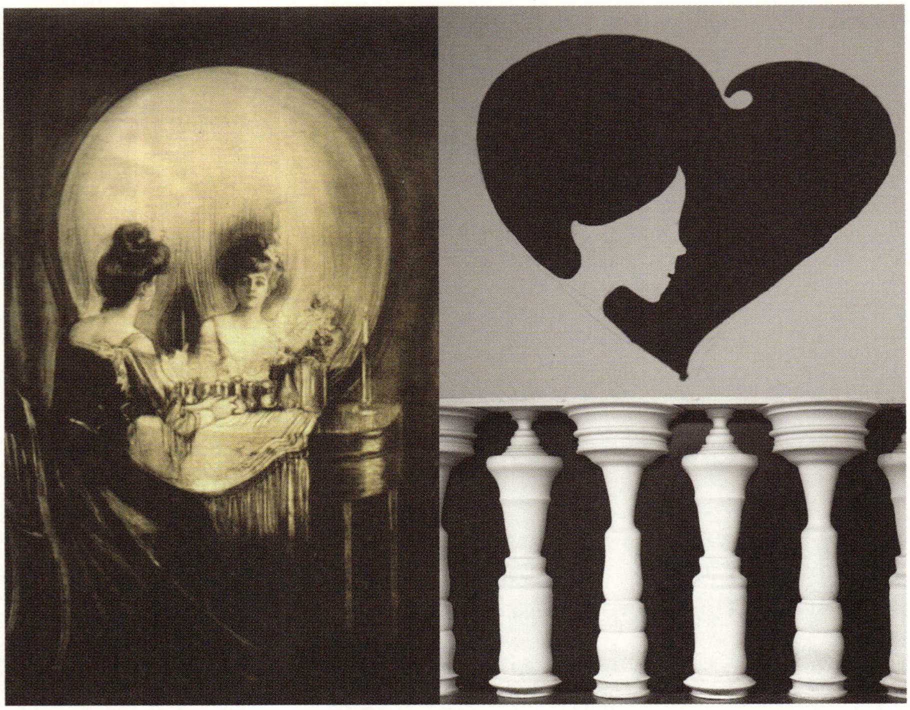

图 2.5 对于这些所谓的创意图形，我们之所以能够发现其中的奥秘，是因为我们能够为我们的解读意图有意识的忽略一些信息

1）接近组合，在感知时，刺激物在时空上十分接近，事物容易组合在一起，成为知觉对象。

2）相似组合，各种刺激物由于形状、大小、颜色、强度等要素类似，感知时易组合在一起。

(3) 对象活动性，固定不变背景上的活动对象容易成为知觉对象。

2.1.2.3 知觉理解性

在感知当前事物时，人总是根据以往知识经验理解它，并用词语把它标志出来（便于下次唤醒），知觉这种特性即为知觉理解性。

2.1.2.4 知觉恒常性

在知觉时，由于知觉经验参与，知觉条件在一定范围内变化时，知觉映象会保持相对不变。知觉的这一特性称为知觉恒常性。知觉的恒常性在视知觉中表现最明显。当我们观察同一物体时，视知觉并不完全随条件（如距离，角度，照明等）改变而改变（见图 2.6 和图 2.7）。知觉恒常性表现为如下几种。

(1) 大小恒常性：观看距离在一定限度内改变，并不影响我们对物体大小知觉判断。

(2) 形状恒常性：尽管观察物体的角度发生了变化，但我们仍能把它感知为一个标准形状。

(3) 亮度恒常性：尽管事物照明亮度改变，但我们对物体表面亮度的知觉不变。

(4) 颜色恒常性：指物体照明的颜色改变了，但我们还能感觉到原来颜色。

2.1.3 视知觉

视知觉的产生是由于光波作用于视觉分析器而产生的。能对人类视觉产生适宜刺激的光波波长在 760～380nm（即 10^{-9}m，纳米）之间，这类光波也被称为可见光，视觉器官是人的眼球（按功能分为折光系统和感光系统两部分）。

图 2.6　不管照片是黑白还是彩色，完整展示抑或犹抱琵琶，我们都知道她就是玛丽莲·梦露

图 2.7　Nokia 的 Lumia 900 系列手机产品

作为计算机辅助设计的储备知识，我们对人类视觉规律的认识重点主要集中在如下几个方面。

(1) 平面空间视觉。

在垂直方向上，由于地心引力即重力关系，人们习惯了从上向下观看；水平面上，人们习惯从左向右观看，这与文字从左向右的常见排列方式是一致的。这样就形成了在有限平面里，人类观看行为先左后右、先上后下的规律。相应地，一个平面的不同部分对观看者的吸引力也有所不同，据其吸引力大小依次为左上部、右上部、左下部、右下部，所以一个视觉平面的左上部和上中部可以称“最佳视域”（当然这种区域划分受文化及习俗的制约，比如阿拉伯文书写从右向左横行，中国古汉字从右向左竖向排列，这时人们阅读习惯会有所改变，最佳视域就会成为右上部了）。“最佳视域”的概念对版面设计、广告设计、招贴设计、包装设计具有重要影响（见图 2.8）。

(2) 运动中视觉。

在实际生活中，人类的观看对象除了相对静止的审视对象外，更多的是在一定参照系内的运动对象，即，对观看对象多视角、多方位的感知。设计领域中，对运动视觉规律关注最多，同时该规律最能对设计产生直接影响的设计门类当属展示设计了。展示设计师要依据设计主题、内容、主次、节奏，通过诸如空间分割、景点分配、标志导语等按照观众视知觉心理特性安排观众流线。

(3) 视觉质感。

图 2.8　最佳视域理论在版式、海报、招贴、包装、广告等视觉传达设计领域具有重要作用

任何事物都是一个系统的整体，组成该事物的各个部分相互联系、互为依存，事物各个特性的感知也与其他特性的感知相联系，从而在一定条件下，人们可以通过视知觉把握事物的其他感觉特性。这种现象之所以产生与人的“联觉”有关，而实际上它是一种感觉的相互作用，当某种感觉感受器受刺激时，也能在其他感觉领域产生经验。抽象主义大师康定斯基，在《论艺术的精神》中就曾经说过，视觉不仅可以与味觉一致，而且可以和其他感觉相一致（见图 2.9）。

关于“联觉”的生理机制，目前还没有完全明晰。有心理学家认为它是两种或多种分析器中枢部

图 2.9　材质天然肌理的表现，有时候第一眼就能抓住观者的注意力，稍作加强就可以转化为消费者的购买欲望

分形成的感觉相互作用的结果，是分析器相互建立起特殊联系的产物。其结果有赖于生活经验，通过经验积累和知识储备，人们才能建立事物视觉特性与非视觉特征的联系，才可能“直接观照”到对象的重量、质地、温度等非视觉特性。视觉心理学家德鲁西奥·迈耶把这一现象称为“视觉质感”。这一术语很好的描述了我们日常生活中看到的质感，这种视觉质感吸引我们亲手去触摸来验证我们的视觉体验。

2.2 映像——物体的体量与质感

2.2.1 物体的体量

物体的体量感是从素描中借用过来的概念，包括物体的量感、空间感和体积感。

物体的量感指的是，借助明暗、色彩、线条等造型因素，表达出物体的轻重、厚薄、大小、多少等感觉，如山石的凝重、风烟的轻逸等。工业设计中表现实在的物体都要求传达出对象所特有的分量和实在感。当然，在某些特定的案例中，设计师会利用这些规律来改变设计对象应有的量感特征，运用量的对比关系，产生多样统一的效果（见图 2.10）。

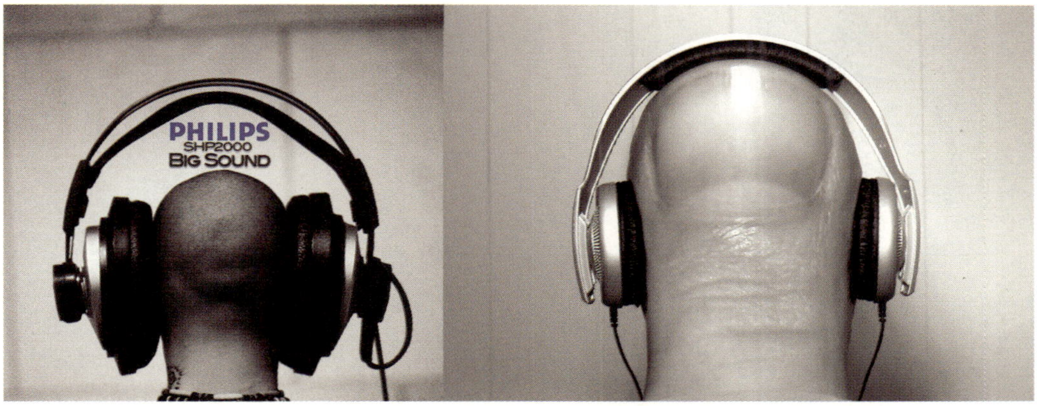

图 2.10　看了这两幅图你是否真心相信物体的体量感是在对比中体现的呢

物体的空间感指的是，在工业设计的表现过程中，依照几何透视和空气透视的原理，描绘出物体之间的远近、层次、穿插等关系，使之在平面的绘画上传达出有深度的立体的空间感觉。

物体的体积感指的是，在平面上所表现的可视物体能够给人以一种占有三度空间的立体感觉。在工业设计的造型上，任何可视物体都是由物体本身的结构所决定和由不同方向、角度的块面所组成的。因此，在视觉表现上把握被表现物的结构特征和分析其体面关系，是达到体积感的必要步骤（见图 2.11 和图 2.12）。

任何物体能够被我们观察到，关键是物体能够发射或是反射光线进入人的眼睛。所以，要将设计对象的体量感表现到位，需要对物体光影的形成原理有基本的认识。

在日常生活经验中，光影是帮助我们感觉空间的最重要的标志物。在光影空间里，明暗是光线照射下的物体结构的反映，物体的内部结构决定了物体的明暗值的变化。不论光线怎样变动，物体的形状和它本身的质地是不变的。要想表达出良好的体量感，最重要的就是对光影的准确分析。

操纵光影不光是艺术家或者摄影师的专利，它同样是设计师最具魔力的魔法之一，设计师将轮廓

图 2.11　设计师除了要考虑产品与所处空间的关系，还应该在产品设计过程中运用创造性手法制造出明确地空间形态转折

图 2.12　产品设计过程中恰当把握产品本身的结构特征和块面转折关系，是塑造产品良好体积感的重要方法

的观察与描绘、正负空间的处理、透视和比例关系的把握等用 CAID 表现技巧构成了 CAID 的格式塔。在 CAID 的教学过程中，我们经常把操纵光影与轮廓把握、正负空间处理、透视和比例运用等并列起来，把它也看成一个单项技巧，那是因为光影是一个可以相对独立出来起到突破或者加强某种视觉效果的因素。光影使形象信息的成分复杂化，有效地运用光影能调动设计师和观众最大限度的想象。当然，这并不是说设计师只操纵光影就足够了，可它的确重要到了不可小视的地步。因为依附于形象的光影随时都可能超越形象的束缚，这就为识别形象带来了困难，而设计师对此稍加利用，就可以创造出语意含混但是视觉冲击力极强的设计作品。

观察光与影的独立技巧能够完善我们整体感知事物的能力之外，它还提供了一种新的、丰富而深刻的思维方式。关键是，任何一点微弱的投射在对象上的光线，都足以帮助你观察和推断仍处于暗部的各种信息。这些阴影能使你在此刻看到那些往往被忽略了的边缘界线（见图 2.13）。

图 2.13　光影不但可以帮助设计师塑造形体、空间，还是获得设计创意的一个独特源泉

这个过程是靠想象来完成的，但是，请注意，我们这里的可不是纯粹的想象。想象之所以在解决问题中起作用，是因为它产生于与现实相连接的光与影的关系之中，无论光源多么微弱。我们从暗部里看东西完全是依靠已经存在的现实——光亮部分的形状来判断的。也就是说，我们对未知领域的探索完全依赖于我们对已知领域把握和推断（见图 2.14）。

图 2.14　我们对未知领域的探索，完全依赖于我们对已知领域的把握和推断能力

另外，我们这里所说的物体的体量感，不仅指客观的物体体积，更重要的还包括：心理对体量的判断和对形态本质（内力的运动变化）的感受，这种感受通常不一定和真实物体的体量保持一致。从体量感形成的根本原因上说，这主要是由于物体内外力的作用而产生的结果。在二力的抗衡之下所产生的体量感赋予了生命体不尽的风韵。经过大量调查我们发现：一个土豆的真实体积如果转化成等大的球体，把球体和土豆进行视觉比较的话，明显感觉土豆的体积大于球体。这是因为土豆虽然也是以曲面为主的造型，但是它表面不仅存在较大的弧面，还有许多变化丰富的小型弧面，从而产生了起伏变化。正是这种变化带来的力的对抗感、纵深变化等造成了视觉上较强的体量感（见图 2.15）。

对体量感要求最为苛刻的应该是雕塑艺术了，在大量的雕塑作品中我们不难发现众多的人体雕塑

图 2.15　产品的体量感有的时候需要设计师按照视觉规律进行一定程度的加强（或减弱）

有着浑圆的身体，细节却采用较小的弧面处理，这种变幻起伏的表面处理正是抓住了内部张力的特征才使雕塑本身充满了分量。因此许多体积并不大的东西却气势庞大。比如“一斤棉花重还是一斤铁重?”这个有趣的问题就是讲相同的物理量具有不同的心理感受。评价一件设计作品有没有分量并不是根据产品的大小、色彩的浓淡，而是看该作品表现的是否结实。结实者有分量，不结实者就没分量。而“结实”，又不是生活中的“打不烂、砸不碎”，而是“正确表达对象的体面关系”，这就是心理的量。在设计领域中，心理量是指内力运动变化的形体表现，这也是将具象形态抽象化的关键，同时也是艺术创造的关键。明白了这个道理，在设计表现过程中，就应该注意对这种心理量的关注和表达，有意识地强化或减弱心理量感。这就是设计的艺术表现力（见图 2.16）。

图 2.16　形体心理量感的塑造，在雕塑创作中显得尤为重要

总的来说，给形态注入生命活力的方法就是将自然界生物生长运动的表现形式，借用到造型中来。生物的种类繁多，生长形式也多种多样，这就要求我们深入观察，努力去捕捉创造。

2.2.2 物体的质感

材质是什么？简单地说就是物体看起来是什么质地。材质可以看成是材料和质感的结合，是表面各可视属性的结合，这些可视属性是指表面的色彩、纹理、光滑度、透明度、反射率、折射率、发光度等。正是有了这些属性，才能让我们更好地识别三维空间中的产品。

肌理是指物体表面的组织纹理结构，即各种纵横交错、高低不平、粗糙平滑的纹理变化，是表达人对设计物表面纹理特征的感受。一般来说，肌理与质感含义相近，对设计的形式因素来说，当肌理与质感相联系时，它一方面是作为材料的表现形式而被人们所感受，另一方面则体现在通过先进的工艺手法，创造新的肌理形态。不同的材质，不同的工艺手法可以产生各种不同的肌理效果，并能创造出丰富的外在造型形式（见图 2.17）。

图 2.17　设计中对肌理（触觉体验）的把握，越来越成为衡量产品设计品质优劣的重要影响因素

物体材质及表面所形成的视觉特征，如材质的坚硬程度、表面肌理的粗糙或细腻、光洁度的高或低、透明感的强或弱、质地的松或紧乃至材质的轻或重等对物体在人类心目中的形象有着重要影响。质感与各种材质对光的吸收和反射性质有关，它是人们以往的触觉经验与视觉经验结合后透过视觉感官所反映的一种心理影响。在设计中，我们经常通过质感的刻画来加强被表现物的视觉冲击力（见图 2.18）。有一定视觉经验的人，并不是单靠触觉来感知物体的重量、软硬、粗细、厚薄、干湿等，而是首先靠视觉去判断与感受。

金属、抛光花岗岩、大理石、陶瓷、不透明塑料、镜面、油漆涂饰的物体表面，这类物体一般质地紧密，有较为光洁的表面，明暗过渡比较柔和，但对比强烈。以金属为例，多数金属物体，在加工以后具有强反光的质感特点，而且质地坚硬，表面洁度高，因此表面的明暗和光影反差极大，往往产生强烈的高光和阴影，同时，由于反光力强，对光源色和环境色极为敏感，在表现强反光的金属质感时，如不锈钢、镀铬等物体，应注意使用明暗对比的手法表现其光影闪烁的特点，同时应注意对明暗层次加以概括和归纳避免过花而产生零乱、不整体的感觉（见图 2.19）。表现金属质感还应注意在处理其边缘时要清晰干净利落才能表现金属结实、坚硬的感觉，同时应根据物体表面的形体特点采用不

图 2.18　肌理对比本身就是塑造形式美感的重要手段，这一手法在家具设计中随处可见

图 2.19　金属材质的应用要根据应用的面积、所处环境作出机动调整，不可一概而论

同的明暗方向，表现不同的体面之间的起伏和转折关系。

下面我们就不同表现特征的材质进行分类分析。

2.2.2.1　透明及半透明材质的产品

这类产品主要包括透明的玻璃、水、冰块、透明或半透明塑料等。透明的物体一旦表面经磨砂工艺处理，反光性增强透明性减弱。例如，在水形成冰的过程中，其内部结构发生了变化，在受光线的照射时产生漫反射，会在其表面上形成不规则形状的明暗区域产生光怪陆离的反射效果。水在静止时，清澈透明表面平整如镜；如果在波动或流动的情况下，将会产生波光粼粼的反射效果。这些物体由于具有透光性，其色彩往往透射出背景的色彩；如果透明物体本身有颜色的话，在表现其质感时则需要考虑到固有色和背景色之间的叠加关系。

在产品设计中，透明材质是一种非常具有表现力的材质。由于材质本身的透明特性和光线照射角度的不同，有些光线会完全折射而有些光线将完全反射，这就会在产品造型上产生强烈的黑白对比，再加上焦散等现象的存在，从而使产品的视觉效果更加突出。不仅如此，由于透光和反光的作用，适当地在产品设计中使用或装饰透明部件，能为整个产品设计带来生气，起到画龙点睛的作用（见图 2.20）。

图 2.20　透明材质的巧妙使用，能够使产品设计在形式美感之外增加一些灵性

2.2.2.2　亚光材质

亚光材质，指的是材质表面相对粗糙，光线照射上去时发生的是漫反射，产生的质感比较柔和，如原石（未经加工过的石材称）、木材、橡胶、密编纺织物等。在表现这类物体的质感时，注意力应集中在物体纹路与质感的表达上，以体现材质本身的魅力。石头有着坚硬的质地、粗略的纹理，但根据石头种类的不同，其质地的软硬和纹理的细密也是不同的。我们可根据它的这些性质，运用在不同风格的设计中，表现不同的意境。原石的魅力在于它的天然、它的粗犷以及它那满带沧桑的表皮下面蕴藏着的历史。经加工的木材表面平整光滑，最明显的视觉特征是有美观和自然的纹理，未经涂饰的木材基本上没有明显的反光，而经过涂饰木材的表面具有一定的反光和高光，但程度远比金属和透明物体弱。

当前，有很多 3C 产品表面都做成亚光材质效果，既为了好看，也可以更好地防滑，同时，在深层心理上，亚光材质能够拉近产品和消费者之间的距离，让产品更容易被消费者接受（见图 2.21）。

常见亚光材质的计算机表现通常有以下两种情况。

第一，产品材质表面比较粗糙，有一定颗粒感，反光效果较弱。处理时，一般采用添加杂色的方法，通过调整杂点数量和类型来控制粗糙程度和肌理。第二，产品表面采用特殊纹理的贴面或特殊的工艺手法处理，形成亚光效果。如现在常见的各类拉丝面板，在 Photoshop 中处理时一般按照以下步骤进行：首先确定形体基本明暗关系，其次添加杂点，最后执行动感模糊命令，产生拉丝纹理效果（见图 2.22～图 2.28）。在实际制作时，还可以根据具体情况在前效果的基础上添加其他效果，如改变色彩倾向等。

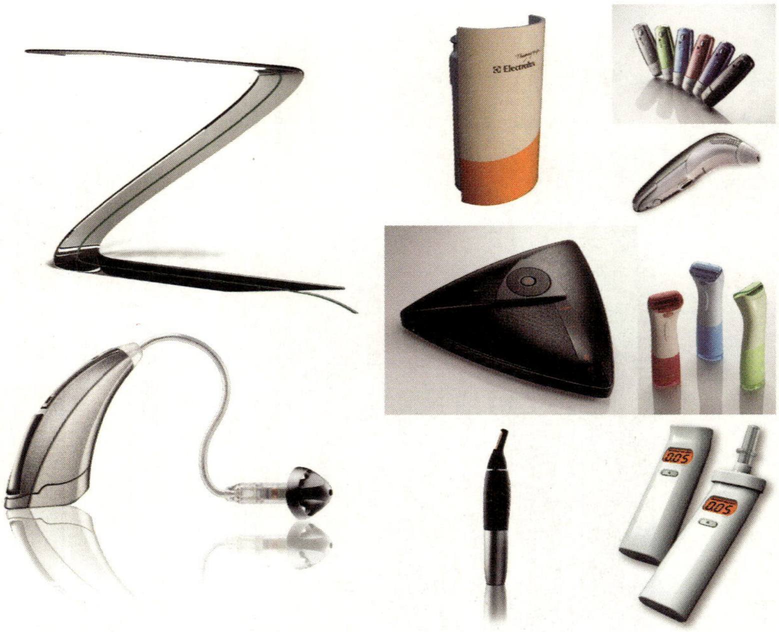

图 2.21　亚光材质的应用能够拉近产品和消费者之间的距离，让产品更容易被消费者所接受

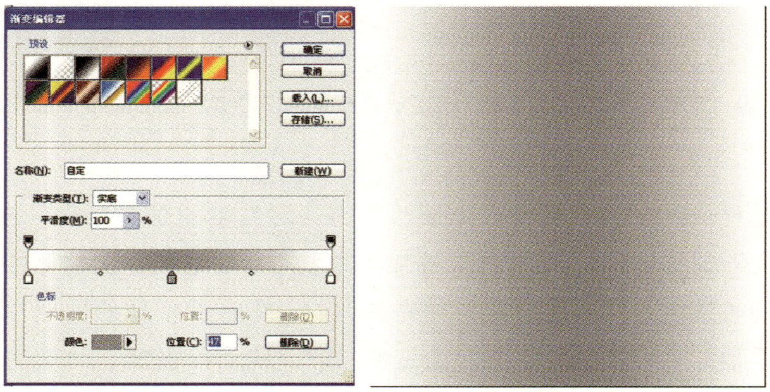

图 2.22

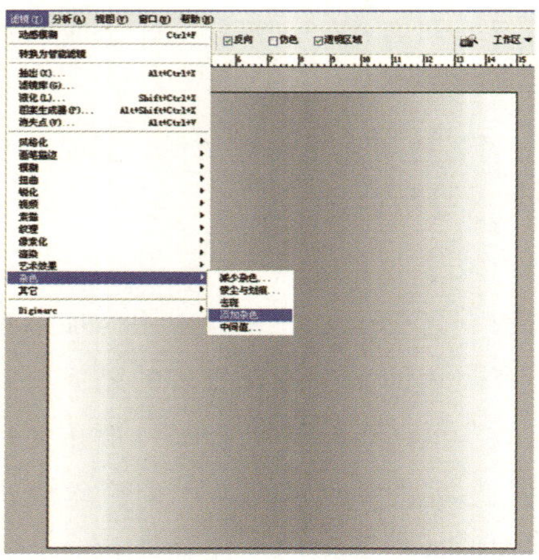

图 2.23

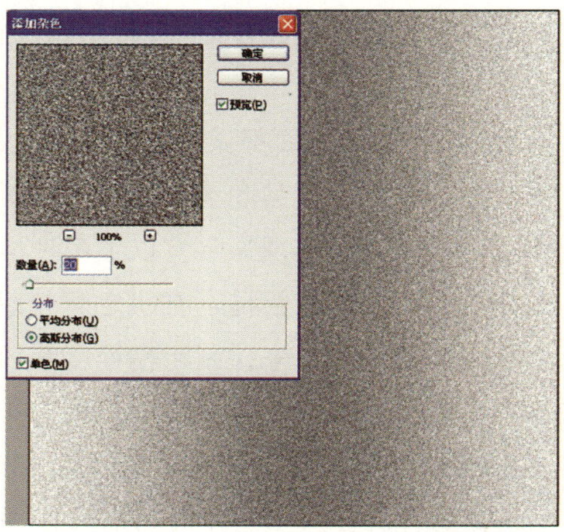

图 2.24

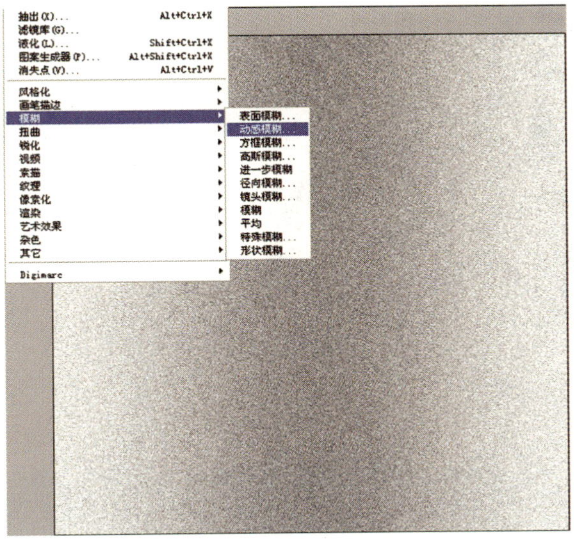

图 2.25

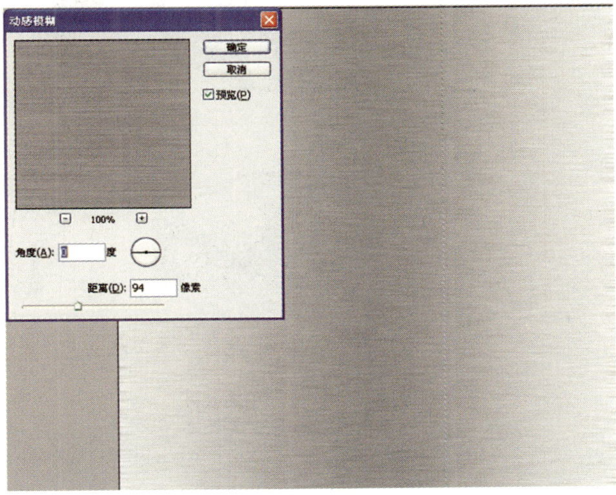

图 2.26

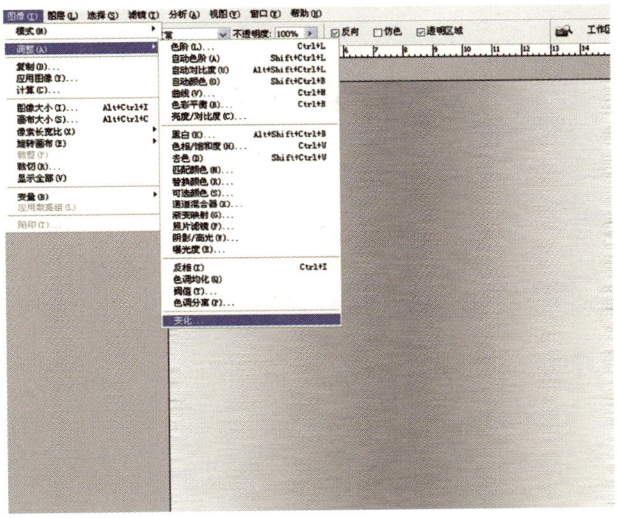

图 2.27

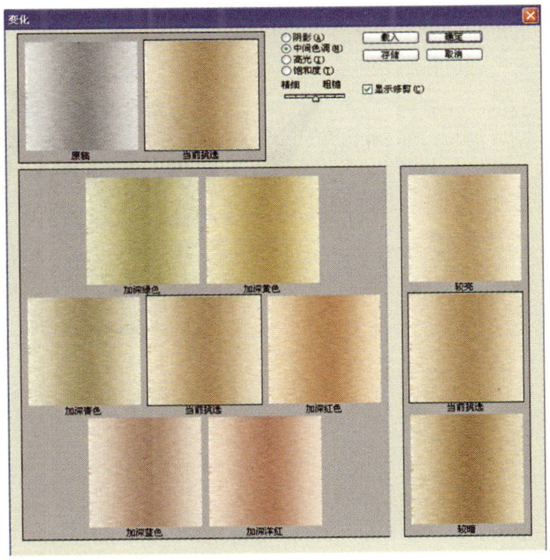

图 2.28

2.2.2.3 高反光的材质

说某种材质是高反光材质，不如说它是经过高反光处理的材质，因为大部分材质都可以通过不同的处理工艺，如抛光、电镀、烤漆、上釉、打蜡等方式，达到不同的高反光效果。设计中应用高反光材质主要是为了营造一种使用氛围，让产品显得更加多彩、时尚、一尘不染，一般用在价格较高或者是对卫生安全要求高的产品，如汽车、装饰品、厨房用具和卫生洁具等（见图 2.29）。

在 CAID 中表现高反光材质，我们要把握的原则就是，这些产品身上的高光全都是来自于外界环境，所以当我们表现产品的反光时，头脑中应该考虑的是光源、反光板以及环境中能影响产品本身光影效果的物品。同时，高反光材质的光影处理和其他材质也有所不同，如亚光材质光影过渡圆滑自然，较“软”；而高反光材质光影变化边界较为清晰，处理时应偏“硬”一些。同时，其阴影部分往往会有较强的光线反射，这一点是在处理高反光材质时应该注意的。

图 2.29　高反光材质能够表现出独特的冷艳美感

第 3 章

Chapter 3

Photoshop 与计算机辅助工业设计

教学内容：①Photoshop 功能概述；②图像处理的基本知识；③计算机辅助设计中的 Photoshop 软件。

教学目标：了解 Photoshop 的基本功能及其在计算机辅助工业设计领域中的应用可能，掌握图形、图像处理的基本知识。

授课方式：多媒体教学、理论知识与典型案例结合讲解。

建议学时：2～4 学时。

3.1 Photoshop 功能简述与图像处理基础

3.1.1 Photoshop 功能简述

Photoshop 是 Adobe 公司旗下最有影响的图像处理软件之一。Photoshop 的功能十分强大。它支持多种图像格式和颜色模式，能同时进行多图层图像处理。它的绘画功能与选取功能使编辑图像变得十分方便。它的图像变形功能可用来制造特殊的视觉效果。Photoshop 具有开放式的结构，能识别大量设备的图像输入。

（1）支持大量图像格式。设计人员可以在 Photoshop 中输入或输出各种格式的文件。这些格式包括 PSD、EPS、TIF、JPEG、BMP、PCX 和 PDF 等 20 多种。

（2）处理图像尺寸和分辨率。可以按要求调整图像的尺寸、修改分辨率、裁剪图像。

（3）图层功能。支持多图层工作方法，可以对图层进行合并、合成、翻转、复制和移动等编辑操作。可以建立不同的层，以及控制图层的透明度等。

（4）绘画功能。使用 Photoshop 提供的绘图工具（如喷枪工具、画笔工具、铅笔工具、直线工具等）可以绘制图形。使用文本工具可以在图像中加入文字内容。

（5）选取功能。通过使用多种选取工具（如矩形选框工具、椭圆形选框工具、魔棒工具、套索工具等）可以快速选取不同形状的选取范围，以及对不同选取范围进行修改和编辑（如进行羽化，自由变形选取范围，增删、载入和保存选取范围等编辑操作）。

（6）色调和色彩功能。通过此功能用户可以很容易地调整图像的对比度、色相、饱和度和明暗度。

（7）旋转和变形。可以分别对选取范围、层和路径等多种对象进行翻转和旋转，以及进行拉伸、缩放、倾斜和自由变形等操作。

（8）支持多种颜色模式。可以灵活地转换多种颜色模式，包括黑白、灰度、双色调、索引色、HSB、Lab、RGB 和 CMYK 模式等。

（9）开放式结构。支持 TWAIN _ 32 接口，可接受广泛的图像输入设备，如扫描仪和数码相机；并能通过开放接口与其他软件共同进行数据处理。

3.1.2 图像基础知识

要真正掌握和使用一个图像处理软件，不仅要掌握软件的操作，还要掌握图像和图形方面的知识，如图像类型、图像格式和颜色模式，以及一些色彩原理知识等。尤其是对于像 Photoshop 这样一个专业的图像处理软件，更应该牢牢掌握这些内容。只有如此，才能按要求发挥创意，创作出高品质、高水平的设计（艺术）作品。

3.1.2.1 像素与分辨率

1. 像素

“像素”（Pixel）是由 Picture（图像）和 Element（元素）这两个单词的字母所组成的，是用来计算数码影像的一种单位，如同摄影的相片一样，数码影像也具有连续性的浓淡阶调，我们若把影像放大数倍，会发现这些连续色调其实是由许多色彩相近的小方点所组成，这些小方点就是构成影像的最小单位“像素”（Pixel）。它是图像的基本单位，水平及竖直方向若干个像素组成了图像。像素是一个个有色彩的点，每一个像素都有其明确的位置及色彩值，所有像素的位置及色彩决定了图像的效果。一个图像文件所包含的像素越多，其图像的品质也越好，文件也越大。

2. 分辨率

分辨率是用来衡量图像细节效果的一个概念。下面介绍一下图像分辨率、显示器分辨率和打印机分辨率的基本概念。

（1）图像分辨率。

图像分辨率即图像中每单位长度显示的像素数目，通常用像素/英寸（ppi）表示。相同打印尺寸的图像，高分辨率比低分辨率包含较多的像素，因而像素点也较小。例如，72ppi 分辨率的 1×1 平方英寸图像包含总共 5184 个像素（72×72＝5184）；同样大小而分辨率为 300ppi 的图像则包含总共 90000 个像素。

要确定使用的图像分辨率，应考虑图像最终发布的媒介。如果制作的图像用于计算机屏幕显示，则图像分辨率只需满足典型的显示器分辨率，72ppi 或 96ppi 即可；如果图像用于打印输出，那么分辨率要在 150ppi 以上；如果图像用于印刷（有版），则图像的分辨率应该为 300ppi 甚至更高。

（2）显示器分辨率。

显示器分辨率（也叫屏幕分辨率）是指每个单位长度内显示的像素或点数，通常以“点/英寸”（dpi）来表示。显示器分辨率也可以描述为，在屏幕的最大显示区域内，水平与垂直方向的像素或点数。例如：1024×768 的分辨率表示可以显示 768 行像素，每行有 1024 个像素，即 786432 个像素。屏幕可以显示的像素个数越多，图像越清晰逼真。

（3）打印机分辨率。

打印机分辨率与显示器分辨率类似，打印机分辨率也以“点/英寸”来衡量。若打印机分辨率为 300～600dpi，则图像的分辨率最好为 72～150ppi；若打印机的分辨率为 1200dpi 或更高，则图像分辨率最好为 200～300ppi。

3.1.2.2 图像的种类

在计算机中，图像是以数字方式来记录、处理和保存的。所以，图像也可以说是数字化图像。图像类型大致可以分为以下两种：矢量式图像与位图式图像。这两种类型的图像各有特色，也各有优缺点，两者各自的优点恰好可以弥补对方的缺点。因此在绘图与图像处理的过程中，往往需要将这两种类型的图像交叉运用，才能取长补短，使用户的作品更完善。

1. 矢量式图像

矢量式图像是以数学描述的方式来记录图像内容的。它的内容以线条和色块为主，例如一条线段的数据只需要记录两个端点的坐标、线段的粗细和色彩等。因此它的文件所占的容量较小，也可以很容易地进行放大、缩小或旋转等操作，并且不会失真，可用以制作 3D 图像。但这种图像有一个缺点，即不易制作色调丰富或色彩变化太多的图像，而且绘制出来的图形不是很逼真，无法像照片一样精确地描述自然界的景观，同时也不易在不同的软件间交换文件。

制作矢量式图像的软件有 FreeHand、Illustrator、CorelDraw、AutoCAD、Flash、Fireworks 等。美工插图与工程绘图多数在矢量式软件上进行。

2. 位图式图像

位图式图像弥补了矢量式图像的缺陷。它能够制作出颜色和色调变化丰富的图像，可以逼真地表现自然界的景观，同时也可以很容易地在不同软件之间交换文件。这就是位图式图像的优点；而缺点则是它无法制作真正的 3D 图像，并且图像缩放和旋转时会产生失真现象，同时文件较大，对内存和硬盘空间容量的需求也较高。

位图式图像是由许多点组成的。这些点称为像素（pixel）。当许多不同颜色的点（即像素）组合在一起后，便构成了一幅完整的图像。例如照片由银粒子组成，屏幕图像由光点组成，印刷品由网点组成。位图式图像在保存文件时，它需要记录下每一个像素的位置和色彩数据，因此，图像像素越多（即分辨率越高），文件也就越大，处理速度也就越慢。但由于它能够记录下每一个点的数据信息，因而可以精确地记录色调丰富的图像，可以逼真地表现自然界的图像，达到照片般的品质。

Adobe Photoshop 属于位图式的图像软件，用它保存的图像都是位图式图像，但它能够与其他矢量式图像软件交换文件，且可以打开矢量式图像。在制作 Photoshop 图像时，像素的数目和密度越高，图像就越逼真。记录每一个像素或色彩所使用的位的数量，决定了它可能表现出的色彩范围。如果用 1 位数据来记录，那么它只能记录 2 种颜色（$2^1=2$）；如果以 8 位来记录，便可以表现出 256 种颜色或色调（$2^8=256$）。因此使用的位的数量越多，所能表现的色彩也越多。通常我们使用的颜色有 16 色、256 色、增强色 16 位和真彩色 24 位。一般所说的真彩色是指 24 位（$2^8\times2^8\times2^8=2^{24}$）的。制作位图式图像的软件有 Adobe Photoshop、Corel Photo-PAINT、Design Painter、Ulead Photo Impact 等。

3.1.2.3 图像的格式

图像格式是指图像文件保存在计算机中的方式，它定义了应用程序如何在文件中存储信息。Photoshop 支持近 30 种图像格式，包括比较常见的 PSD、JPG、GIF、BMP、TIF 等，下面按其实际用途分别介绍几种常用的图像格式。

1. PSD 格式

PSD 格式是 Photoshop 的专用格式，能保存图像数据的每一个细小部分，包括像素信息、图层信息、通道信息、蒙版信息、色彩模式信息，所以 PSD 格式的文件较大。而其中的一些内容在转存为其他格式时将会丢失，并且在储存为其他格式的文件时，有时会合并图像中的各图层及附加的蒙版信息，当再次编辑时会产生不少麻烦。因此，最好在进行格式转换前先保存好 PSD 格式的文件副本。

2. TIFF 格式

TIFF 格式是一种通用的图像文件格式，是除 PSD 格式外唯一能存储多个通道的文件格式。几乎所有的扫描仪和多数图像软件都支持该格式。该种格式支持 RGB、CMYK、Lab 和灰度等色彩模式，它包含有非压缩方式和 LZW 压缩方式两种。

3. JPEG 格式

JPEG 格式也是比较常用的图像格式，压缩比例可大可小，被大多数的图形处理软件所支持。JPEG 格式的图像还被广泛应用于网页的制作。该格式支持 CMYK、RGB 和灰度色彩模式，不支持 Alpha 通道。

4. BMP 格式

BMP 格式是标准的 Windows 及 OS/2 的图像文件格式，此种格式在保存文件时几乎不经过压缩，因此文件体积较大，占用的磁盘空间也较大。此种格式支持 RGB、灰度、索引、位图等色彩模式，但不支持 Alpha 通道。它是 Windows 环境下最不容易出错的文件保存格式。

5. GIF 格式

GIF 格式是由 CompuServe 公司制定的，能保存背景透明化的图像格式，但只能处理 256 种色彩，常用于网络传输，其传输速度要比其他格式的文件快很多，并且可以将多张图像存储为一个文件形成动画效果。

6. PNG 格式

PNG 格式是 CompuServe 公司开发出来的格式，广泛应用于网络图像的编辑。它不同于 GIF 格式图像，除了能保存 256 色，还可以保存 24 位的真彩色图像，具有支持透明背景和消除锯齿边缘的功能，可在不失真的情况下进行压缩保存图像。在不久将来，PNG 格式将会是未来网页中使用的一种标准图像格式。

PNG 格式文件在 RGB 和灰度模式下支持 Alpha 通道，但是在索引颜色和位图模式下，不支持 Alpha 通道。

7. EPS 格式

EPS 格式为压缩的 PostScript 格式，可用于绘图或者排版，它最大的优点是可以在排版软件中以低分辨率预览、打印，出胶片时以高分辨率输出，可以达到效果和图像输出质量两不耽误。EPS 格式支持 Photoshop 里所有的颜色模式，在位图模式下还可以支持透明背景，并可以用来存储点阵图和向量图形，但不支持 Alpha 通道。

3.1.2.4 图像色彩模式

1. Bitmap（位图）模式

位图模式的图像只有黑色和白色两种像素组成。每个像素用“位”来表示。“位”只有两种状态。0 表示有点，1 表示无点。位图模式主要用于早期不能识别颜色和灰度的设备。如果需要表示灰度，则需要通过点的抖动来模拟。位图模式通常用于文字识别。

2. 灰度（Gray scale）模式

灰度模式最多使用256级灰度来表现图像，图像中的每个像素有一个0～255之间的亮度值。灰度值由可以用黑色油墨覆盖的百分比来表示。在将色彩模式的图像转换为灰度模式时，会丢掉原图像中的所有的色彩信息。与位图模式相比，灰度模式能够更好地表现高品质的图像效果。

需要注意的是，尽管一些图像处理软件可以把一个灰度模式的图像重新转换成彩色模式的图像，但转换不可能将原先丢失的颜色恢复。所以，在将彩色图像转换为灰度模式的图像时，最好先备份好图像原件。

3. Duotone（双色调）模式

双色调模式采用2～4种彩色油墨来创建由双色调、三色调和四色调混合色阶来组成图像。在将灰度模式的图像转换为双色调模式的过程中，可以对色调进行编辑，产生特殊的效果。双色调模式最主要的用途是，使用尽量少的颜色表现尽量多的颜色层次，这对于减少印刷成本是很重要的。因为在印刷时，每增加一种色调都需要投入更大的成本。

4. 索引色（Indexed color）模式

这种模式把图像限制成不超过256种颜色，主要是为了使文件具有较小体积，目的是为了在Web页面上和其他基于计算机的图像中显示色彩信息时提高效率。图像转换为索引色彩模式时，通常会构建一个调色板存放并索引图像中的颜色。如果原图像中的一种颜色没有出现在调色板中，程序会选取已有颜色中最接近的颜色或使用已有颜色模拟该种颜色。在索引色彩模式下，通过限制调色板中颜色的数目可以减少文件大小，同时保持视觉上的品质没有太大的变化。在网页设计中常常需要使用索引色彩模式的图像。

5. RGB模式

RGB模式通常用于光照原理的视频和屏幕图像。只要是在显示器上显示的图像，最终都是以RGB方式来呈现的。众所周知，RGB模式的中R代表红色（Red）、G代表绿色（Green）、B代表蓝色（Blue）。该模式下，每个像素在每种颜色（R、G、B）上可以负载2的8次方即256种亮度级别，这样三种颜色通道合在一起，就可以产生256的3次方，即16777216种颜色。纯红色的R值为255，G值为0，B值为0。灰色的R、G、B三个值相等（0、255两个数值除外），白色的R、G、B值都为255。黑色的三个值都是0。它在理论上可以还原自然界中存在的任何颜色。

6. CMYK模式

CMYK模式在印刷行业中使用最多，如画报、杂志、报纸、宣传画册等，该模式以油墨在纸张上的光线吸收特性为基础，每个像素的每种印刷油墨都会被分配一个百分比值。CMYK模式是以对光线的反射原理工作的，所以它的混合方式刚好与RGB色彩模式相反，采用了“减法混合”，当多种色彩相互叠合时，亮度会降低。

CMYK是指青色（Cyan）、洋红色（Magenta）、黄色（Yellow）、黑色（Black）四种印刷色彩。K取的是Black单词的最后一个字母，之所以不取首字母是为了避免与RGB模式中的蓝色（B）相冲突。前面的RGB色彩不运用于印刷行业，因为它不能像CMYK色彩模式那样，更好地还原真实客观的自然色彩，而只是在理论上可以还原。

7. Lab模式

Lab颜色模式是以一个亮度分量L及两个颜色分量a和b来表示颜色的色彩模式，L的取值范围是0～100，a分量代表由绿色到红色的光谱变化，而b分量代表由蓝色到黄色的光谱变化。

这种色彩模式通常运用于处理 PhotoCD（照片光盘）图像、单独编辑图像中的亮度和颜色值（不影响图像细节）、在不同系统中转移图像。

8. 多通道模式

在多通道模式中，每个通道都会用 256 灰度级存放图像中颜色元素的信息。该模式多用于特定模式的打印或输出。

多通道模式的创建，一般有如下几种方式。

（1）通过将 CMYK 图像转换为多通道模式，可以创建青色、洋红、黄色和黑色专色通道。

（2）通过将 RGB 图像转换为多通道模式，可以创建红色、绿色和蓝色专色通道。

（3）通过从 RGB、CMYK 或 Lab 图像中删除一个通道，可以自动将图像转换为多通道模式。

若要输出多通道图像，一般会以 PhotoshopDCS2.0 格式存储图像，这种图像色彩模式对有特殊输出要求的图像非常有用。例如，如果图像中只使用了一、两种或两、三种颜色时，使用多通道颜色模式可以减少印刷成本。

3.2 计算机辅助工业设计中的 Photoshop

随着计算机技术的普及与发展，人类的各种活动越来越离不开计算机的辅助，设计行业也不例外。计算机的进入，大大加快产品开发速度的同时，还在设计领域引发了设计理念与设计方式的大变革。设计表达方式及效果不再单靠设计师的双手，计算机强大的功能、灵活的操作性能以及其层出不穷的艺术效果，为设计师带来了无限的创作灵感。越来越多的设计环节需要计算机的介入才能完成，这种现象的产生除了得益于计算机运算速度及图形处理等计算机硬件能力的提高，还和计算机辅助设计软件的发展有着密不可分的关系。

用于设计的平面软件有多种，如：Illustrator、CorelDraw、Freehand、Photoshop、Painter 等，Adobe 公司开发的 Photoshop 图形图像软件一直是专业设计师最常用的图形图像处理软件，被称作数字世界的“摄影师”、“图像修描师”、“图形艺术家”；在各设计领域都有不同程度的应用。不过，原先 Photoshop 的应用领域只限于图像、图形处理，其在工业设计尤其是产品设计领域的深入应用是最近几年的事情。

形态设计是工业设计的核心内容之一，利用计算机进行产品形态设计是当代设计师工作的基本模式。在产品形态设计过程中，一方面，Photoshop 可以对三维建模渲染出来的模型进行后期加工处理，甚至在某些情况下可以弥补三维计算机辅助设计软件的某些不足，表现出三维软件很难或不能实现的特殊效果；另一方面，在设计草图阶段，即使设计师的手绘功底不是很好，通过 Photoshop 的帮助，同样可以明确表达其设计意图，而在效果图阶段，有了 Photoshop 的帮助，我们甚至可以制作出照片级的效果图，在视觉上很好的检验产品设计的形式美感和功能传达特性。

除了上述优点之外，对于工业设计专业的本科教学来说，一般以 Photoshop 等平面软件为基础的计算机辅助设计教学课程都安排在低年级，大部分学生在学习这门课程时，设计专业知识还不成体系，需要大量的感性积累为后期的学习打基础，Photoshop 作为平面设计软件入门时间短、易操作的特点能够在节省学生大量学习时间的同时快速提高学生的设计表现能力。而当学生进入高年级学习阶段后，Photoshop 强大的处理能力又能够为学生设计能力的提高提供足够的技术支撑；尤其是在设计的深入阶段，恰当、熟练、灵活的使用 Photoshop 能够在产品细节设计及后期表现中达到事半功倍的效果。

第 4 章

Chapter 4

Photoshop 产品造型设计表现

教学内容： 利用 Photoshop 表现产品造型设计效果。

教学目标： ①理解 Photoshop 表现产品造型的思路；②掌握 Photoshop 表现产品造型效果的方法和技巧。

授课方式： 多媒体讲解，示范制作。

建议学时： 20～30 学时。

4.1 数码相机的 Photoshop 造型表现

本案例选择数码相机作为表现对象。数码相机虽然只是小产品，但由于其细节很多，所以表现起来步骤较多。在做之前我们先看一下我们要达到的表现效果（见图 4.1）。具体操作步骤如下所述。

（1）首先建立一个大小为 29.7cm×21cm，分辨率为 300dpi 的新文件。在背景图层上，用圆角矩形工具创建一个数码相机轮廓路径，工具选项中选择“创建新的工作路径”，圆角半径选择 80 像素，按 Ctrl+T 用自由变换调整造型（见图 4.2）。

图 4.1

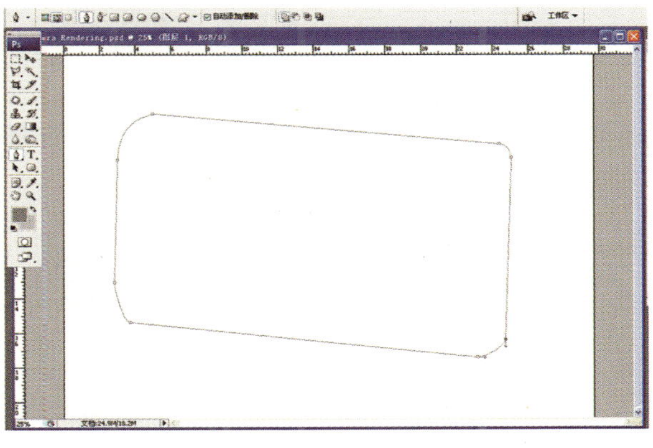

图 4.2

（2）将工作路径转化为选区，在渐变调色板中选中线性渐变工具并调节出所欲表现的颜色（见图 4.3）。

（3）在选区内拉出垂直方向上的线性渐变填充，为表现数码相机的立体感打基础；执行滤镜—杂色—添加杂点，为图形增加杂点，塑造相机机体的基本金属质感，参数如图 4.4 和图 4.5 所示。

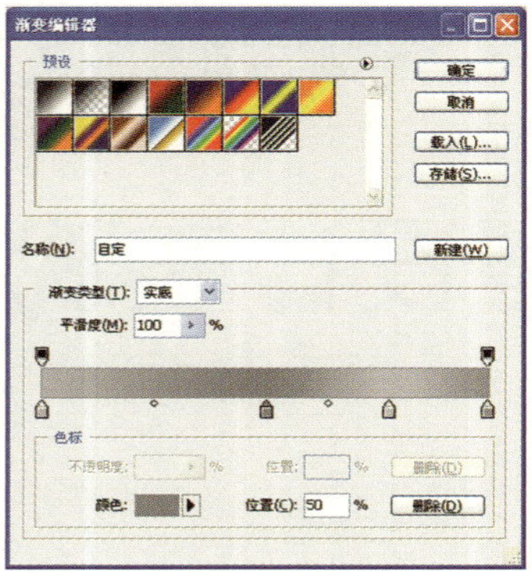

图 4.3

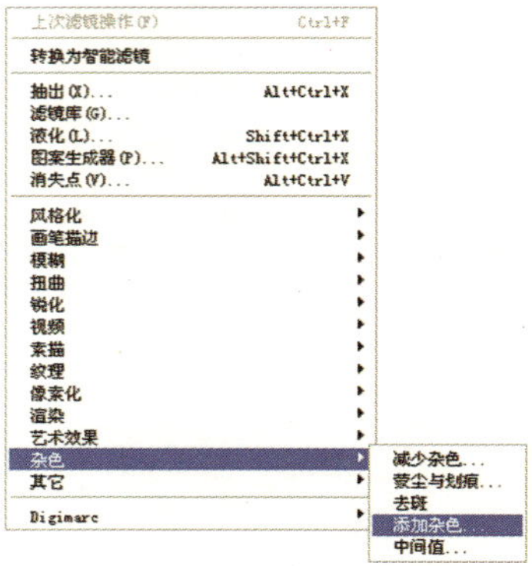

图 4.4

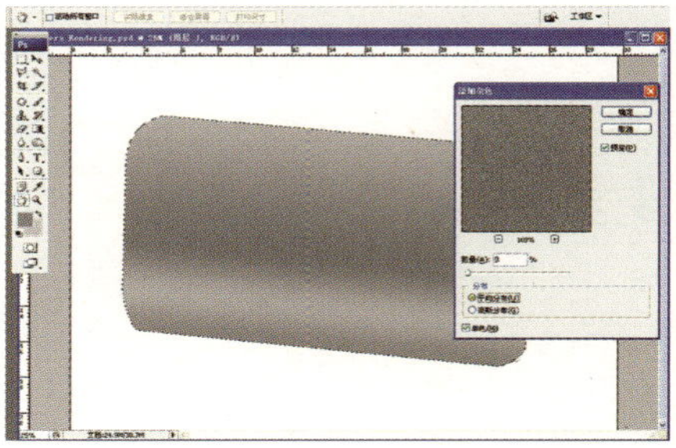

图 4.5

（4）建新图层，利用变换选区工具建立一个比机身高度略小，宽度略大的矩形（见图 4.6 和图 4.7）。

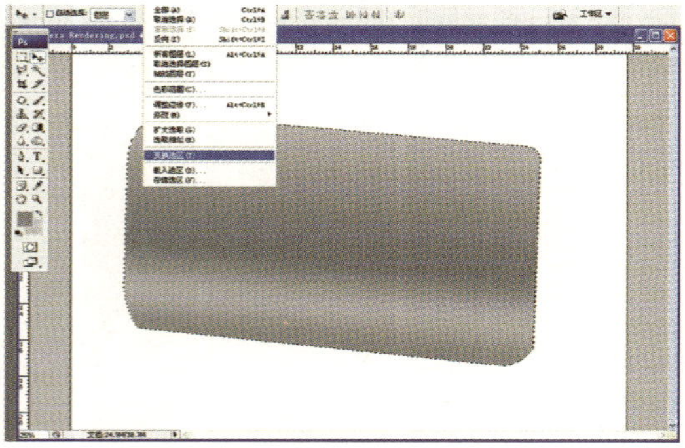

图 4.6

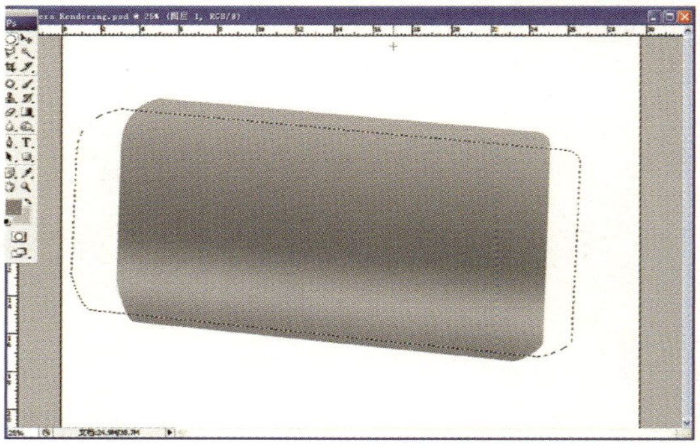

图 4.7

（5）在选区内填充灰色，双击图层缩略图，打开图层属性面板，选择斜面和浮雕，大小 30 像素，软化调到最大 16 像素，阴影角度 70，高度 30，高光不透明度 85，暗调不透明度 50，其他按默认（见图 4.8 和图 4.9）；然后，在图层调板上方将填充不透明度调为 0%；最后将本图层和机身图层合并（目的是为了固化图层效果）（见图 4.10）。

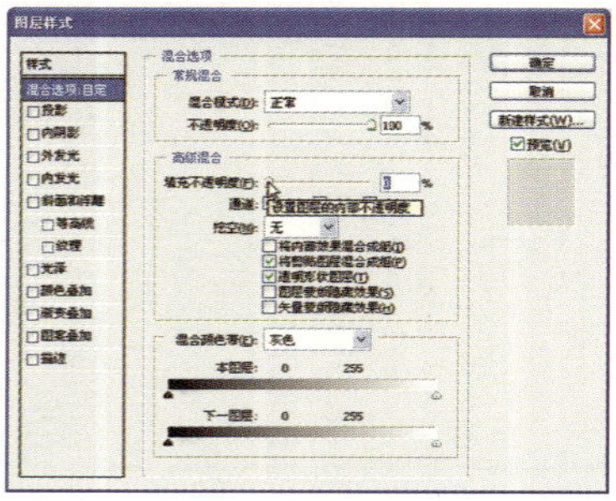

图 4.8

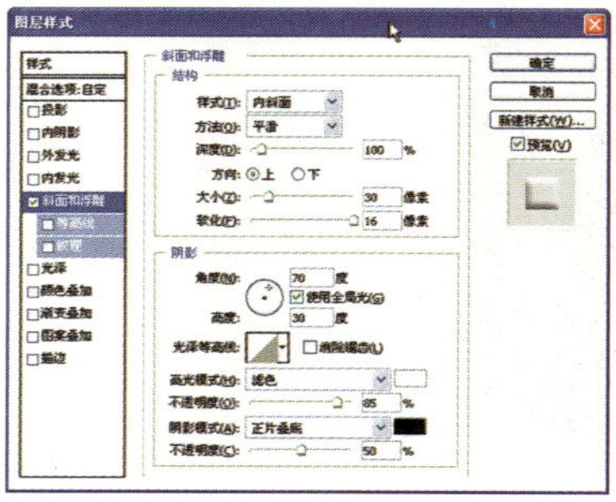

图 4.9

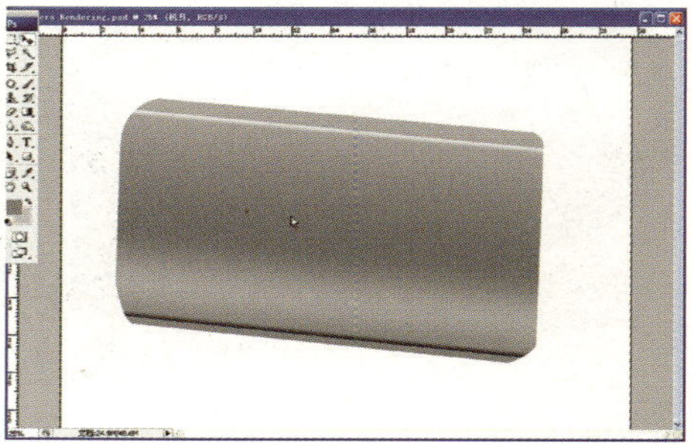

图 4.10

(6) 新建图层，命名为“活动盖”，后面的步骤我们将学习一种创造不规则形体的方法，请大家注意思考。用椭圆选框工具结合变换选区，建立活动盖初步轮廓，填充随机颜色（见图 4.11 和图 4.12)；勾画出活动盖的上下两个外轮廓（见图 4.13)。

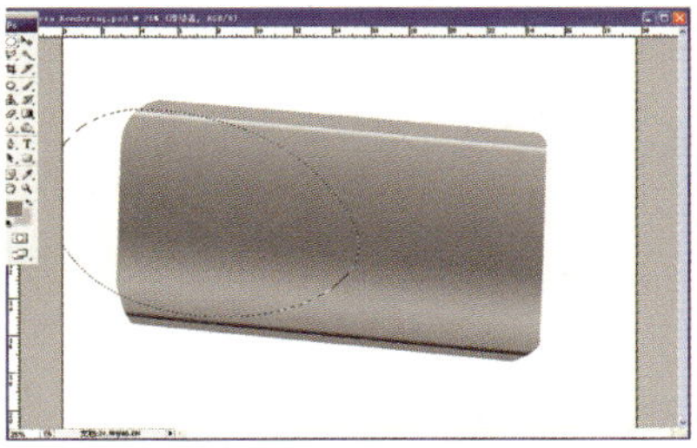
图 4.11

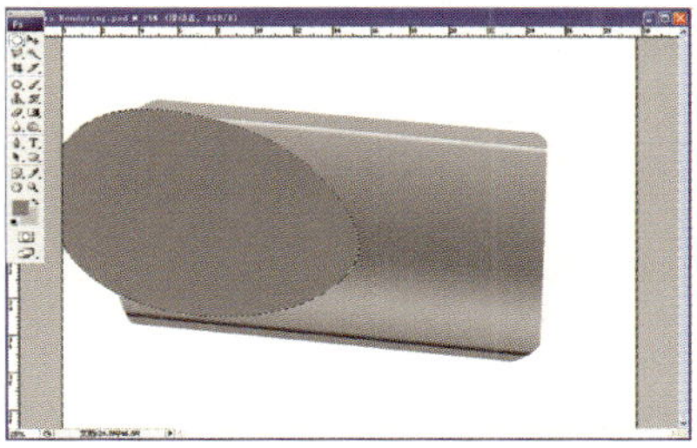
图 4.12

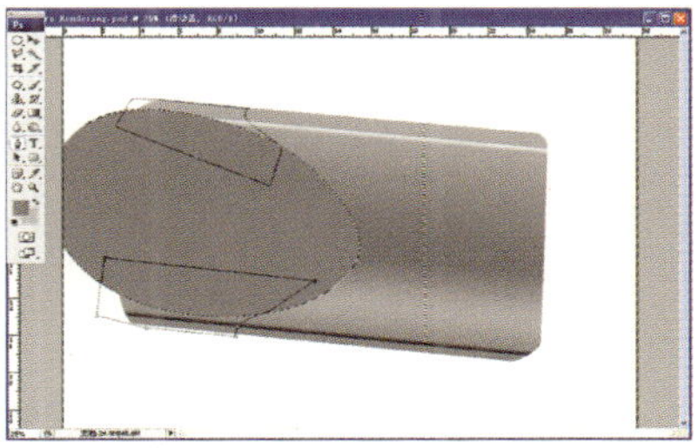
图 4.13

(7) 将路径转化为选区，填充随机颜色（见图 4.14)，取消选区，载入机身选区，反选，删除活动盖层选区内的内容（见图 4.15)。

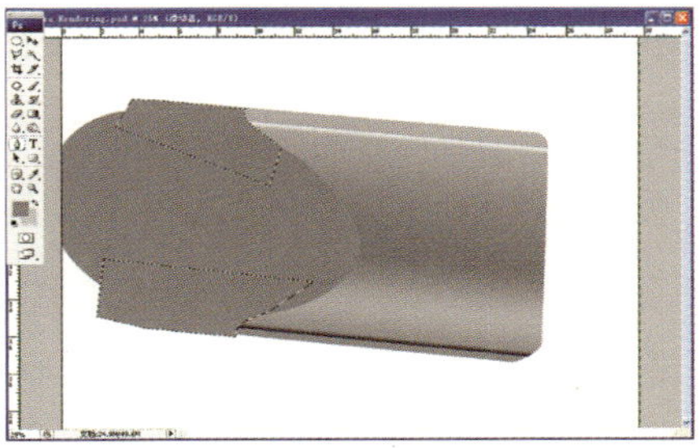
图 4.14

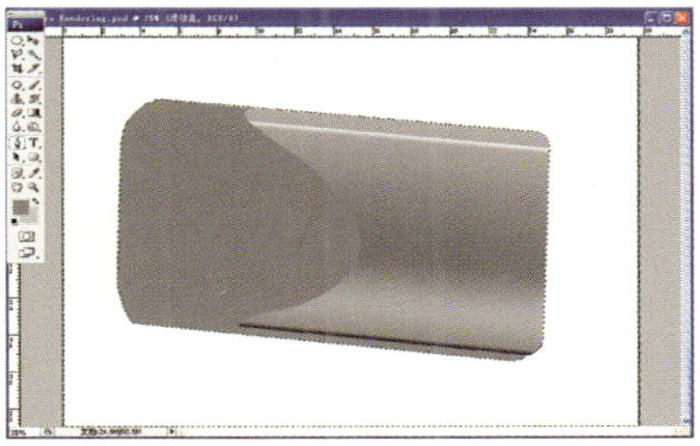
图 4.15

(8) 取消选择，用椭圆选框工具画出一个椭圆选区，变换选区，调整后执行反选（Ctrl+Shift+I)，擦掉选区左侧的多余部分（见图 4.16)。

(9) 再按 Ctrl+Shift+I 反选，回到原选区，选择多边形套索工具，按住 Alt 键，在选区中去掉多余部分（见图 4.17)。

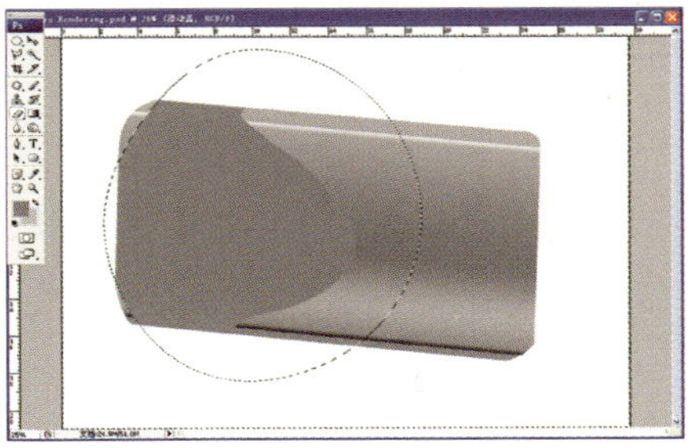
图 4.16

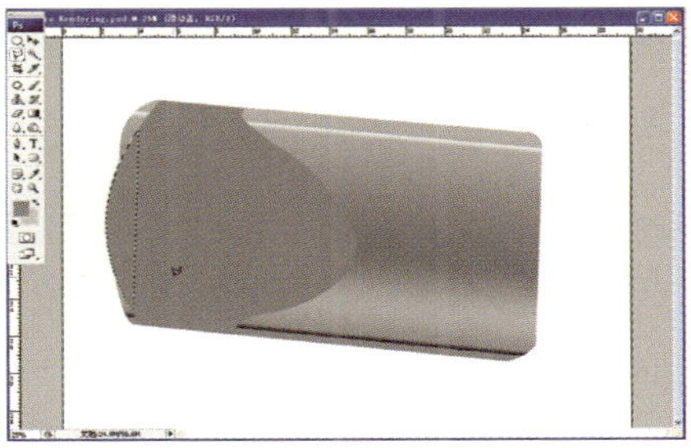
图 4.17

(10) 填充随机颜色后取消选择，按住 Ctrl 键点击“活动盖”图层缩略图载入选区，选择渐变工具，编辑渐变色如图 4.18 所示，并填充选区（见图 4.19)。

(11) 在选择菜单中选中变换选区，将选区向右移动几个像素，并将垂直高度略微拉高，确认后执行反选，并对图层执行图像—调整—亮度/对比度（见图 4.20)。

(12) 取消选择，执行滤镜—杂色—添加杂色（见图 4.21)，给活动盖加 8%杂色；建立新图层，命名为金属件，选择钢笔工具，勾画活动盖上的金属件造型（见图 4.22）。

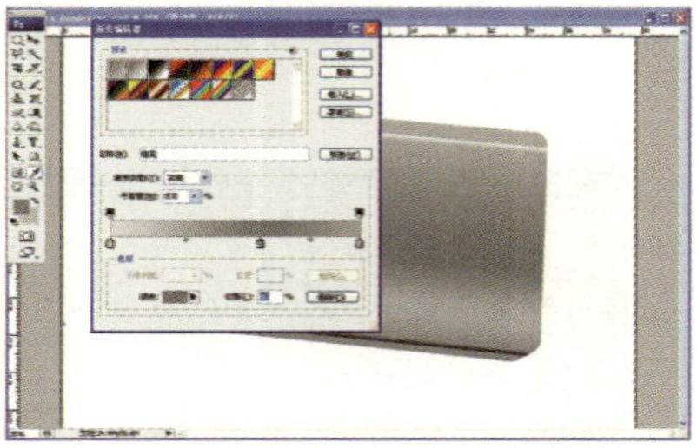

图 4.18

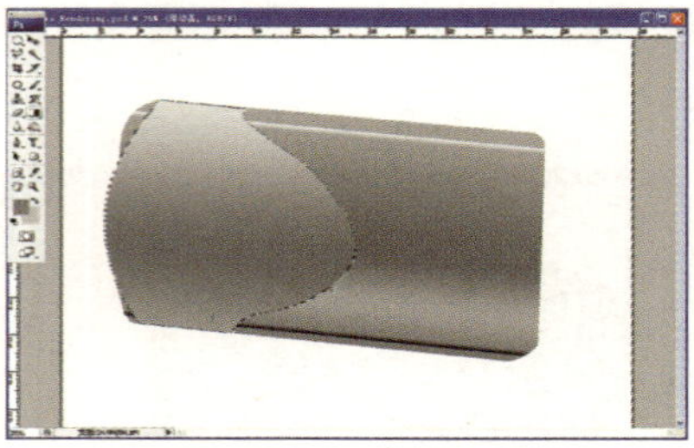

图 4.19

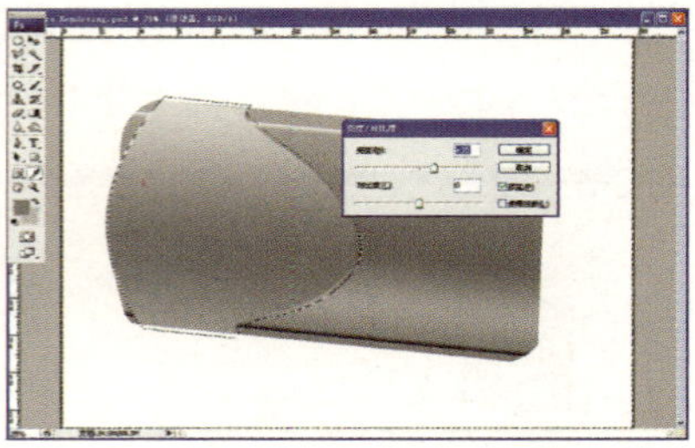

图 4.20

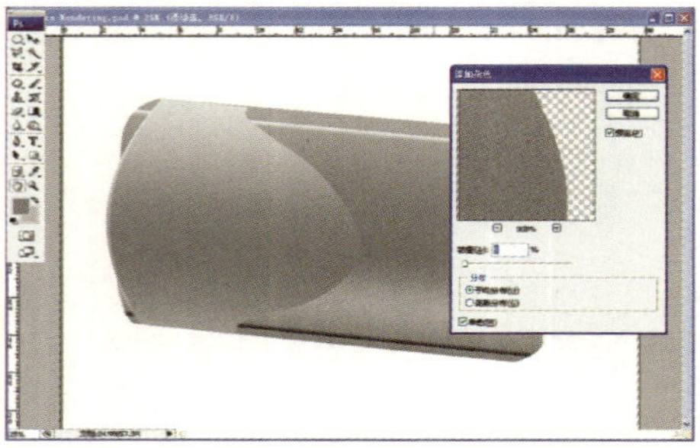

图 4.21

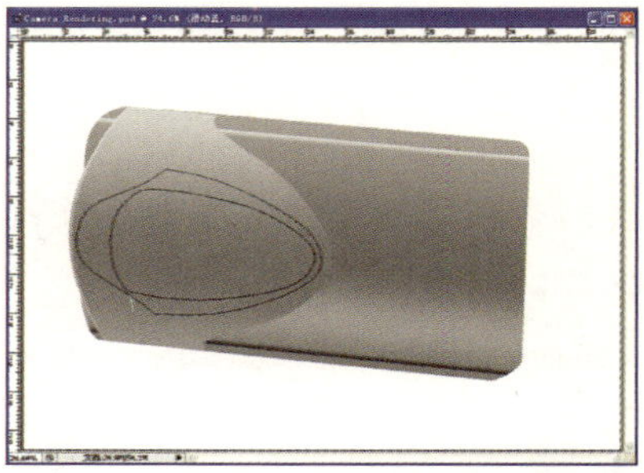

图 4.22

（13）按 Ctrl＋Enter 将路径转化为选区，填充浅灰色（见图 4.23）；选择多边形套索工具，勾画出金属件上的暗部轮廓（见图 4.24）；按住 Ctrl＋Shift＋Alt，单击金属件图层缩略图，得到选区的交叉区域，填充黑色（见图 4.25）。

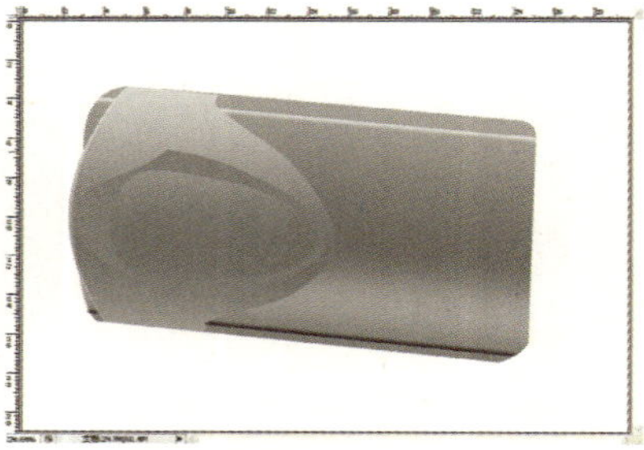

图 4.23

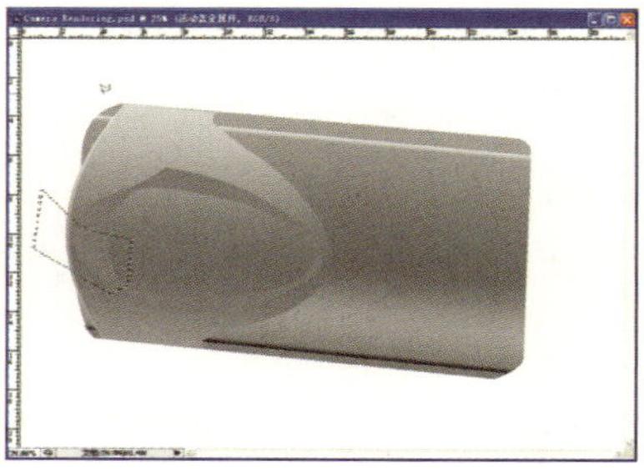

图 4.24

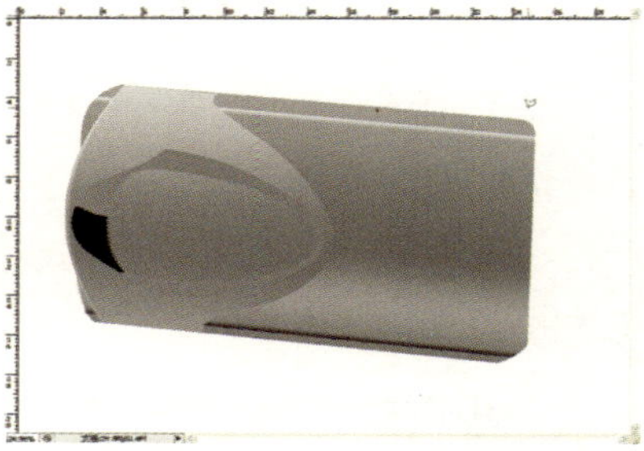

图 4.25

（14）转到路径面板，选择金属件外轮廓路径，转化为选区，建立新图层，用黑色描边 2 像素；再建立新图层，白色描边 2 像素后，将白边图层向右、向下各轻移 1 像素（见图 4.26）；同样方法处理内部轮廓，只是轻移方向相反（见图 4.27）。

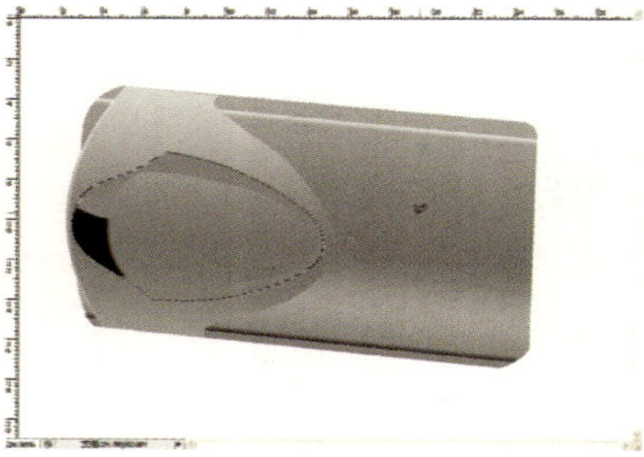

图 4.26

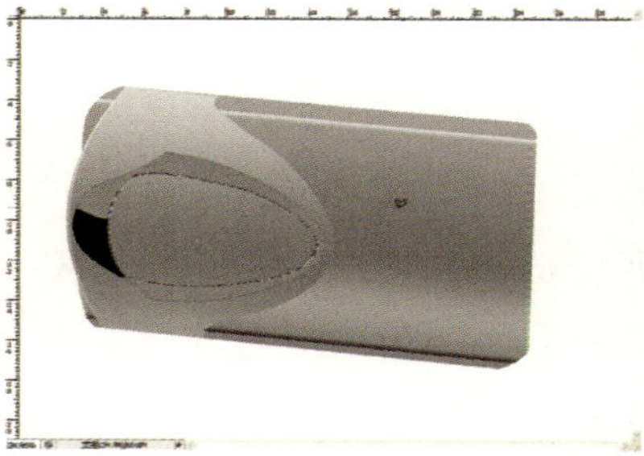

图 4.27

(15) 用处理左边金属件暗部的相似手法，将金属件右边的暗部做出（见图 4.28）；选择加深/减淡工具，整体调整金属件的形体转折（见图 4.29）；最后，将金属件和描边图层合并。

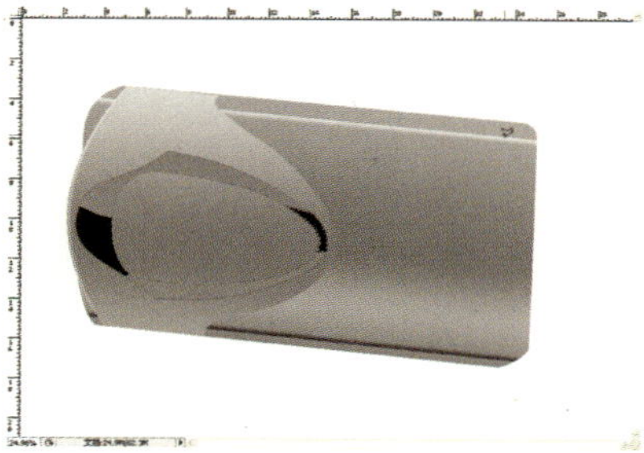

图 4.28

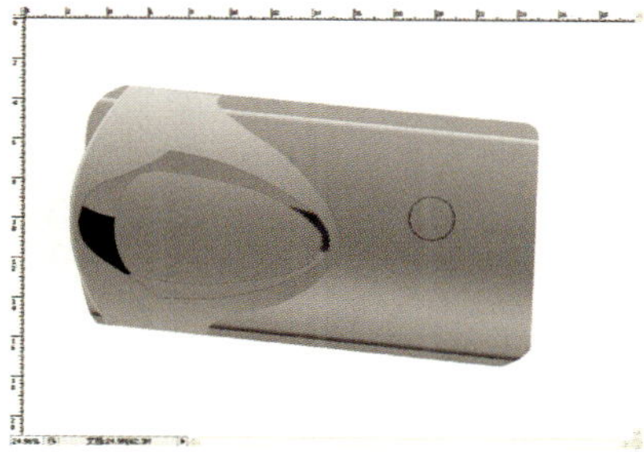

图 4.29

(16) 双击金属件图层缩略图，激活图层样式面板，设置投影效果（见图 4.30）；建立新图层，将新图层向下合并到金属件图层，固定图层效果（见图 4.31）。

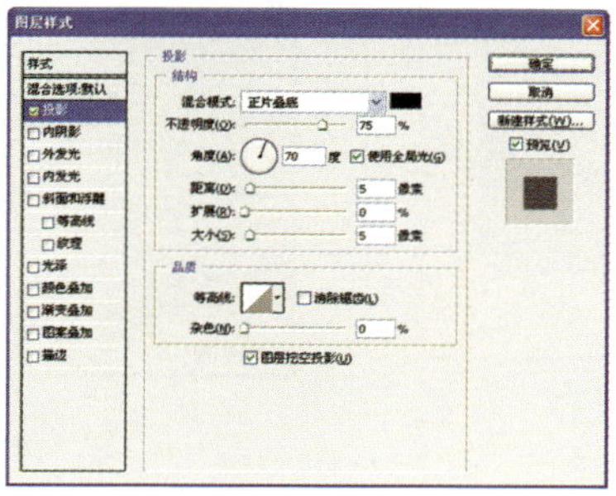

图 4.30

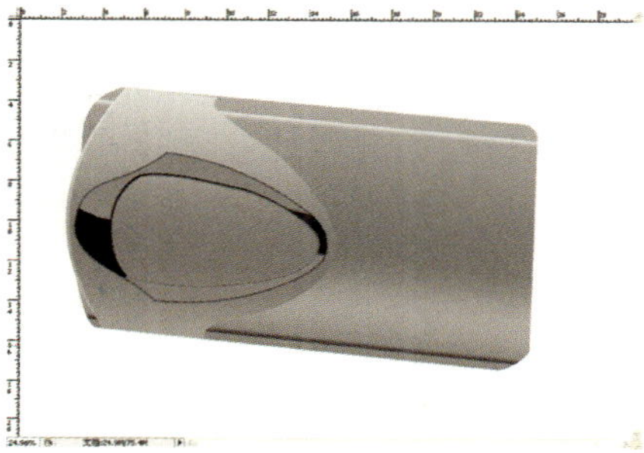

图 4.31

(17) 选择钢笔工具，勾画出活动盖上的造型转折轮廓（见图 4.32）；转化成选区，用加深/减淡工具，调整活动盖上的光影（见图 4.33 和图 4.34）。

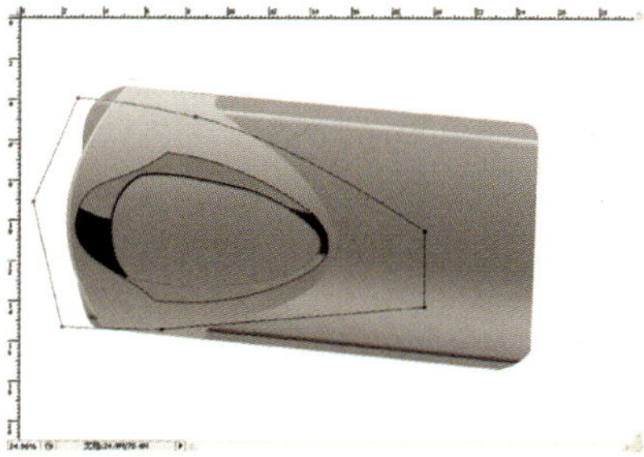

图 4.32

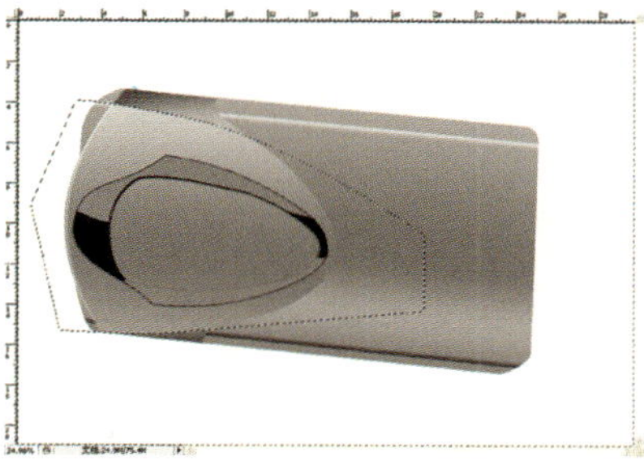

图 4.33

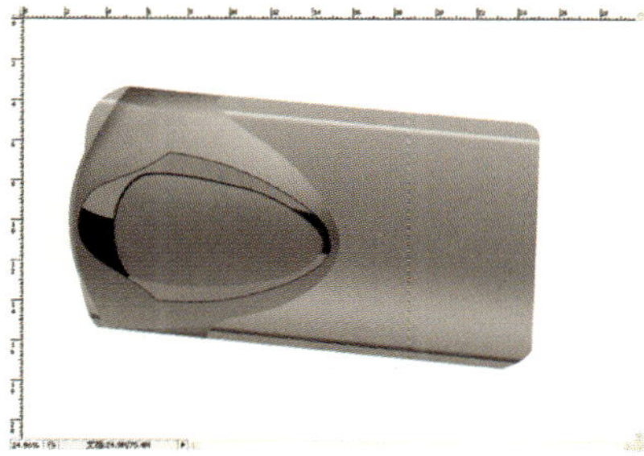

图 4.34

(18) 在活动盖图层上激活图层样式，调整活动盖图层的阴影效果（见图 4.35）。

(19) 建立新图层，命名为不动盖；选择钢笔工具，勾画不动盖的基本图形，转化为选区，填充中灰色后，载入活动盖选区（见图 4.36 和图 4.37）。

(20) 将活动盖选区移动到不动盖适当位置，适当变换选区，调整透视关系，按 Delete 删除（见图 4.38 和图 4.39）；为不动盖添加 8% 杂色，平均分布单色（见图 4.40）。

(21) 载入不动盖选区，收缩 15 像素（见图 4.41 和图 4.42）。

(22) 选择加深/减淡工具，调整不动盖上的光影（见图 4.43），激活图层样式，并将投影效果进行细致调节，得到真实的相机层次效果（见图 4.44）；整体调整亮度/对比度（见图 4.45）。

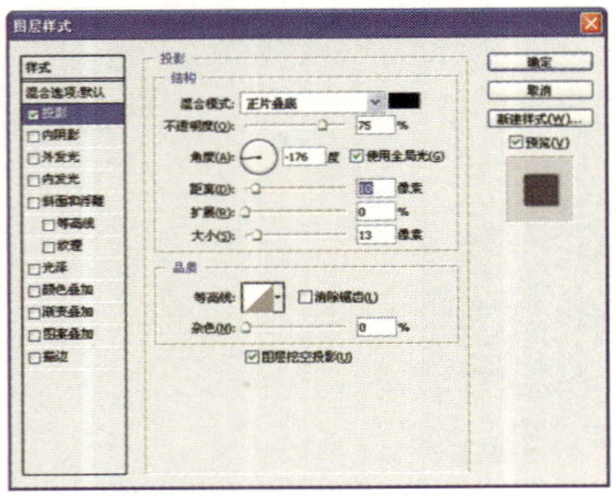

图 4.35

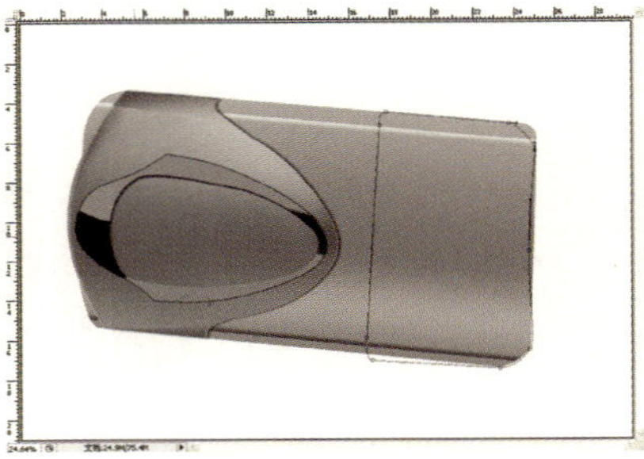

图 4.36

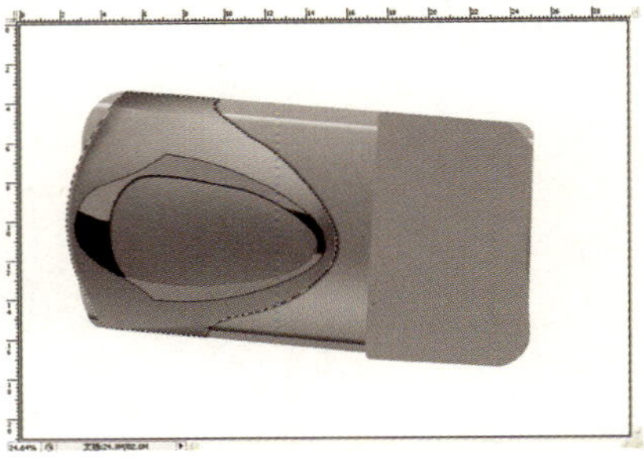

图 4.37

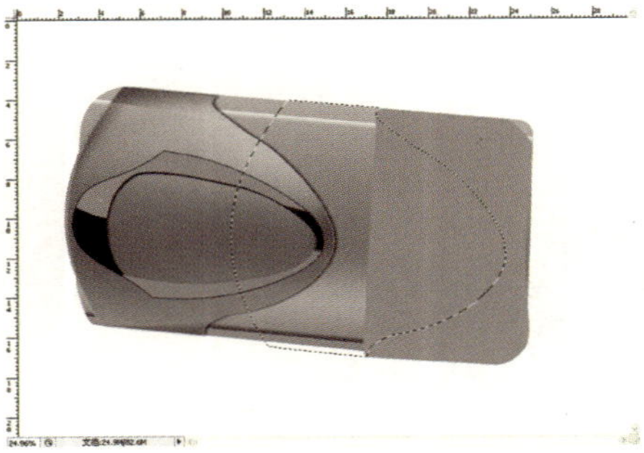

图 4.38

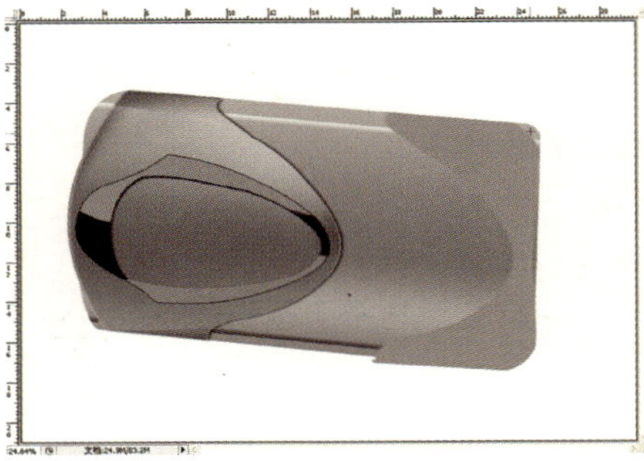

图 4.39

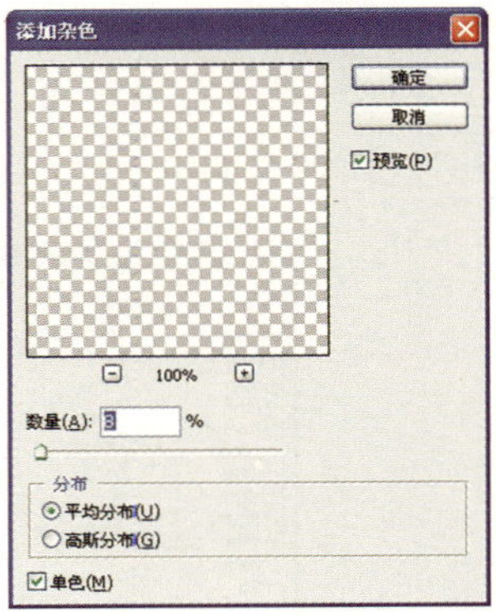

图 4.40

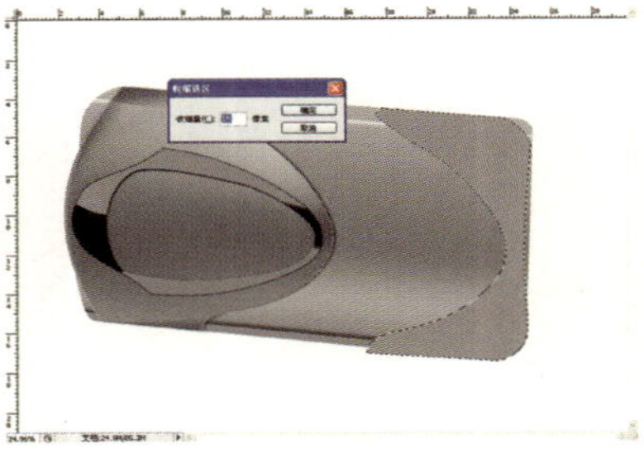

图 4.41

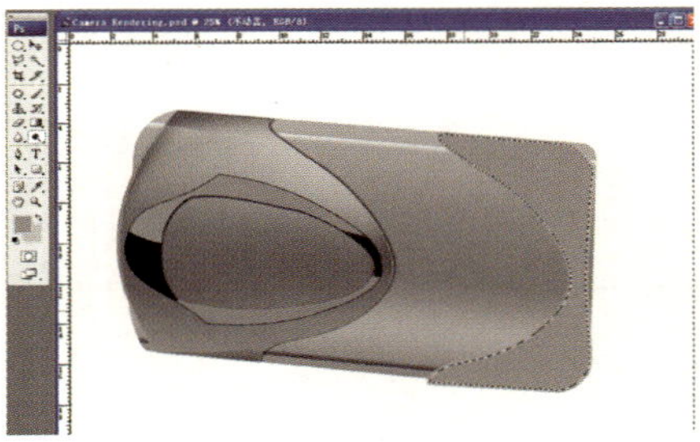

图 4.42

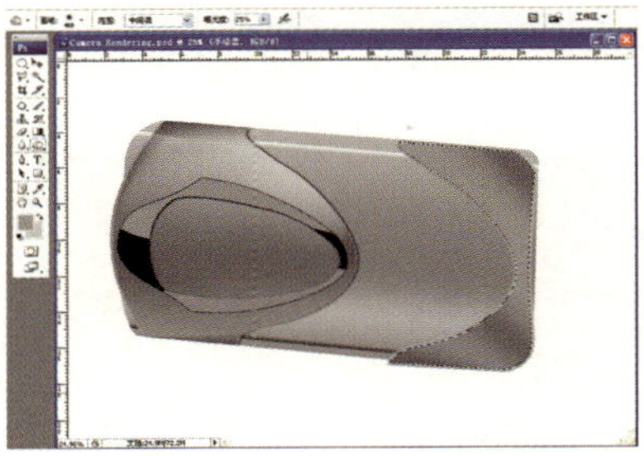

图 4.43

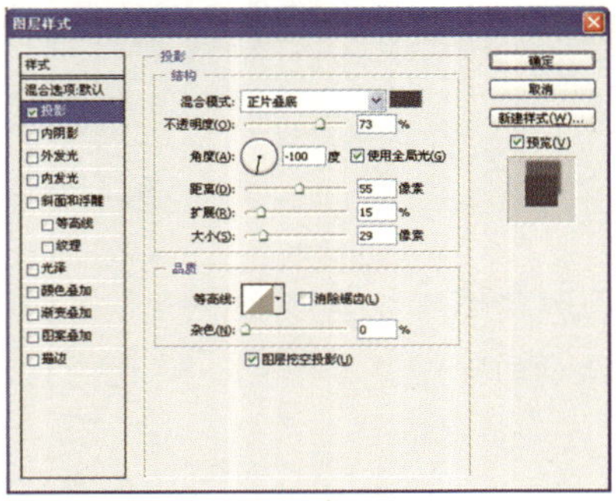

图 4.44

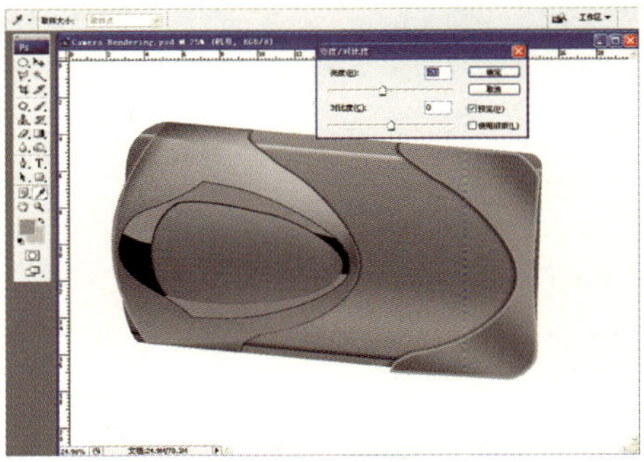

图 4.45

（23）开始做伸缩镜头。建立新图层，用形状工具建立椭圆路径，按镜头层次分图层填充；选择加深/减淡工具，细致调整镜头的立体光影（见图 4.46～图 4.52）。

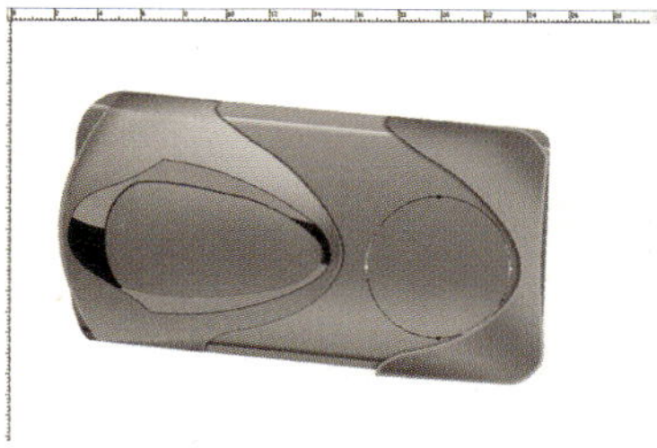

图 4.46

图 4.47

图 4.48

图 4.49

图 4.50

图 4.51

图 4.52

（24）建立镜头光影。建立新图层，借助椭圆选区工具先建立基本的镜头光晕层次（见图 4.53）；再建新图层，用画笔在适当位置，点画镜头光晕（见图 4.54）。

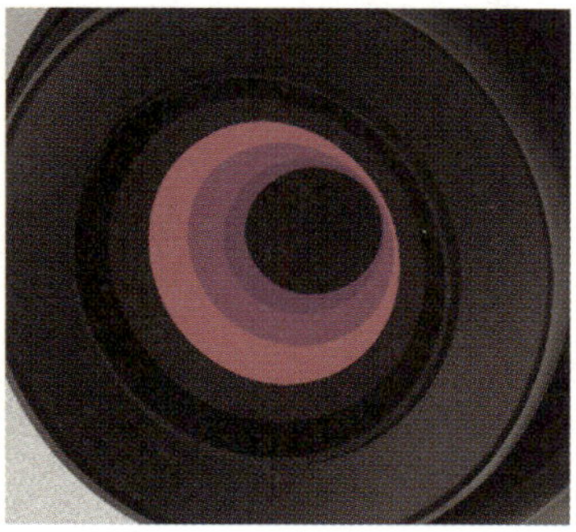

图 4.53

图 4.54

（25）在镜头最外侧建立椭圆路径，选择文字工具，沿路径分布镜头外框上的文字（见图 4.55 和图 4.56），添加浮雕效果（见图 4.57 和图 4.58）。

图 4.55

图 4.56

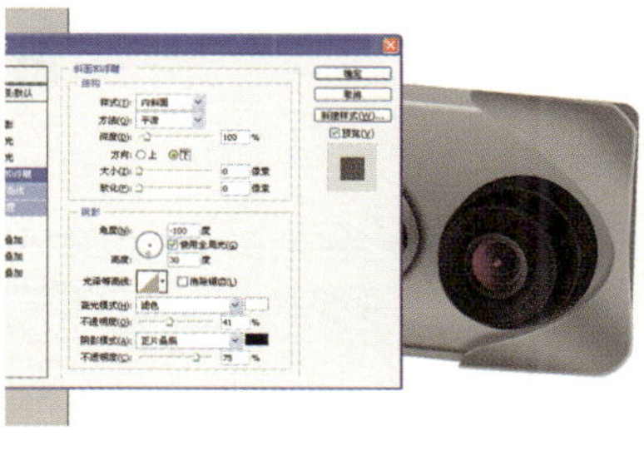

图 4.57

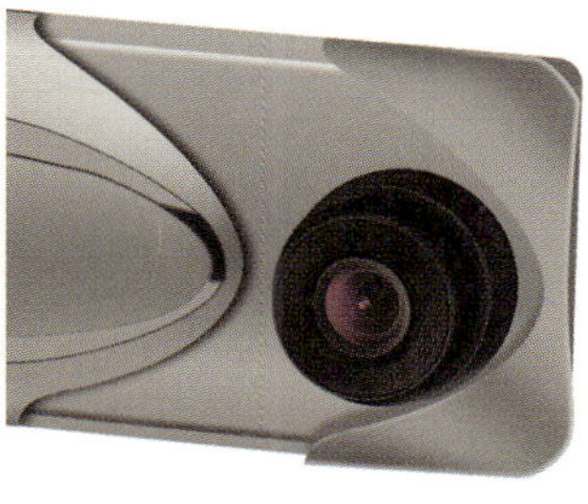

图 4.58

（26）在活动盖层上建立文字图层，并栅格化文字层（见图 4.59）。

（27）新建一个 2×1 像素的文档，放大到 1600 倍，在其中一个像素上用一像素粗细的白色铅笔点一下，执行编辑—定义图案（见图 4.60）。回到相机文档，在文字层上新建一图层，在文字上拉一个矩形选框，填充刚才定义的图案（见图 4.61）。

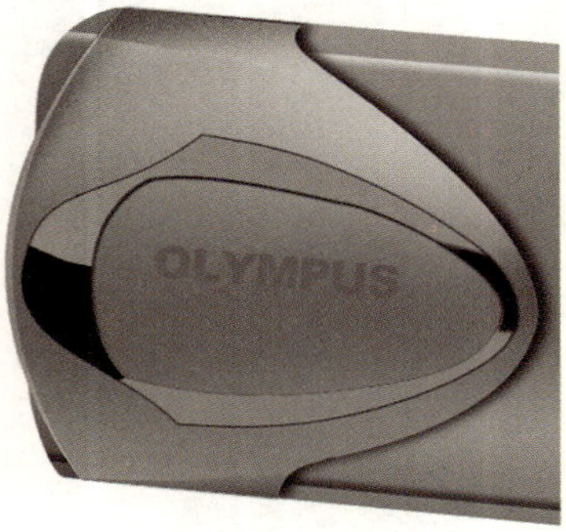

图 4.59

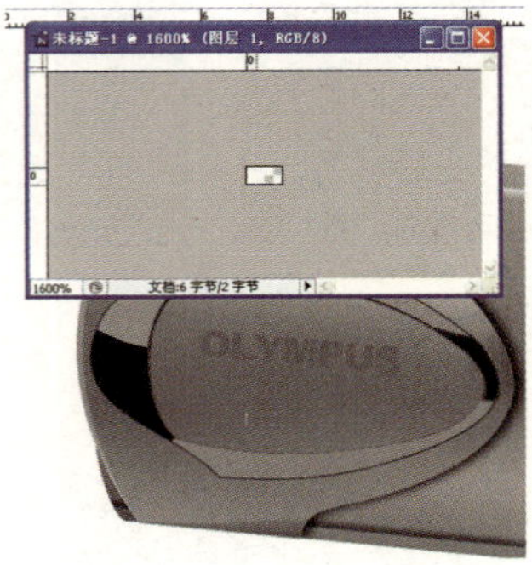

图 4.60

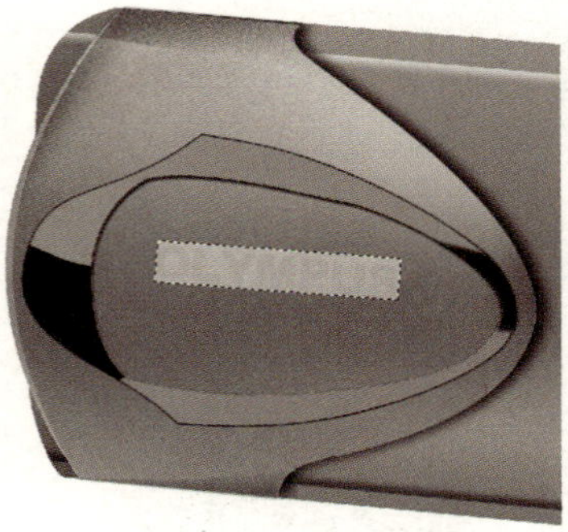

图 4.61

（28）取消选择，载入文字图层选区，反选之后删除，适当调整不透明度并将此图层合并到文字图层（见图 4.62 和图 4.63）。

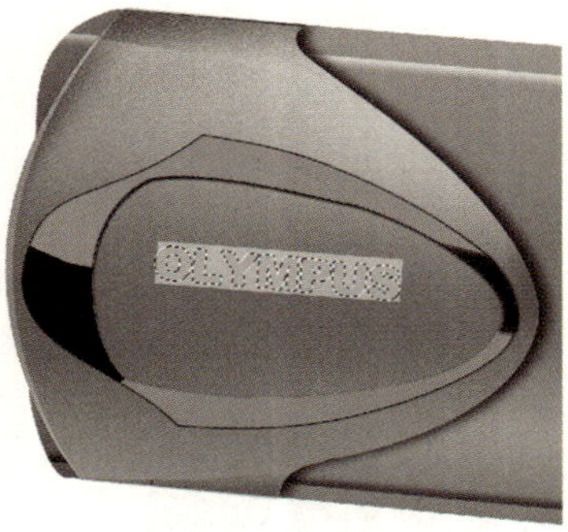

图 4.62

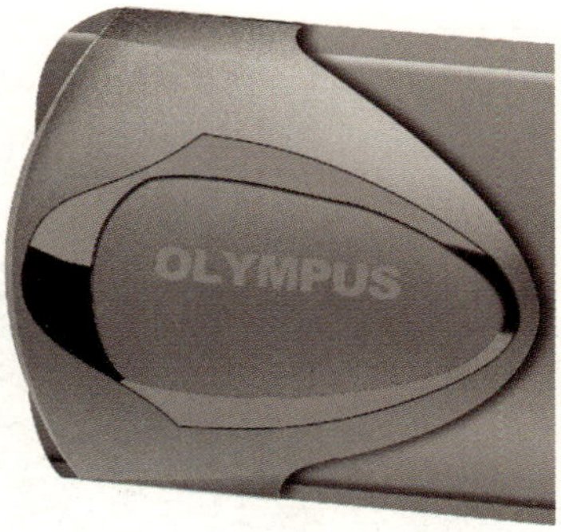

图 4.63

（29）双击文字层设置图层样式，利用投影、内阴影、光泽三种图层效果，调整文字的立体感和材质效果（见图 4.64～图 4.66）。

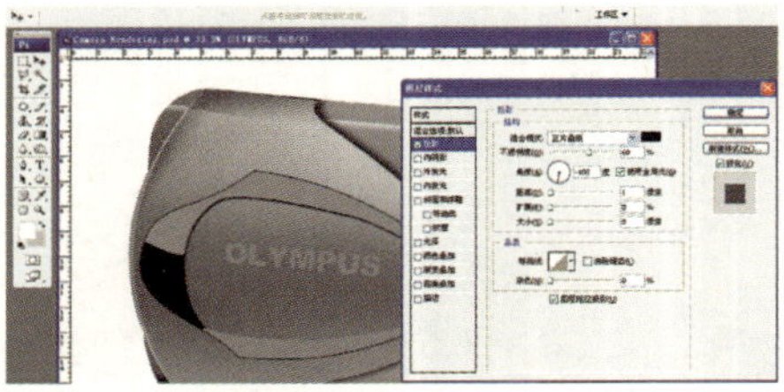

图 4.64

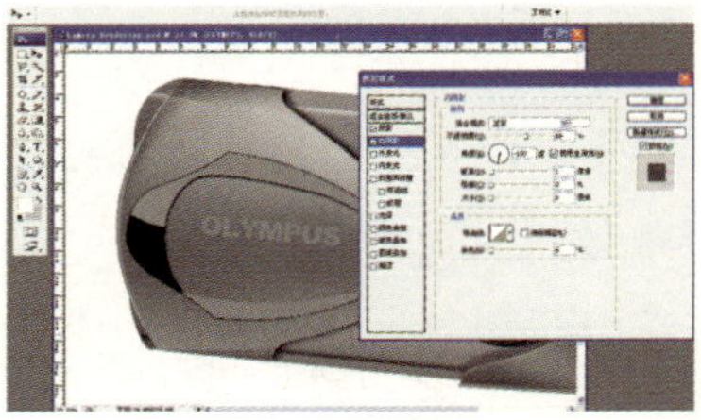

图 4.65

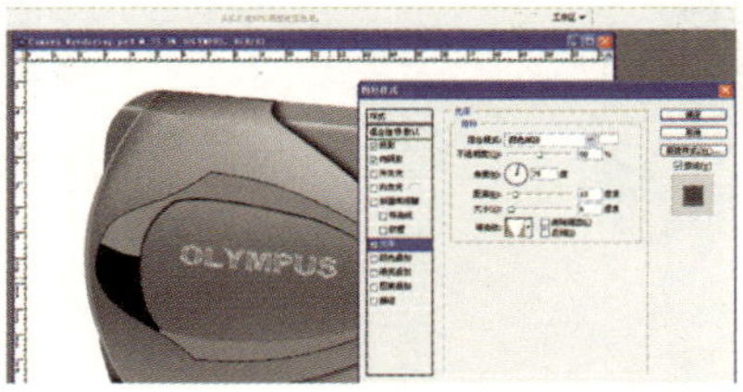

图 4.66

(30) 补充活动盖上的文字，过程不再赘述（见图 4.67）。

(31) 在机身图层上建立新图层，用椭圆选区工具，建立椭圆选区，用黑色描边 2 像素；再建新图层，白色描边 2 像素；将白色描边向左轻移，删除多余部分（见图 4.68～图 4.70）。

图 4.67

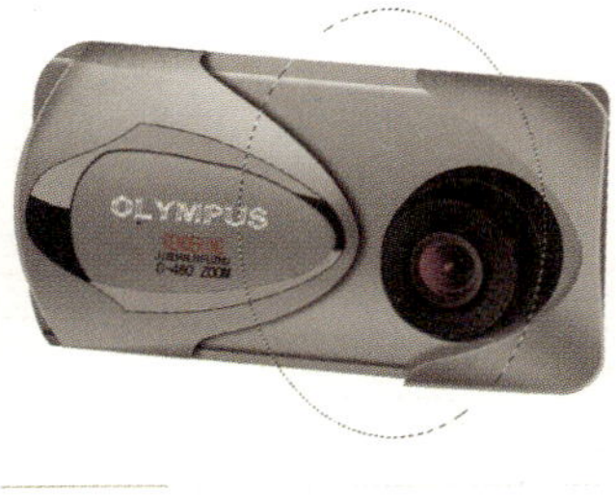

图 4.68

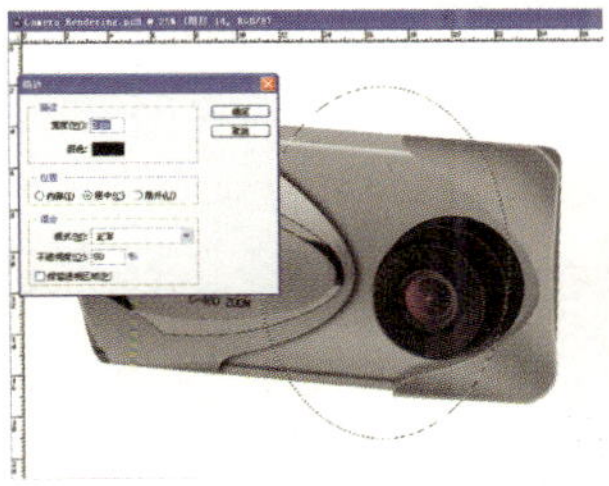

图 4.69

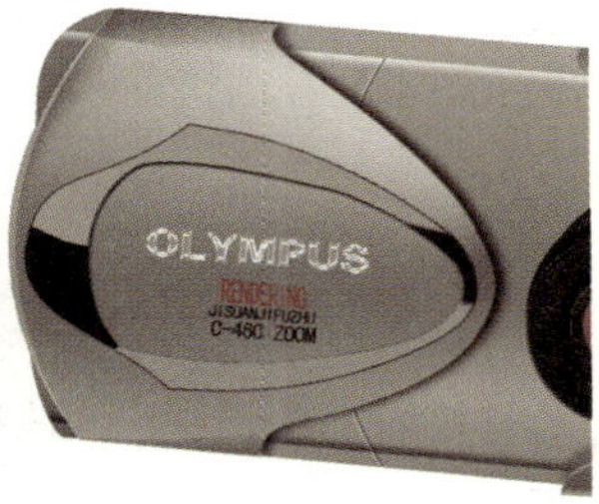

图 4.70

(32) 新建图层，选择钢笔工具，勾画机身上的凸起造型的轮廓，转化成选区，填充中灰色，添加 8%杂色，增加阴影效果，适当调整亮度/对比度（见图 4.71～图 4.74）。

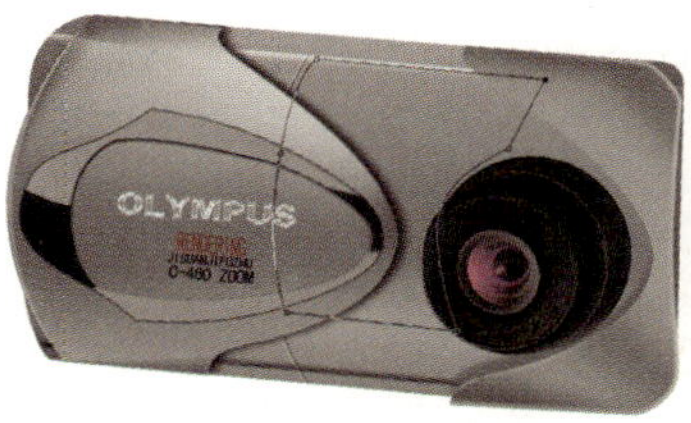

图 4.71

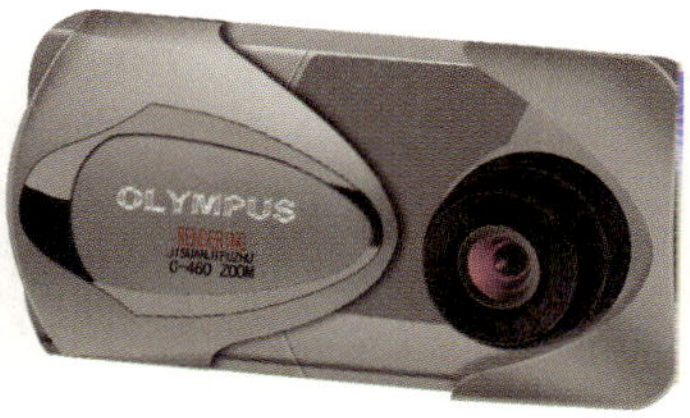

图 4.72

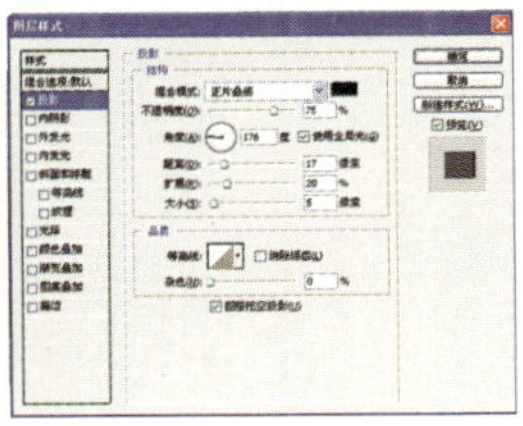

图 4.73

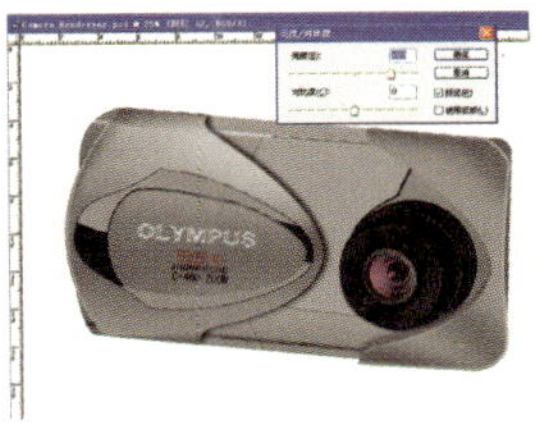

图 4.74

(33) 新建图层，用圆角矩形工具建立路径，调整路径位置及方向；将路径转化为选区，填充灰色，添加浮雕效果以塑造立体感（见图 4.75～图 4.77）。

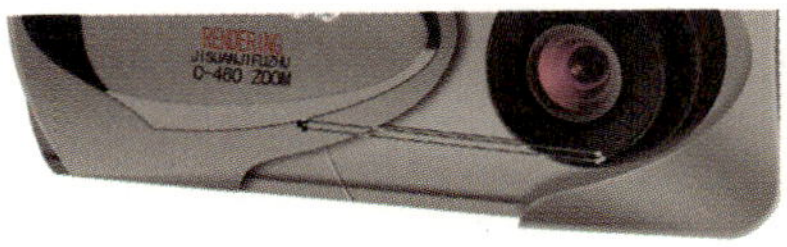

图 4.75

图 4.76

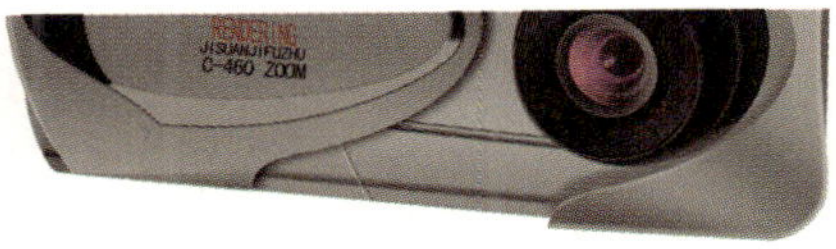

图 4.77

(34) 建立新图层，用圆角矩形工具建立路径，转化成选区后，填充灰色；通过选区变化和加深/减淡工具的结合，塑造相机观察窗（见图 4.78 和图 4.79）。

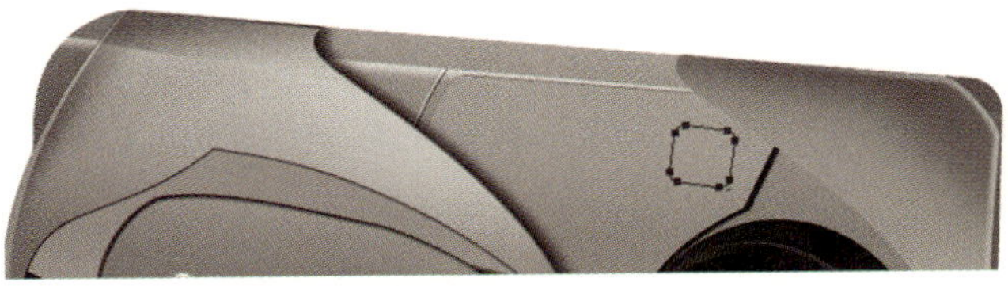

图 4.78

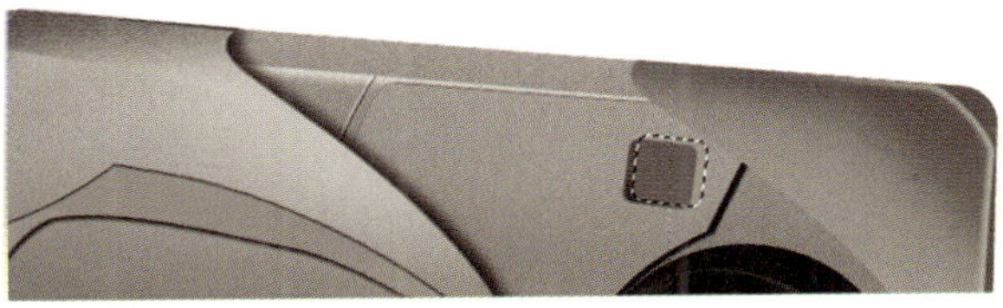

图 4.79

(35) 建立新图层，建立椭圆选区，填充黑色，通过图层样式的调整塑造自拍指示灯（见图 4.80～图 4.82）。

(36) 再建新图层，勾画封闭路径；转化选区后填充浅灰色，用图层效果塑造闪光灯初步效果（见图 4.83～图 4.87）。

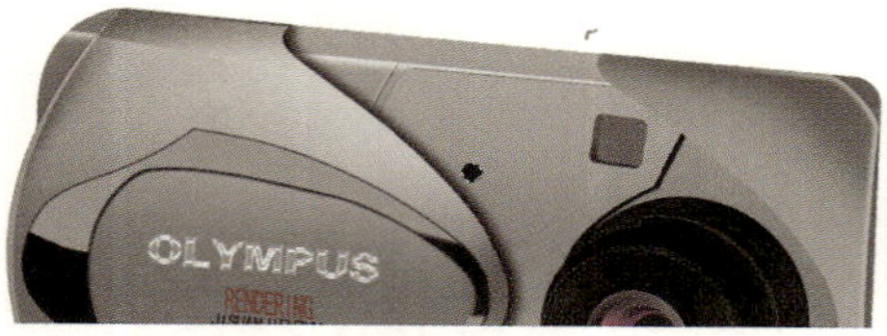

图 4. 80

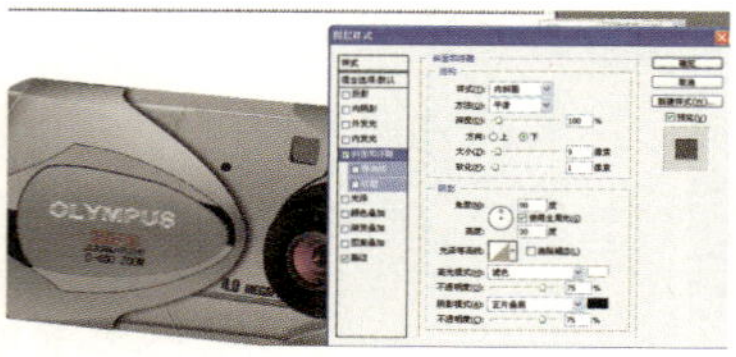

图 4. 81

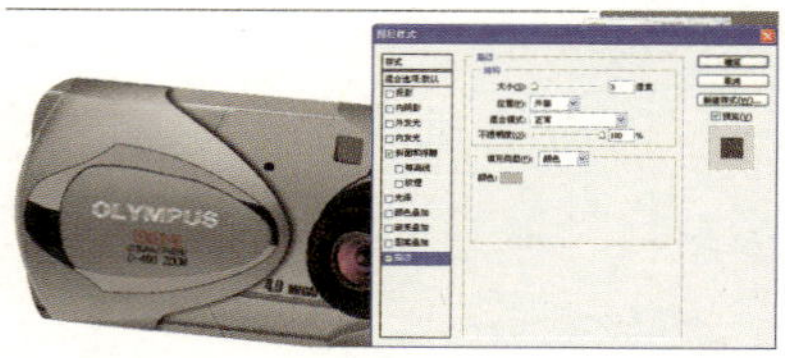

图 4. 82

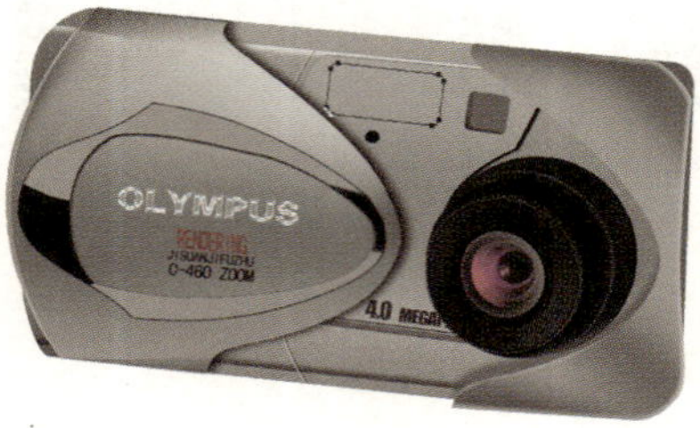

图 4. 83

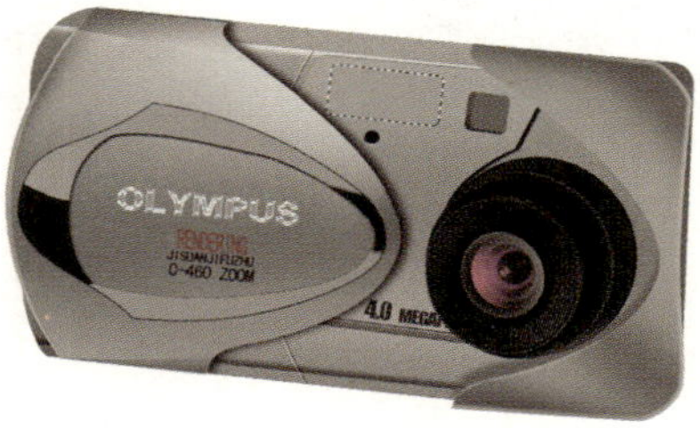

图 4. 84

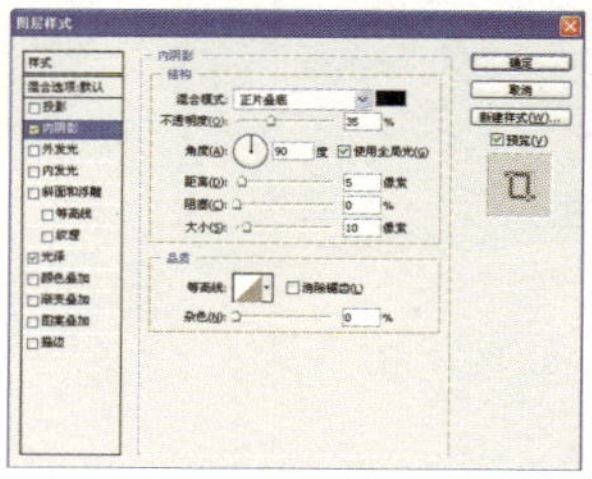

图 4. 85

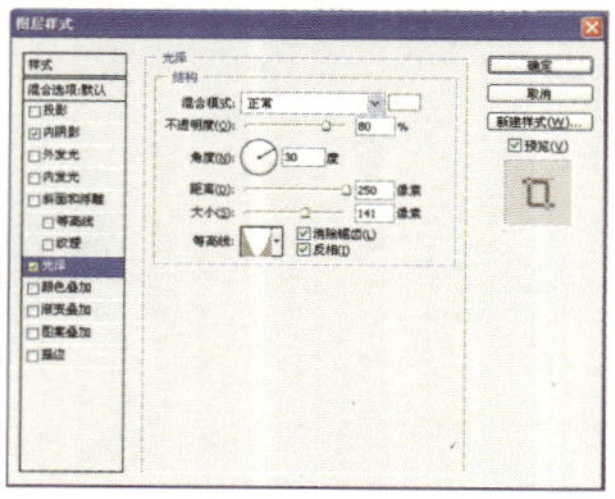

图 4. 86

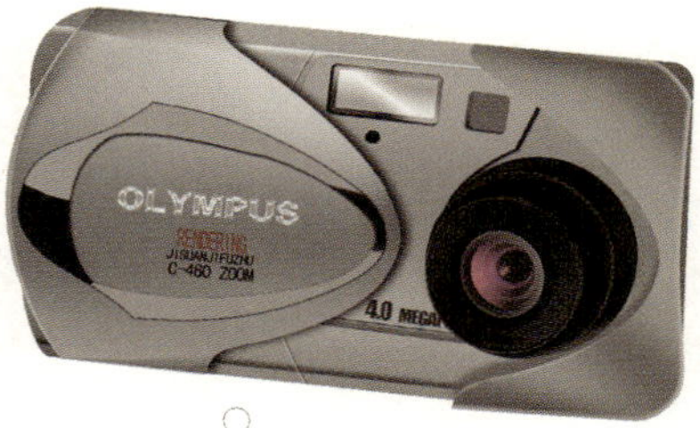

图 4. 87

（37）在当前图层上，建立多个选区，填充灰色，用加深/减淡工具调整闪光灯高光（见图 4. 88～图 4. 90）。

图 4. 88

图 4. 89

图 4. 90

（38）新建图层，选择钢笔工具，将相机未表现的形体轮廓勾画出来，填充灰色，用加深/减淡工具调整明暗关系（见图 4. 91～图 4. 93）。

图 4. 91

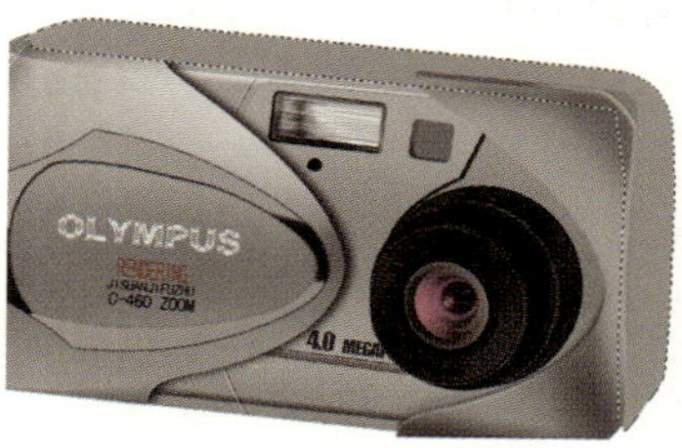

图 4. 92

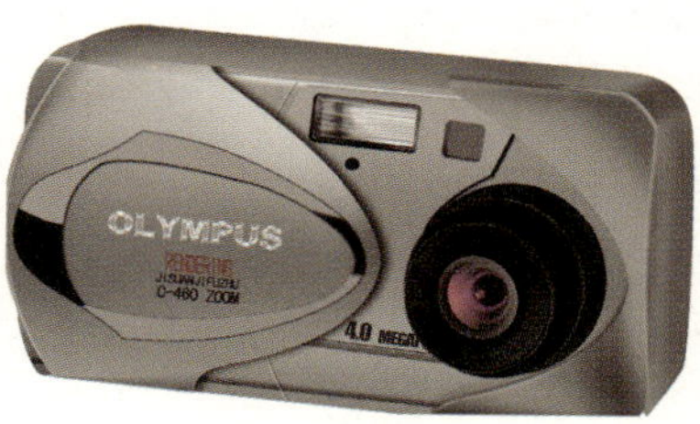

图 4. 93

(39) 建立新图层，用钢笔工具建立选区，填充黑色，调整图层效果（见图 4.94～图 4.96）。

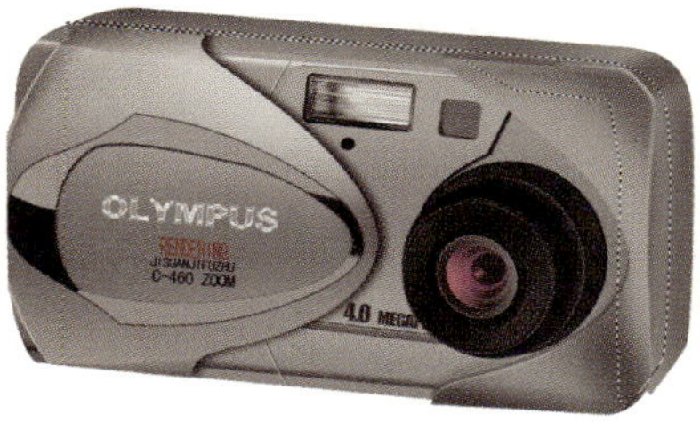

图 4.94

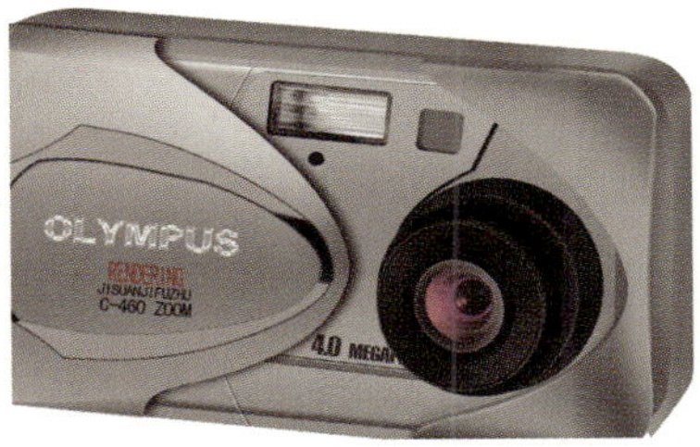

图 4.95

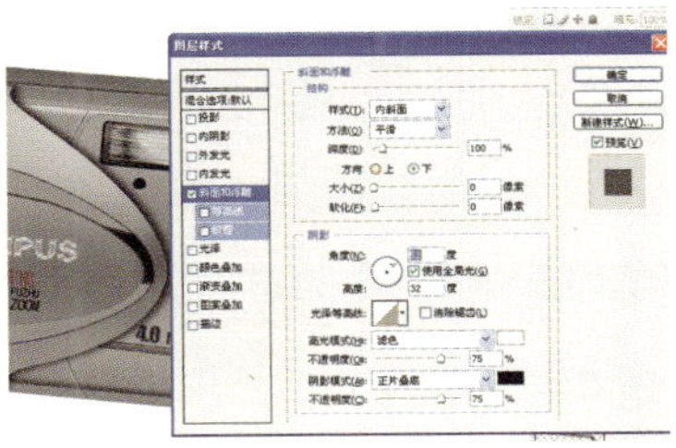

图 4.96

(40) 调整相机机身上的其他细节（见图 4.97 和图 4.98）。

图 4.97

图 4.98

(41) 建立新图层，制作相机的按钮和操纵杆（见图 4.99～图 4.101）。

图 4.99

图 4.100

图 4.101

(42) 调整相机的整体效果，完成作品（见图 4.102）。

图 4.102

4.2 摩托车的 Photoshop 设计表现

由于摩托车体量感较大，所以在表现之前，应将设计草图进行细致推敲，这个推敲不在于设计细节有多深入，主要是将摩托车的主体结构及比例设定。这样才能保证 CAID 的表现能够顺利进行，否则我们的表现过程随时都有中断从头再来的可能。具体操作步骤如下所述。

（1）新建文档，将摩托车的设计草图导入 Photoshop（见图 4.103）。

（2）首先我们将一些基本的阴影及参考线设定好。选择渐变工具，选择黑色到透明的渐变，在背景图层上拉两个渐变，设定好表现的背景（见图 4.104）。

（3）新建图层，命名为阴影，用适当大小画笔画一个长条状的造型（见图 4.105）。

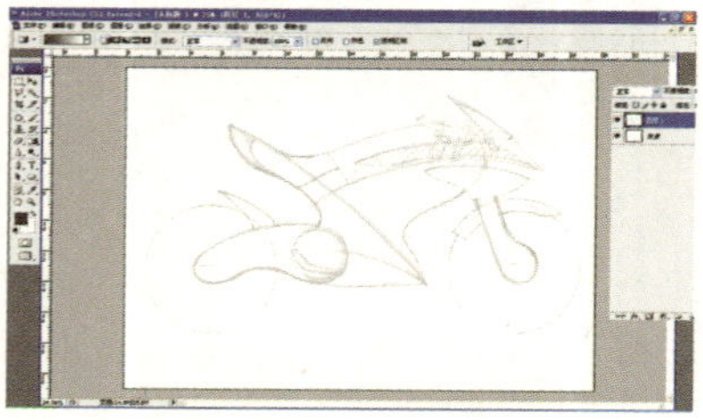

图 4.103

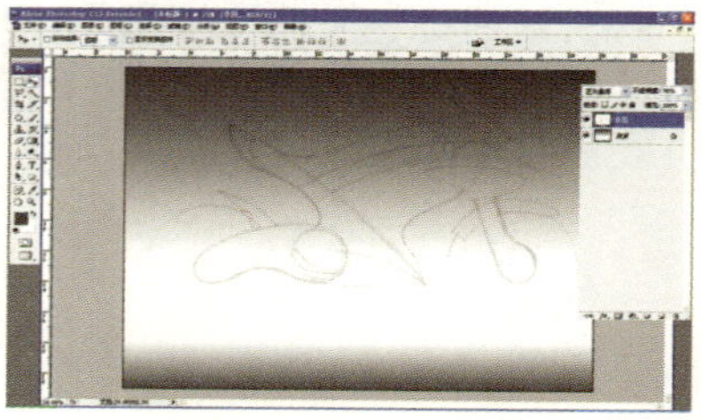

图 4.104

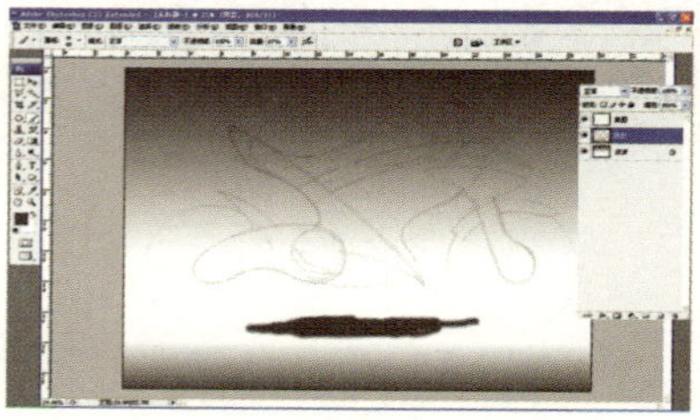

图 4.105

（4）保持在阴影图层，执行滤镜—模糊—动感模糊（见图 4.106），得到摩托车的阴影，适当调整阴影位置（见图 4.107）。

（5）从标尺上用移动工具拉出参考线，确定车轮与地面的接触线、前后轮的轴心（见图 4.108）。

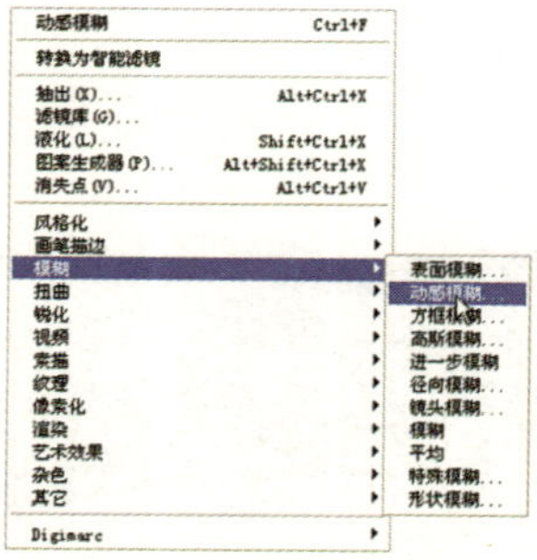

图 4.106

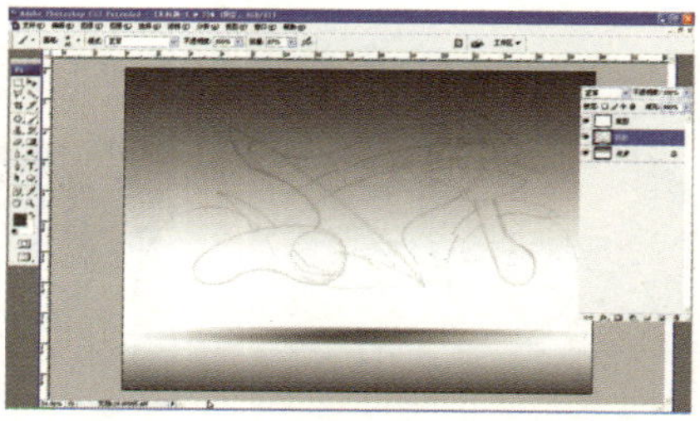

图 4.107

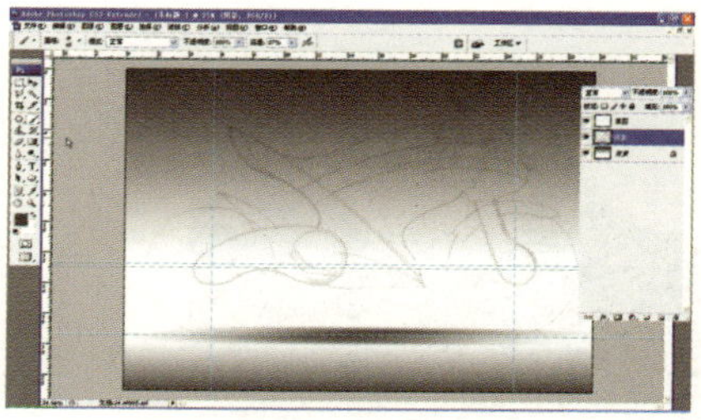

图 4.108

（6）根据预先的表现设想，将摩托车的不同部分用钢笔工具进行勾画，做好相关的路径选区（见图 4.109）。

（7）根据设计设想，按照上一步的路径分割，将每条路径在不同的新建图层内填充颜色（见图 4.110）。

（8）右键点击，在弹出菜单中选择所要编辑的摩托车仪表护板图层后，按住 Ctrl 键点击本图层缩略图载入图层选区；收缩选区 6 像素（见图 4.111）。

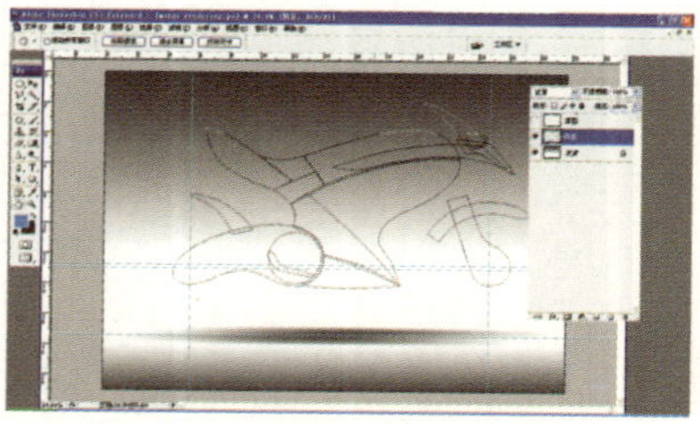

图 4.109

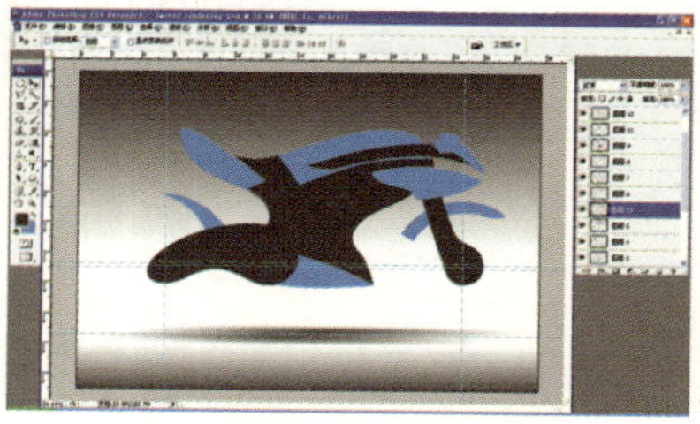

图 4.110

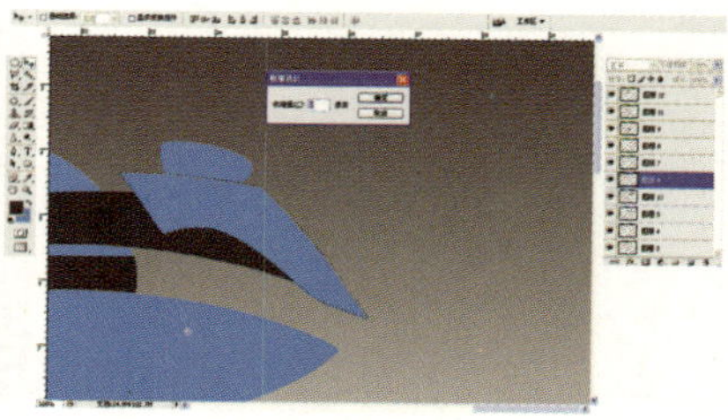

图 4.111

（9）选择减淡工具，范围选择“中间调”，曝光度设置为“5%”，对该区域进行立体化的光影调节（见图 4.112）；同样方法，对后视镜、护腿板等摩托车前半部分进行细致刻画（见图 4.113 和图

4.114）。

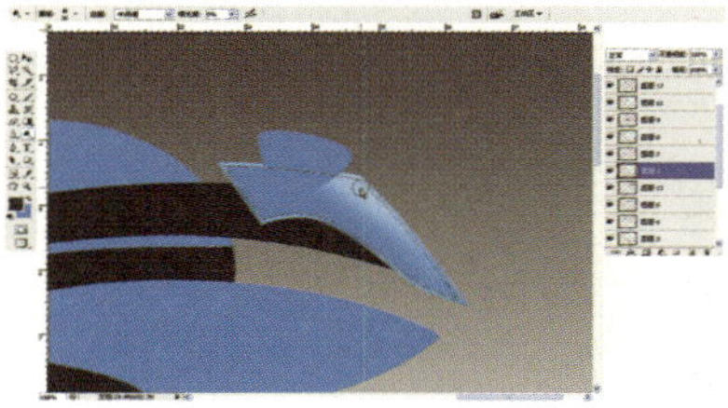

图 4.112

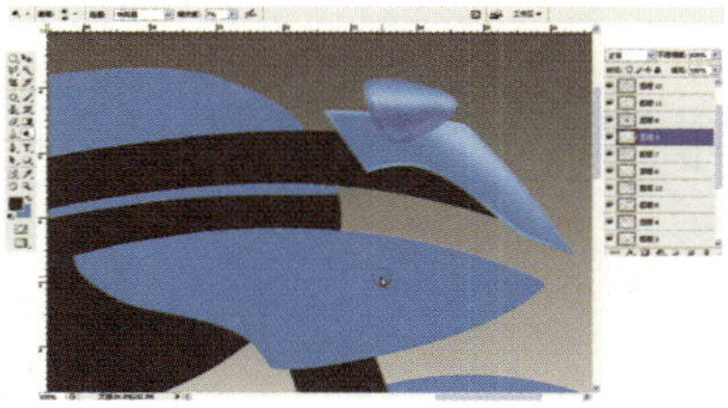

图 4.113

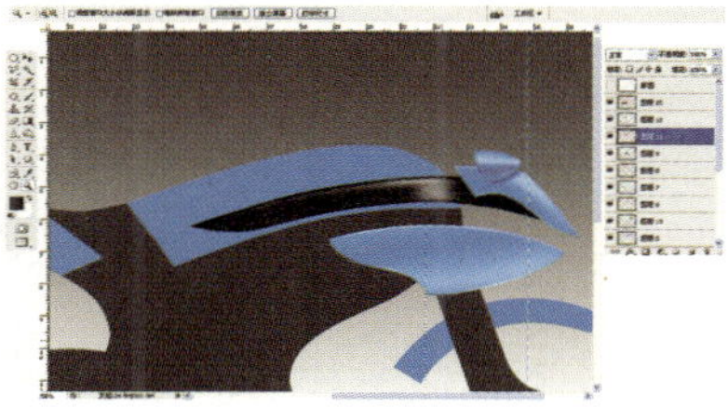

图 4.114

（10）将玻璃面板的路径转化为选区后，新建图层，选择渐变工具，调出从白色到透明的渐变模式，在该选区内拉出渐变，并通过收缩选区后的加深、减淡处理，勾画出摩托车的玻璃面板（见图 4.115 和图 4.116）。

图 4.115

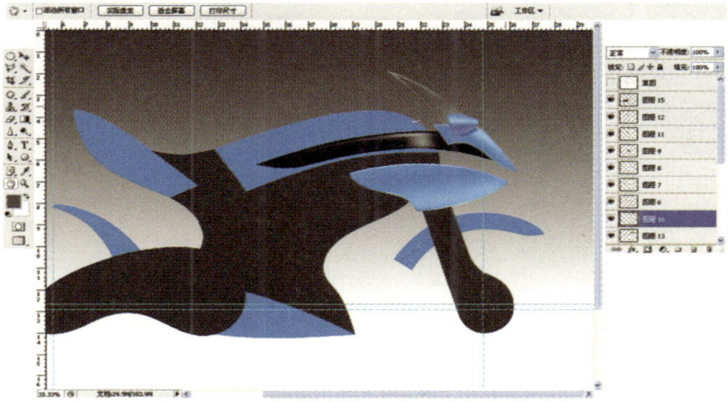

图 4.116

（11）建立新图层，在摩托车的邮箱上用钢笔工具勾出该处高光的大致轮廓，转化为选区，羽化 30 像素后，填充白色（见图 4.117）；反选，删除；再次羽化 15 像素，删除，得到高光的初步效果（见图 4.118）。

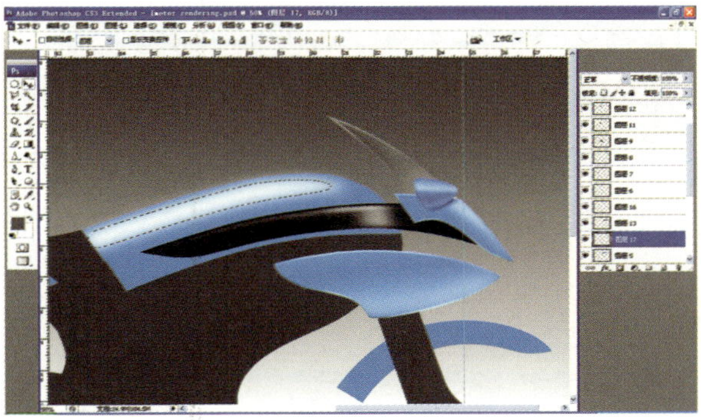

图 4.117

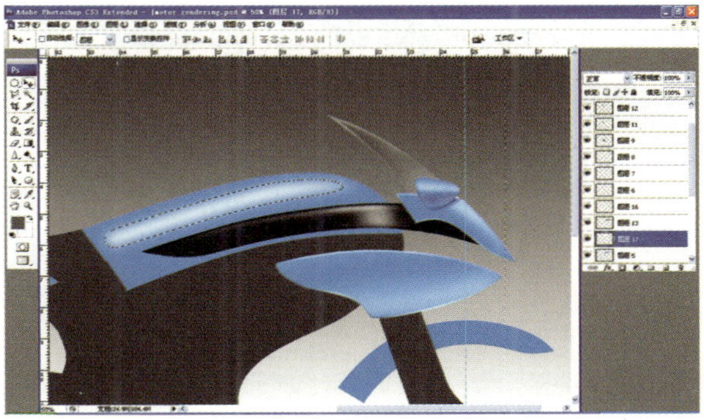

图 4.118

（12）选择橡皮擦工具，适当调整画笔大小及画笔不透明度（见图 4.119），对摩托车油箱高光部分进行调整（见图 4.120）。

（13）保持高光图层不变，按 Ctrl＋T 激活自由变换工具，并将窗口顶部工具属性栏的网格变换选项激活，调整高光的形状以符合油箱的形态特征（见图 4.121 和图 4.122）。

（14）高光调整的过程中，有些白色像素已经超出了油箱的边界，我们在路径面板中将油箱轮廓路径转化为选区（为什么我们不直接载入图层选区?），反选，将多余像素擦除（见图 4.123）。

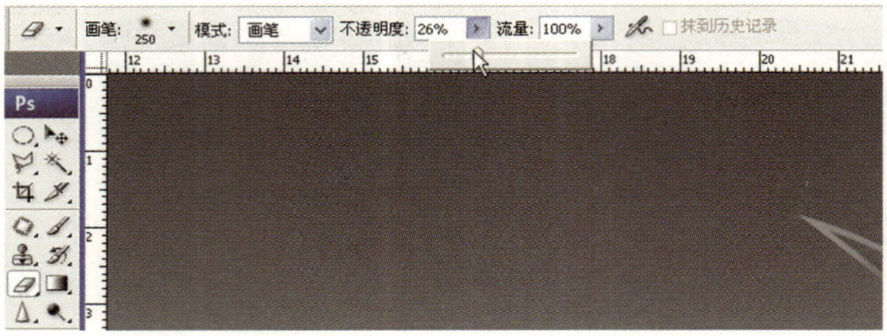

图 4.119

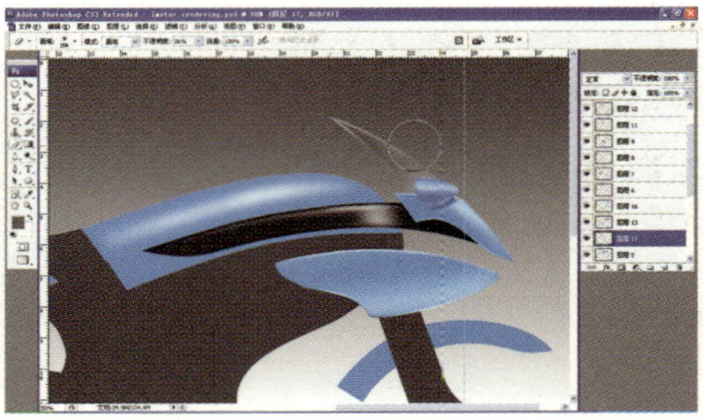

图 4.120

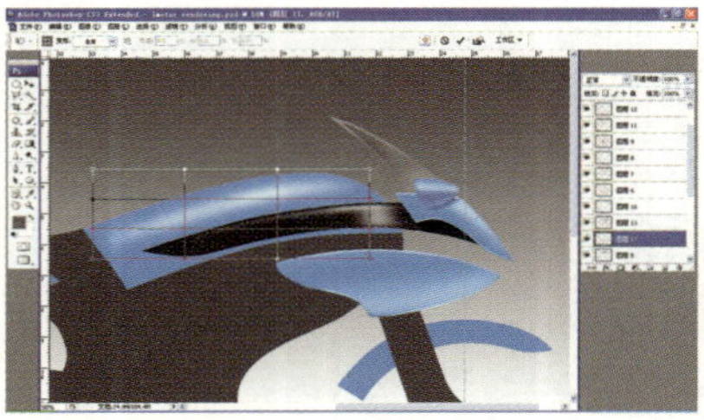

图 4.121

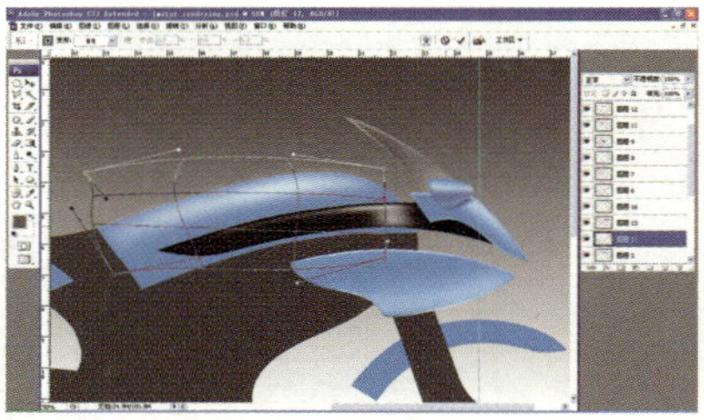

图 4.122

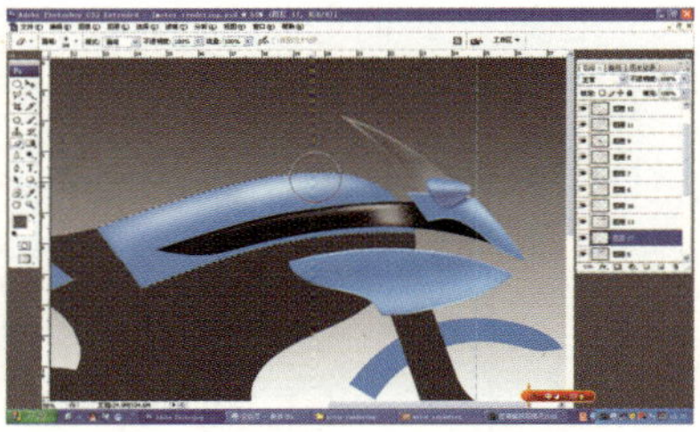

图 4.123

（15）选择加深/减淡工具（两个工具可以通过 Alt 键来相互切换），对油箱的高光部分进行细致刻画（见图 4.124）。

（16）同样利用加深/减淡工具将前轮挡泥板描绘出来（见图 4.125）。

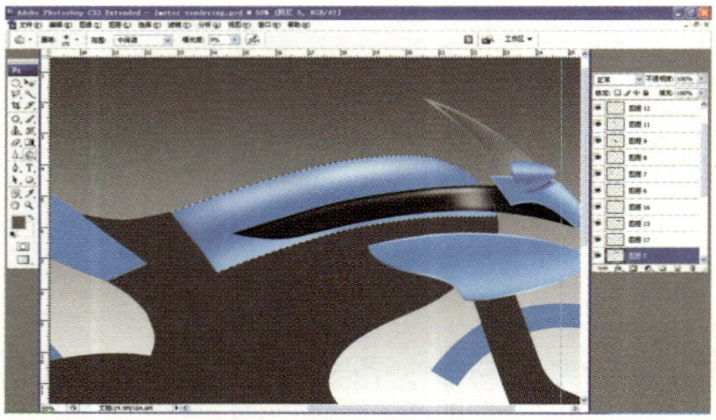

图 4.124

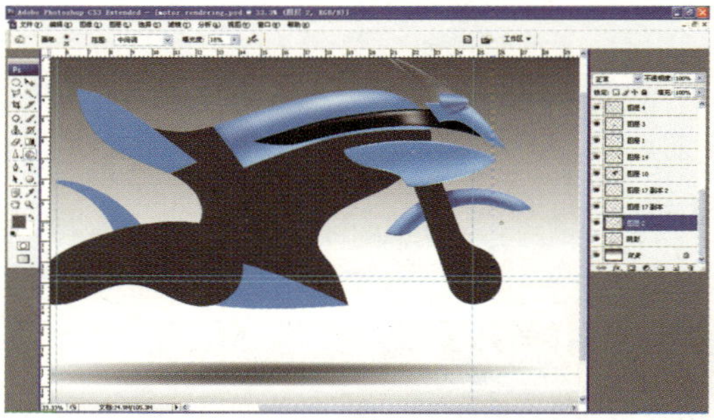

图 4.125

（17）载入摩托车底部蓝色配件选区，收缩 5 像素，用加深/减淡工具塑造出该零件的边角造型（见图 4.126）；然后用钢笔工具勾勒出该零件的高光区域（见图 4.127）。

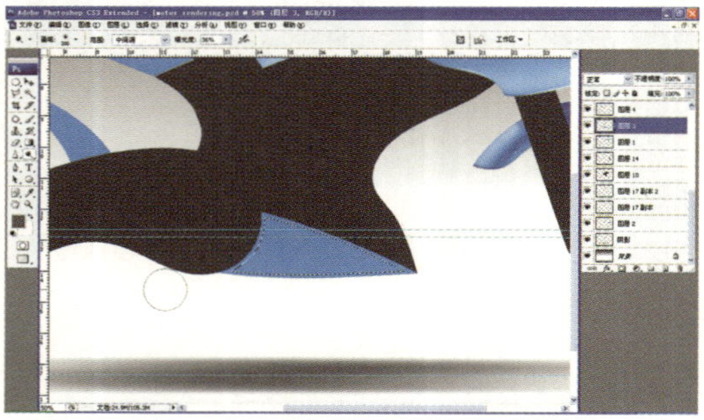

图 4.126

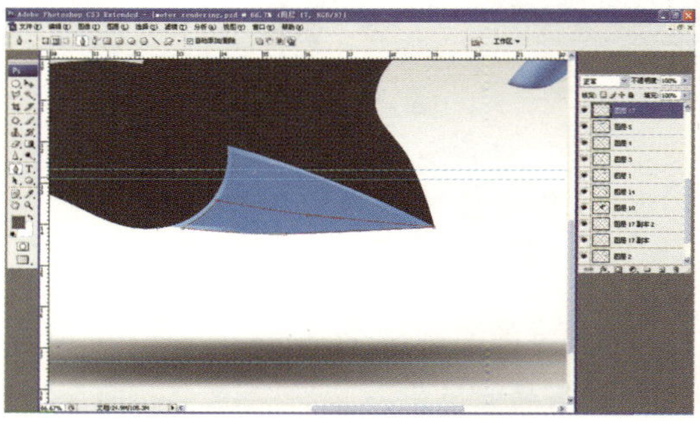

图 4.127

（18）按 Ctrl＋Enter 将路径转化为选区，羽化 10 像素，填充白色，适当调整图层的不透明度，得到合适的高光效果（见图 4.128 和图 4.129）。

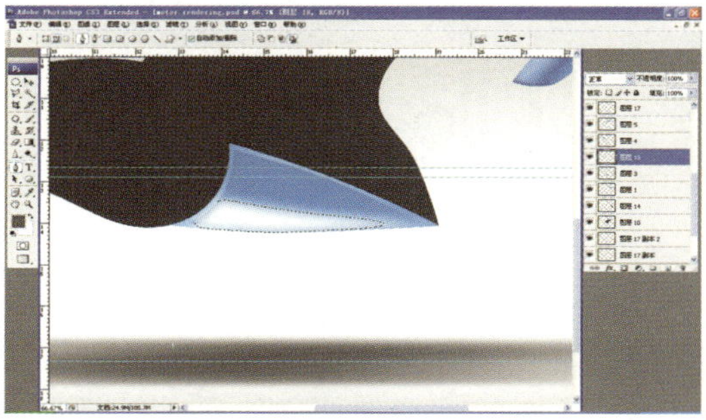

图 4.128

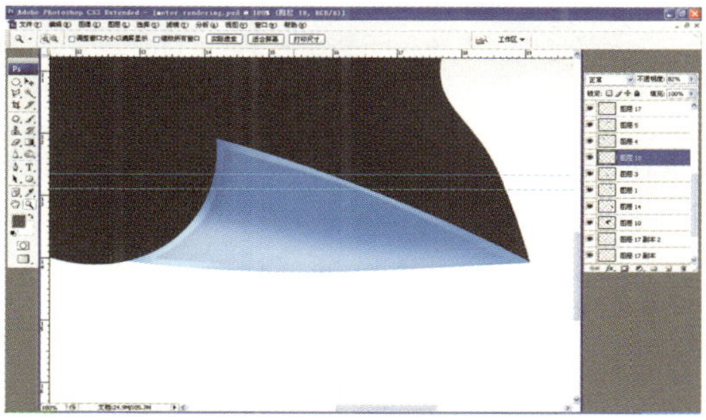

图 4.129

（19）下面开始刻画摩托车后轮挡泥板。建立新图层，用适当大小的画笔在后轮挡泥板上画出高光的大体形状，载入图层选区，羽化 5 像素后反选，删除，取消选择（见图 4.130 和图 4.131）。

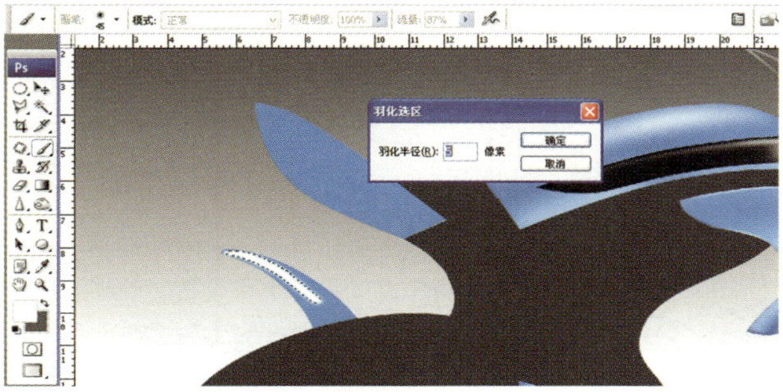

图 4.130

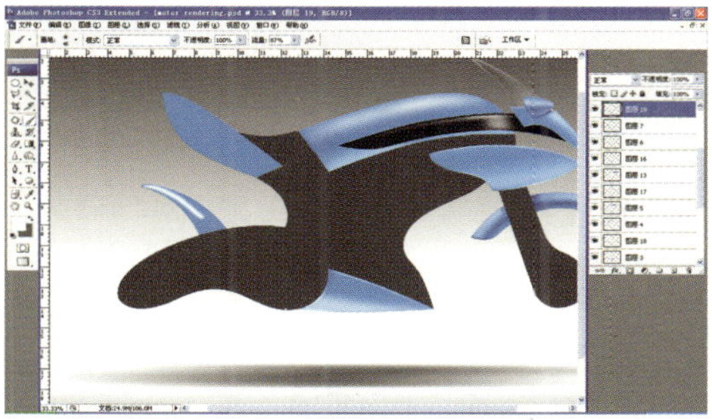

图 4.131

（20）选择橡皮擦工具，调整不透明度为 55％，通过擦除表现高光效果（见图 4.132）；再将不透明度调整为 15％，通过擦除让高光和挡泥板更好融合（见图 4.133）。

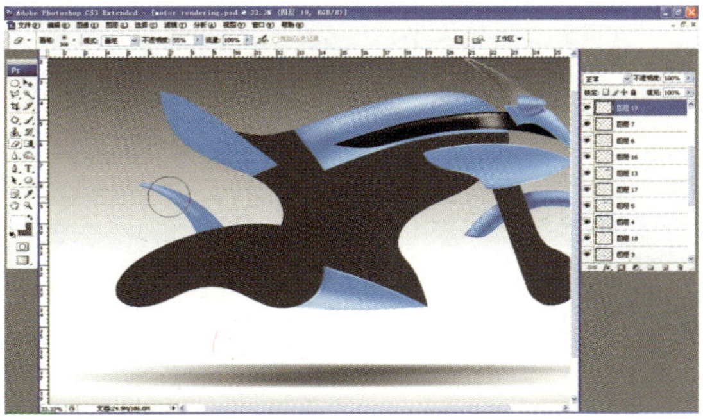

图 4.132

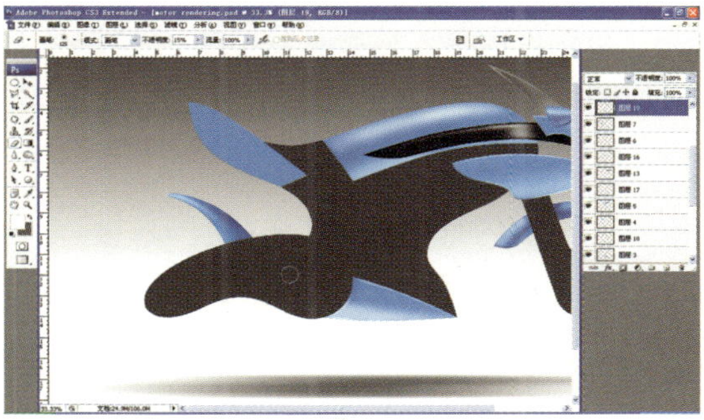

图 4.133

（21）同样方法，作出摩托车尾翼侧面的高光（见图 4.134）。

（22）复制摩托车尾翼上的高光图层，通过自由变换工具作出黑色座椅的高光部分（见图 4.135）；在路径面板将黑色座椅的路径转化为选区后，擦除选区外围的白色像素（见图 4.136）。

（23）不要取消选区，通过移动选区和加深/减淡工具的配合，塑造座椅的立体感与形体转折（见图 4.137～图 4.139）。

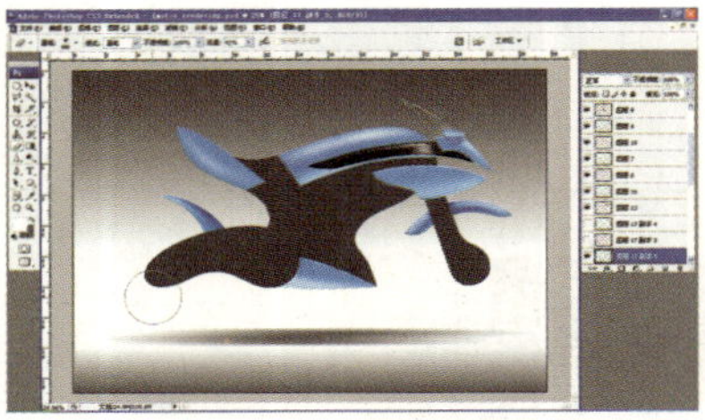

图 4.134

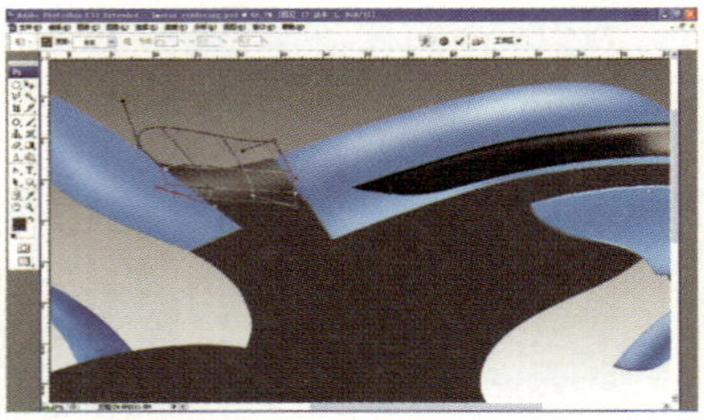

图 4.135

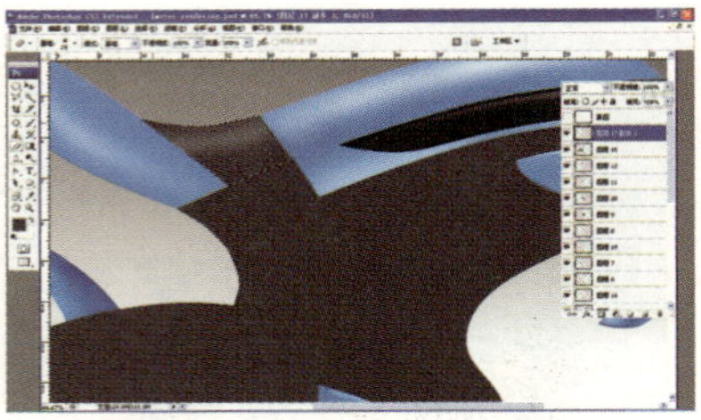

图 4.136

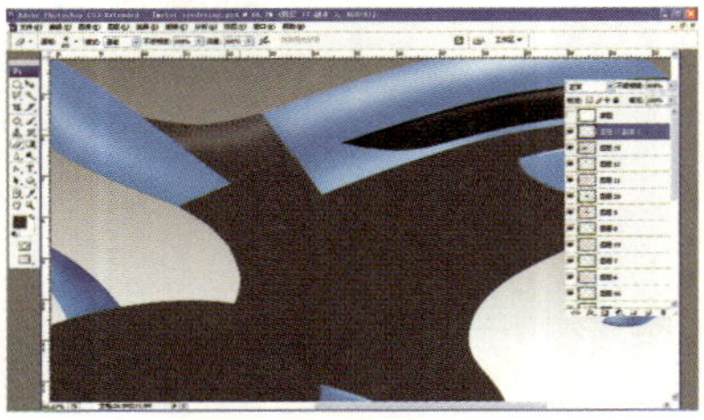

图 4.137

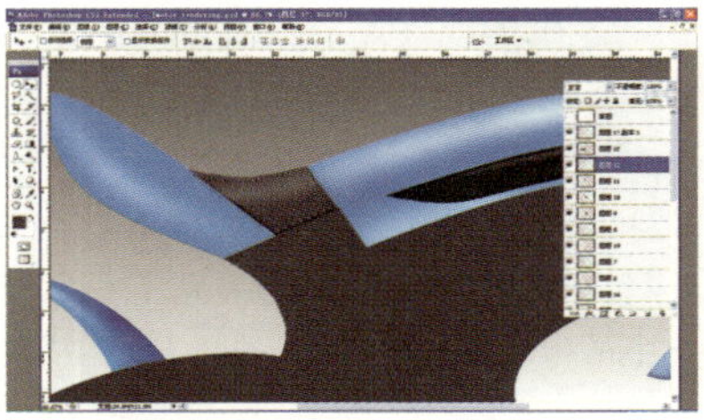

图 4.138

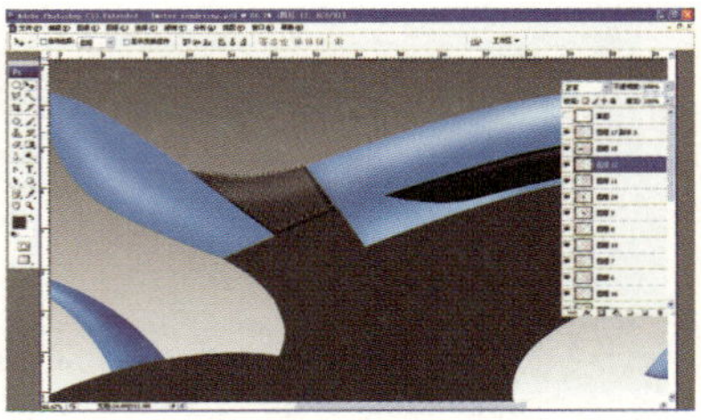

图 4.139

（24）我们用相同的方式，将黑色座椅相邻部分的结构刻画出来（见图 4.140）。

（25）转到摩托车主体支架并载入选区，收缩 5 像素后羽化 4 像素，用加深/减淡工具塑造主体支架的外轮廓转折（见图 4.141 和图 4.142）。

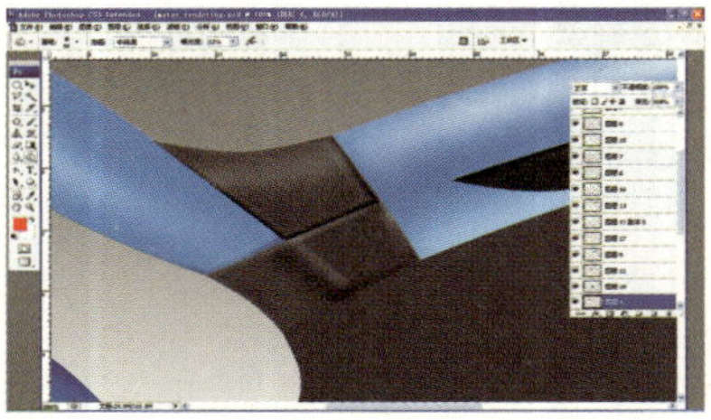

图 4.140

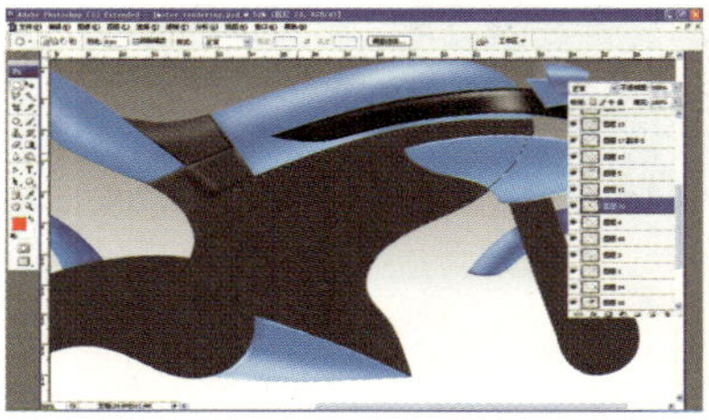

图 4.141

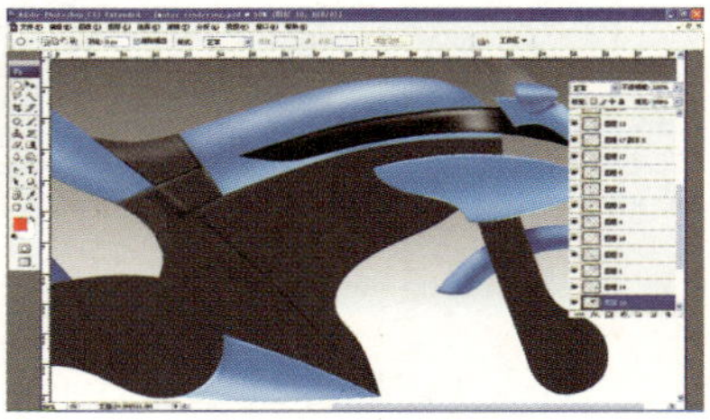

图 4.142

（26）再次载入该图层选区，变换选区，羽化 8 像素（见图 4.143～图 4.145）；用加深/减淡工具进行细节调节（见图 4.146）。

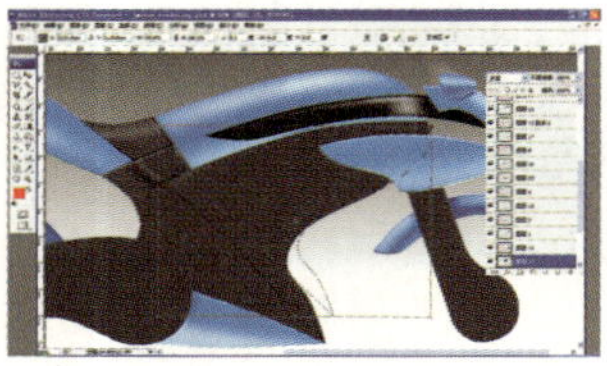

图 4.143

图 4.144

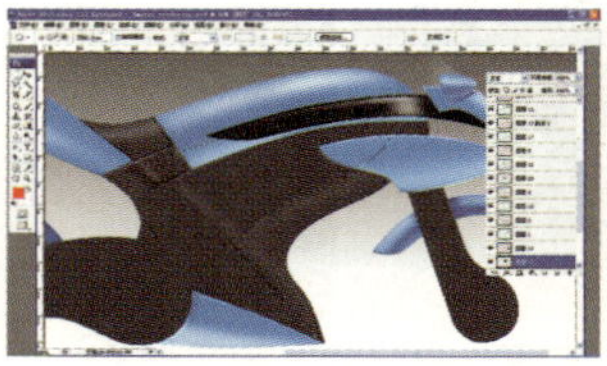

图 4.145

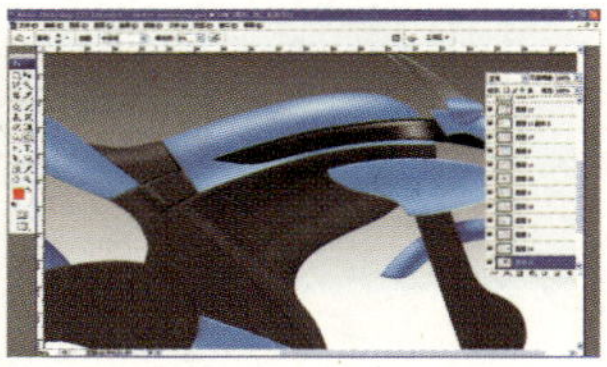

图 4.146

（27）用同样方法描绘出该图层左侧造型。新建图层，然后用钢笔工具在摩托车支架底部画一个近似三角形，填充灰色（见图 4.147 和图 4.148），并用减淡工具勾画出这一造型上的高光（见图 4.149）。

（28）不要取消选区，将当前选区羽化 3 像素后再扩展 4 像素（见图 4.150）；然后，按住 Ctrl＋Shift＋Alt 键，用鼠标左键单击三角形图层缩略图，选中三角形图层外侧（见图 4.151）；用减淡工具进行细节调整（见图 4.152）。

图 4.147

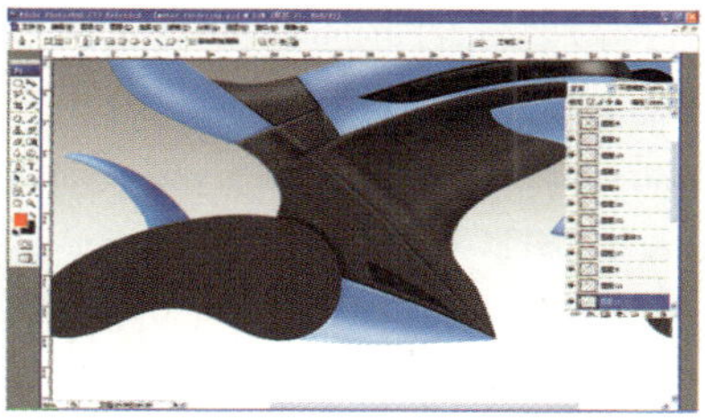

图 4.148

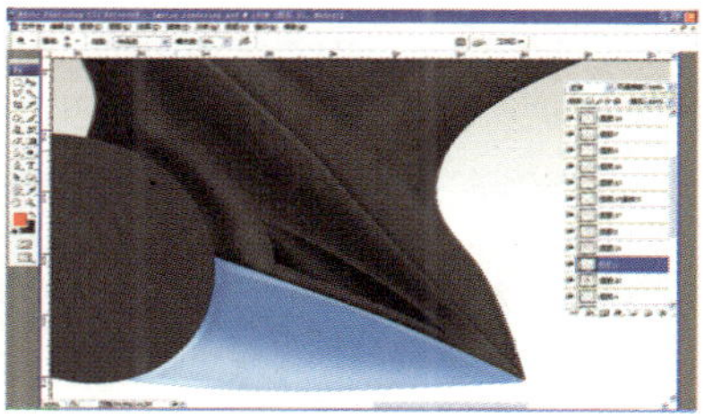

图 4.149

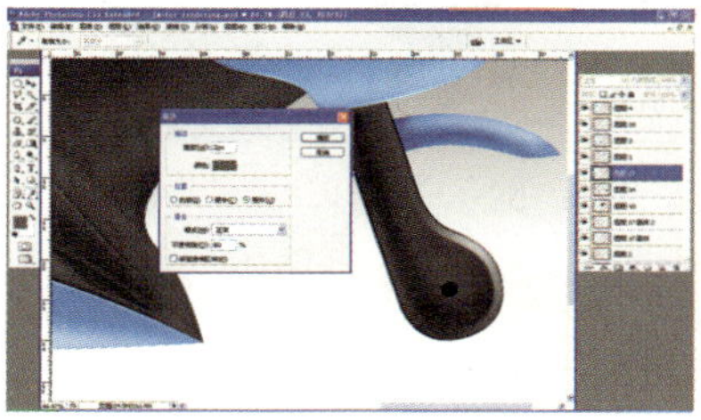

图 4.150

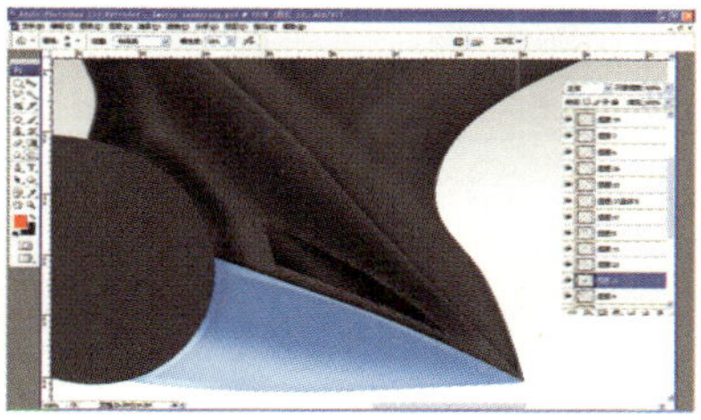

图 4.151

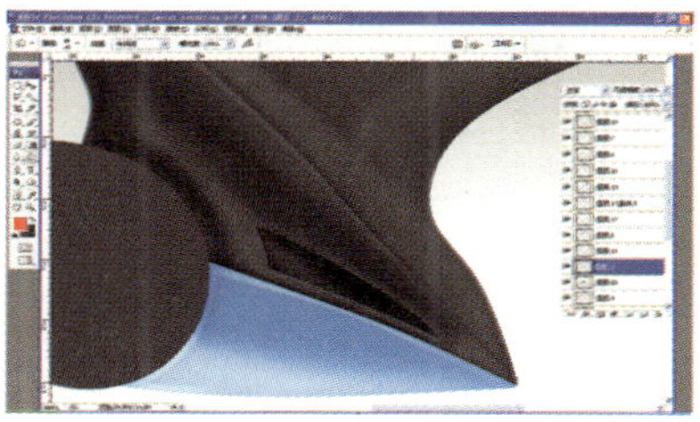

图 4.152

（29）新建图层，在链条保护罩上用画笔画出高光的大致轮廓（见图 4.153），选择橡皮擦工具，适当调整画笔参数，擦出高光效果（见图 4.154）。

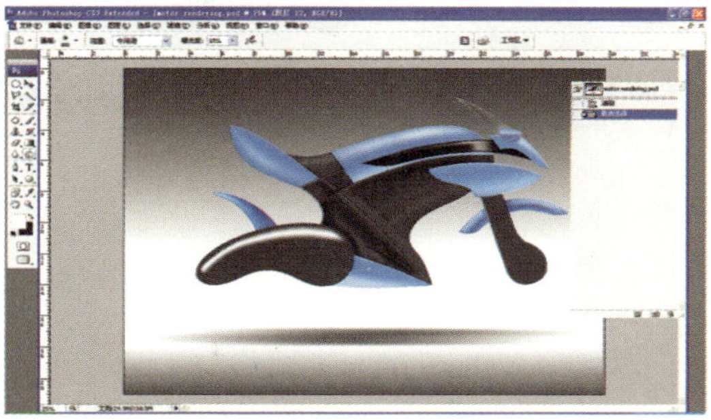

图 4.153

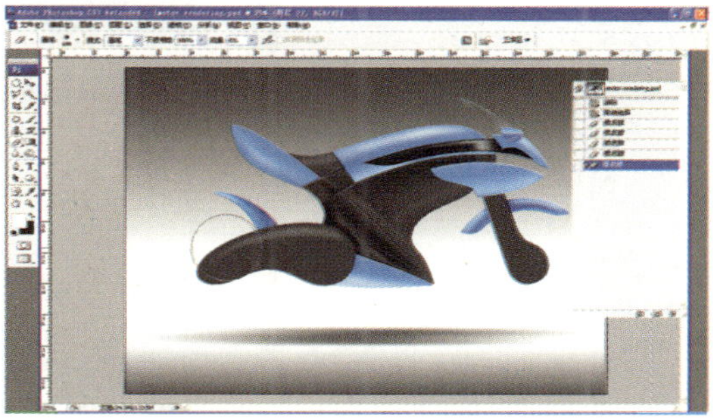

图 4.154

（30）选择加深/减淡工具，对链条保护罩的底部反光进行细致刻画，并适当调整保护罩的整体效果（见图 4.155）。

（31）新建图层，载入摩托车前避震器图层选区（见图 4.156）；收缩 20 像素，按住 Ctrl＋Alt＋Shift 点击前避震器的图层缩略图，得到相减后的选区，羽化 4 像素（见图 4.157）。

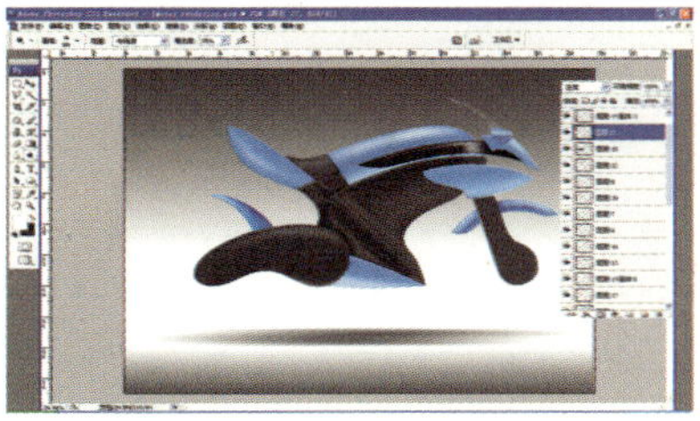

图 4.155

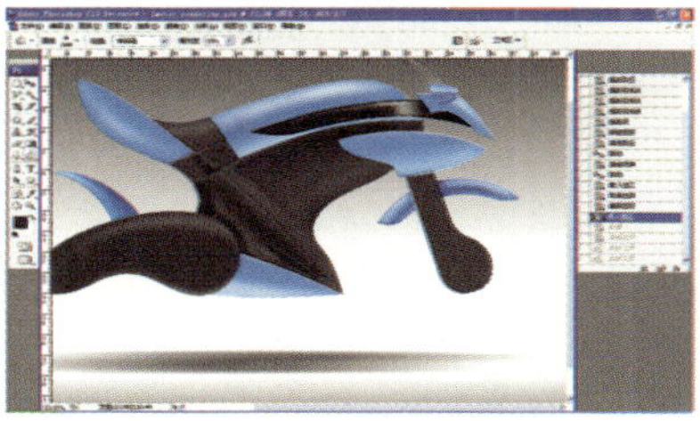

图 4.156

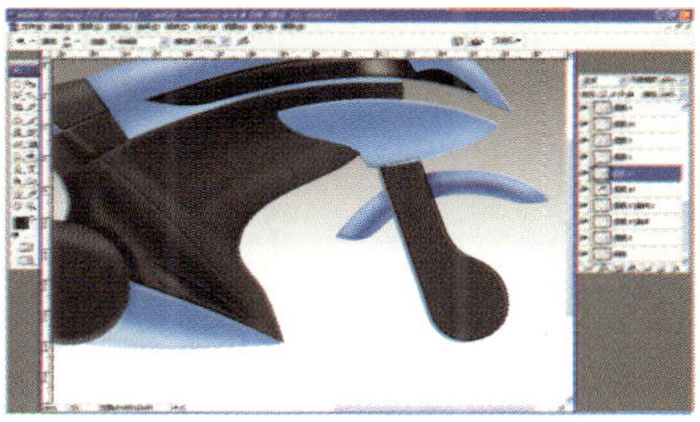

图 4.157

（32）保持选区不动，选择加深/减淡工具，对前避震器进行立体造型刻画；为了使形体转折更加自然，调整过程中可以将选区再羽化 2 像素（见图 4.158）。

（33）建立图层，选择椭圆选框工具，建立圆形选区后填充深灰色；然后用稍浅灰色描边 2 像素，位置居中（见图 4.159），做出前轮的轴心；复制图层，移动到后轮轴心处。

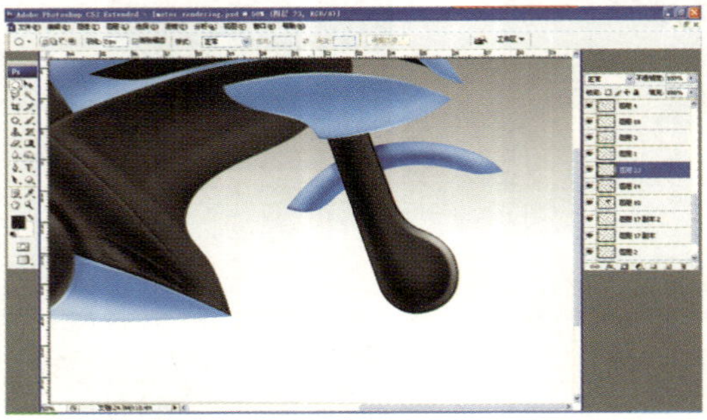

图 4.158

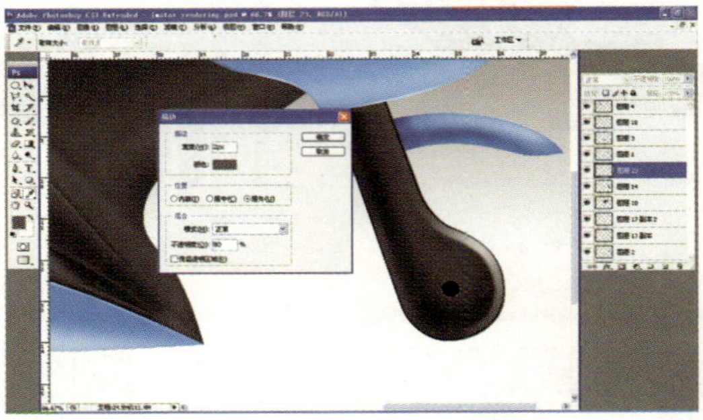

图 4.159

（34）选择后轮轴心图层，双击，激活图层样式面板，为图层添加内阴影与内发光效果，塑造该处的立体效果（见图 4.160 和图 4.161）；复制该图层，移动到链条保护罩前端（见图 4.162）。

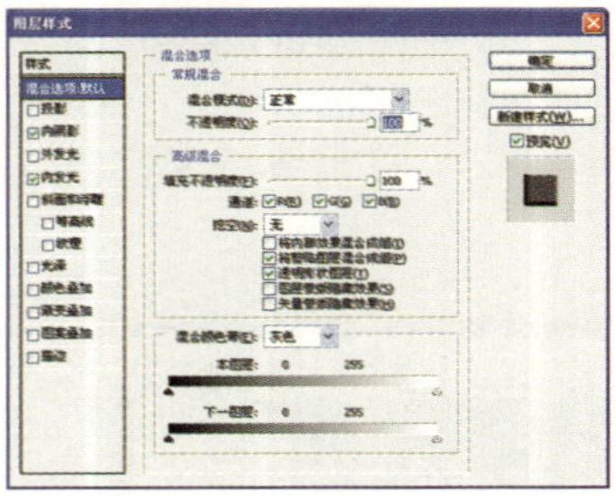

图 4.160

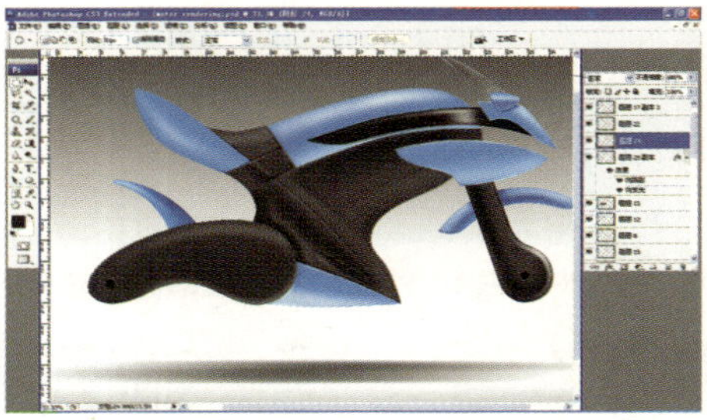

图 4.161

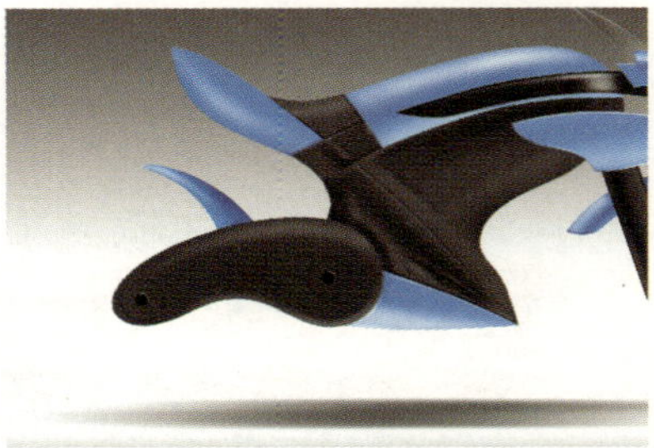

图 4.162

（35）按 Ctrl＋T，激活自由变换工具，调整图像到适当大小（见图 4.163）；确认改变后，用仿制图章工具将图形中间的黑色去除（见图 4.164）。

（36）选择椭圆选框工具，建立圆形选区，用加深工具将链条保护罩前部的细节调整好（见图 4.165）。

图 4.163

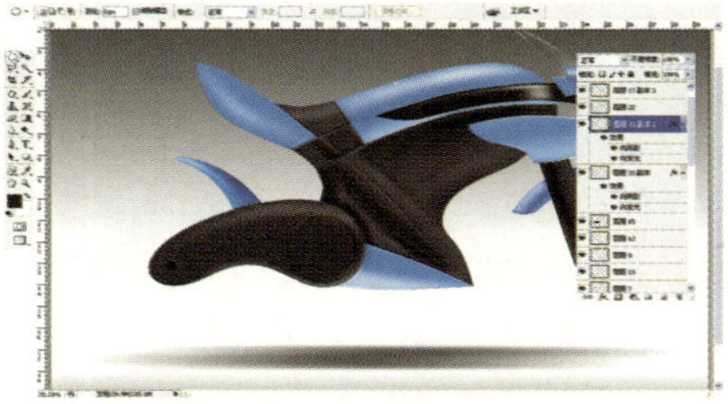

图 4.164

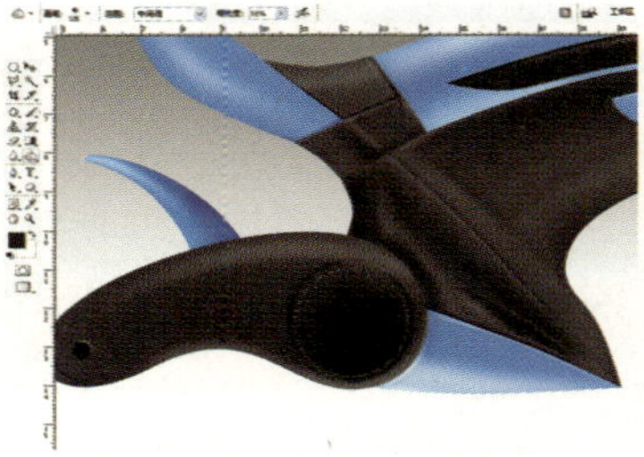

图 4.165

（37）建立新图层，用路径工具在适当位置勾画出脚启动杆的轮廓，按 Ctrl＋Enter 转化成选区，填充深灰色（见图 4.166～图 4.168）。

（38）下面表现脚启动杆的形体转折。向左下方向将选区移动几像素，羽化 4 像素，用加深/减淡工具将脚启动杆的高光表现出来（见图 4.169～图 4.171）。

（39）下面我们开始做车轮。新建图层，按 Ctrl＋H 显示参考线，选择钢笔工具，在前轮的中心位置画出前轮的基本轮廓（见图 4.172）；填充黑色后，将两个半径较小的路径转化成选区，用加深/减淡工具描绘前轮内缘（见图 4.173 和图 4.174）；取消选择，用减淡工具将轮胎外缘的反光进行适当描绘（见图 4.175）。

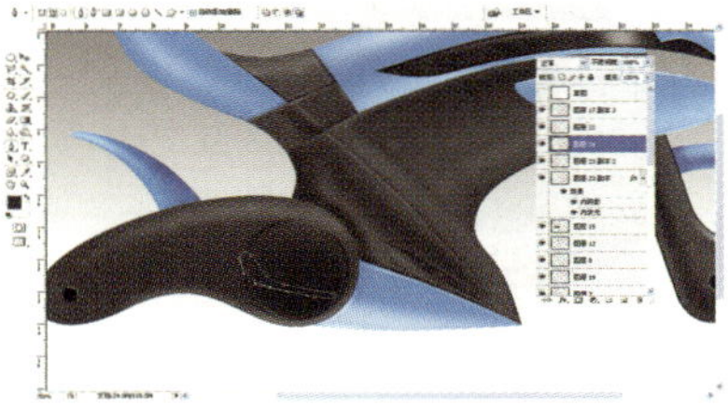

图 4.166

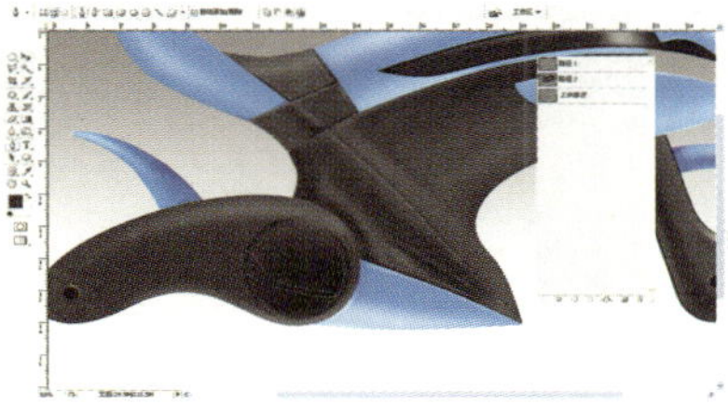

图 4.167

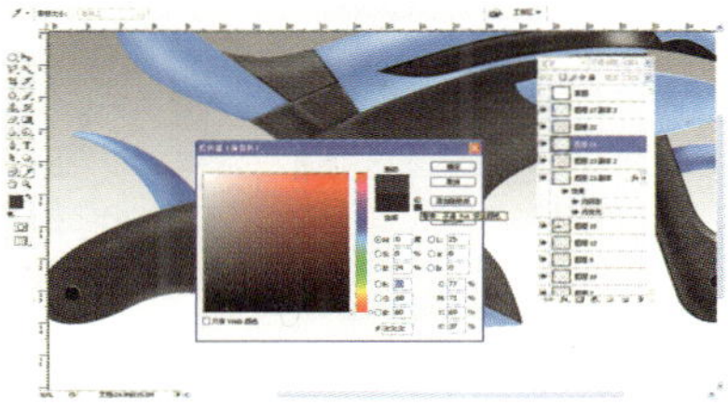

图 4.168

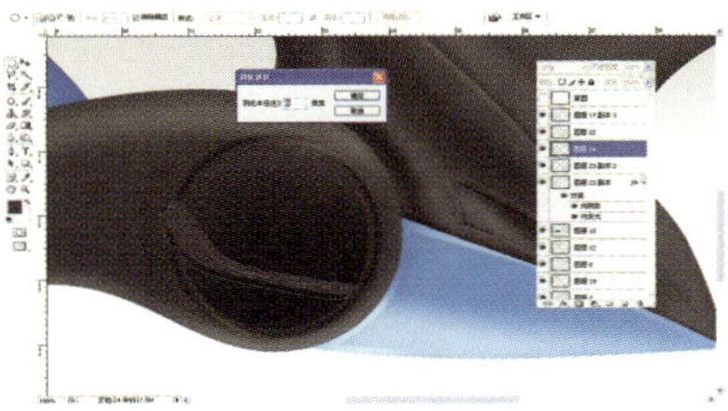

图 4.169

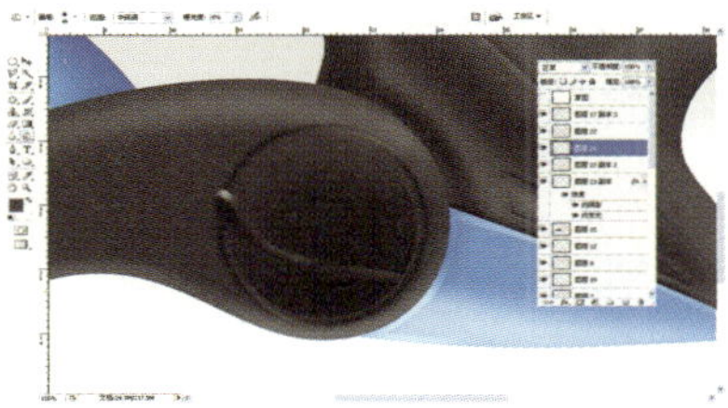

图 4.170

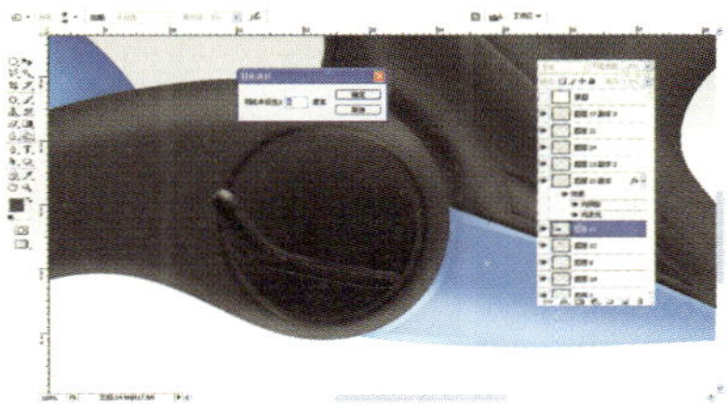

图 4.171

图 4.172

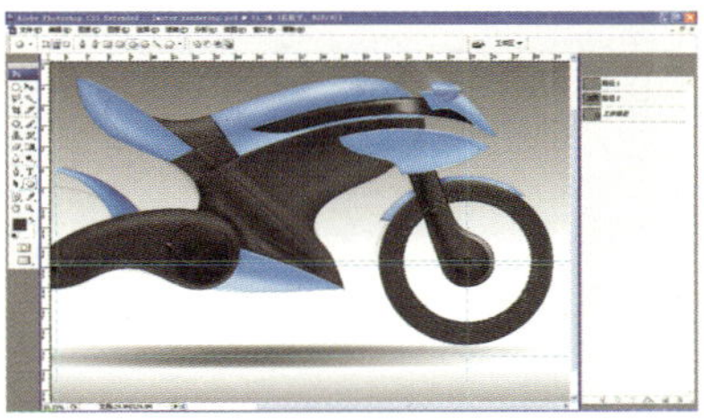

图 4.173

图 4.174

（40）为了保证车轮位置不变，将前轮图层锁定。在路径面板，载入前轮内部选区，填充蓝色，这就是我们要做的前轮轮毂（见图 4.176）；收缩选区 1 像素，用深灰色描边 1 像素，做出轮胎和轮毂之间的边界；再将选区收缩 15 像素，选择加深/减淡工具，塑造轮毂的立体感（见图 4.177）。

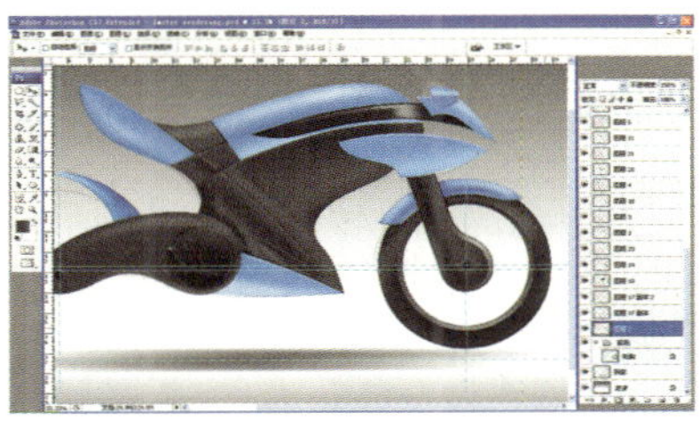

图 4.175

（41）用形状工具建立一个空白圆形路径，与前轮同心。选择文字工具，设置适当字体，沿路径输入字母 V，充满整个圆周，按 Ctrl＋Enter 确定输入（见图 4.178 和图 4.179）。

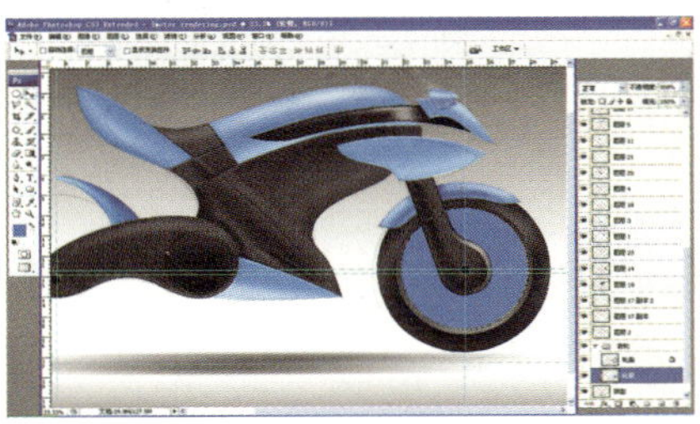

图 4.176

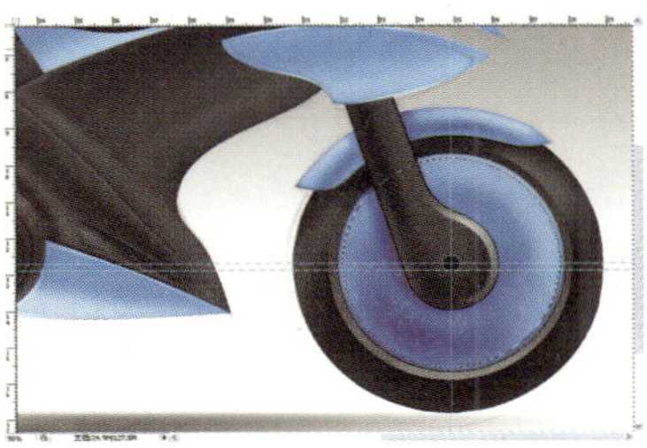

图 4.177

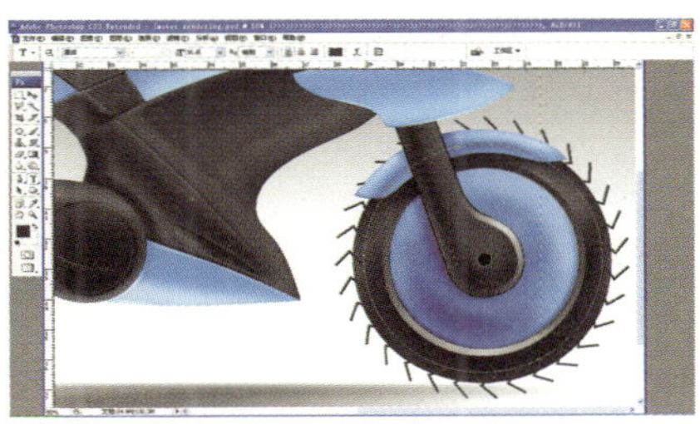

图 4.178

图 4.179

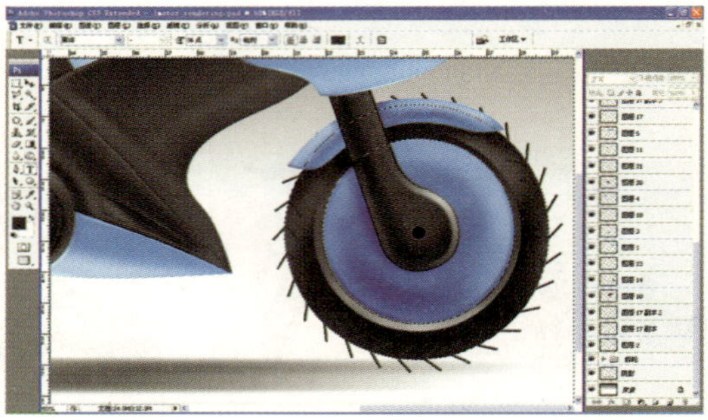

图 4.180

(42) 栅格化文字图层，载入轮胎选区，擦除轮胎轮廓外的像素（见图 4.180 和图 4.181）；双击图层缩略图，激活图层样式面板，设定斜面与浮雕，塑造纹理的立体感，并新建一图层向下合并到纹理层，固化纹理效果（见图 4.182 和图 4.183）。

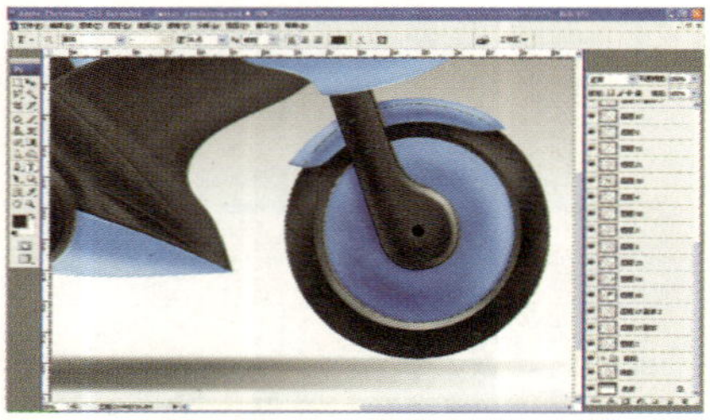

图 4.181

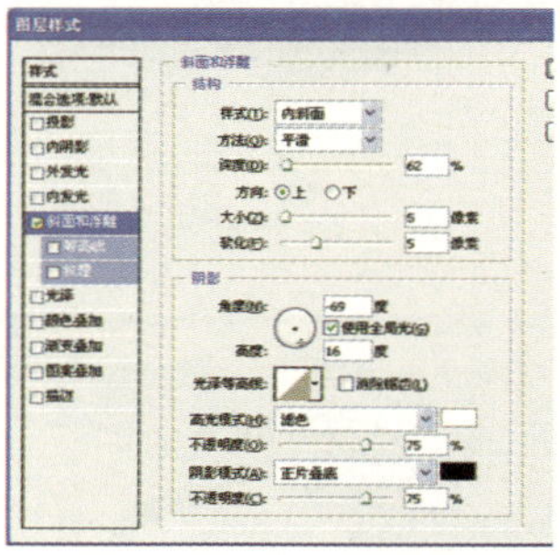

图 4.182

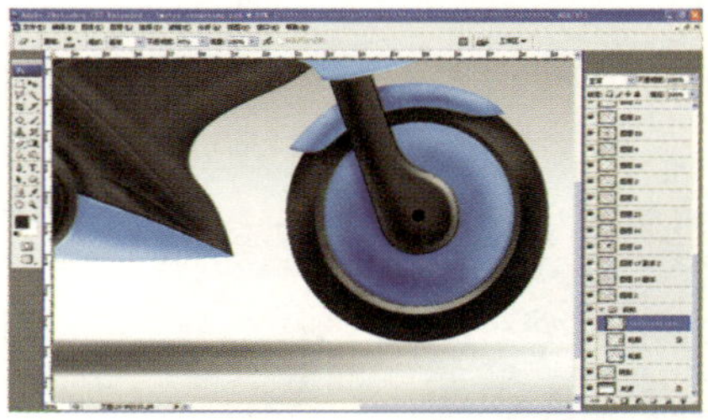

图 4.183

(43) 选择移动工具，复制前轮图层组并移动到后轮位置，激活显示变换控件属性，精确调整后轮位置（见图 4.184）。

(44) 新建图层，选择钢笔工具，在尾翼上勾画出尾灯的轮廓，填充橙黄色；再新建图层，用适当大小的画笔在尾灯轮廓内画一些水平的红色线条，取消选区（见图 4.185）；在红色线条图层内，执行滤镜菜单中的动感模糊（见图 4.186）。

图 4.184

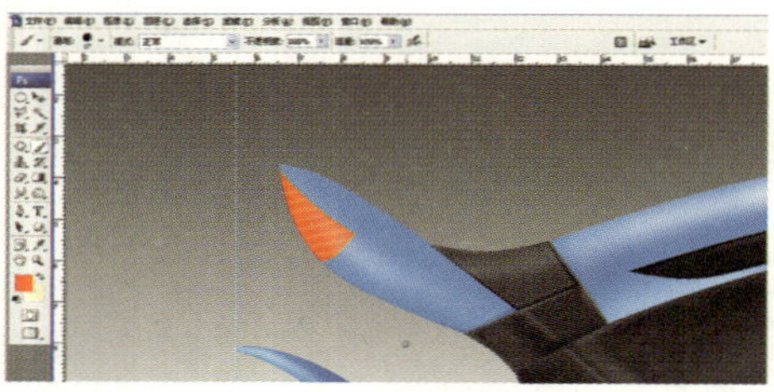

图 4.185

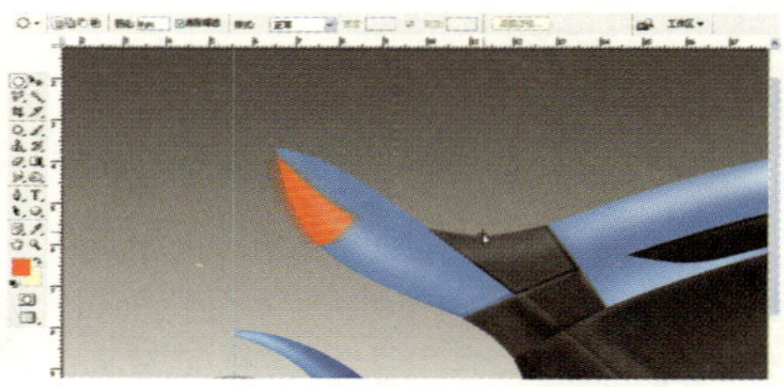

图 4.186

(45) 载入尾灯轮廓选区，擦除轮廓外的像素（见图 4.187）；执行滤镜—模糊—方块模糊（见图 4.188）；选择加深/减淡工具，对光晕做适当调整（见图 4.189）。

(46) 新建图层，用钢笔工具勾画出方向杆顶部造型，填充蓝色，用加深/减淡工具塑造出立体感（见图 4.190～图 4.192）。

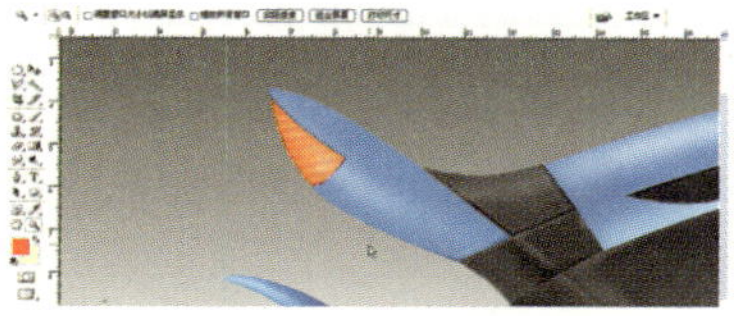

图 4.187

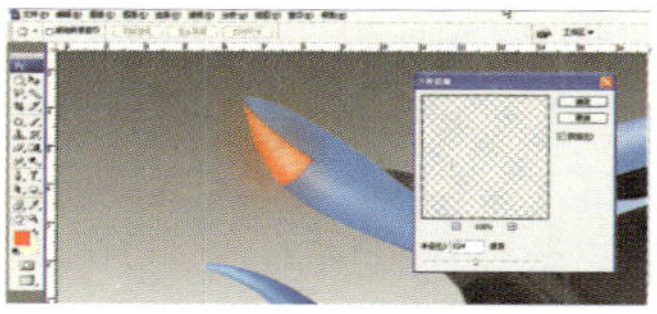

图 4.188

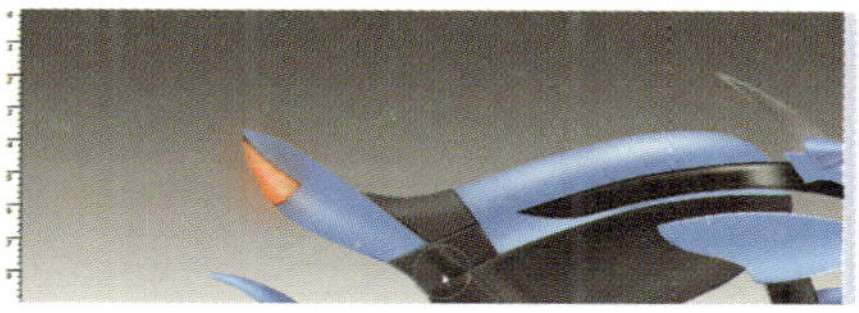

图 4.189

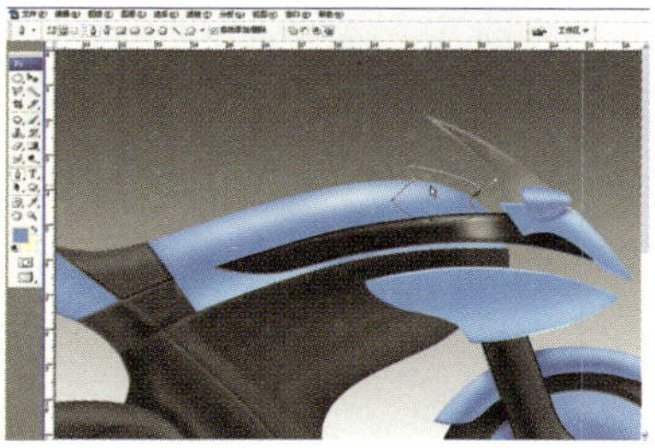

图 4.190

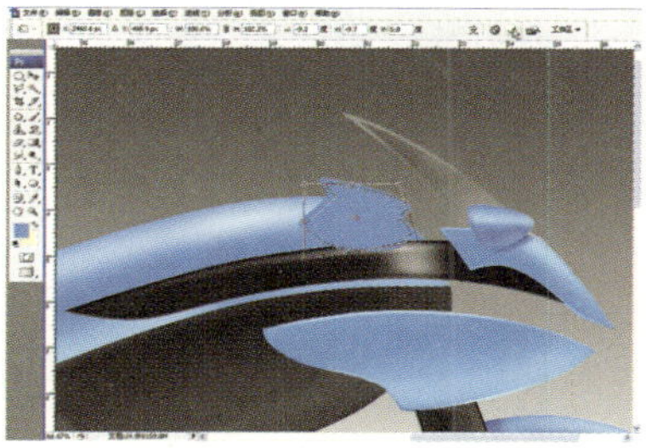

图 4.191

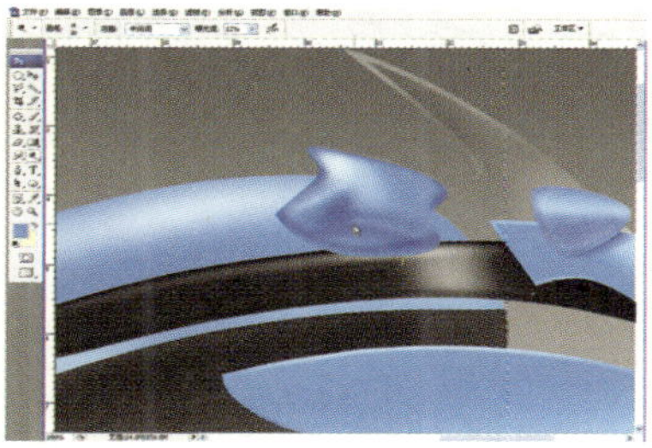

图 4.192

(47) 新建图层，用路径工具勾画出把手的轮廓，填充黑色，用加深/减淡工具进行光影调节，刻画把手的立体感（见图 4.193～图 4.195）。

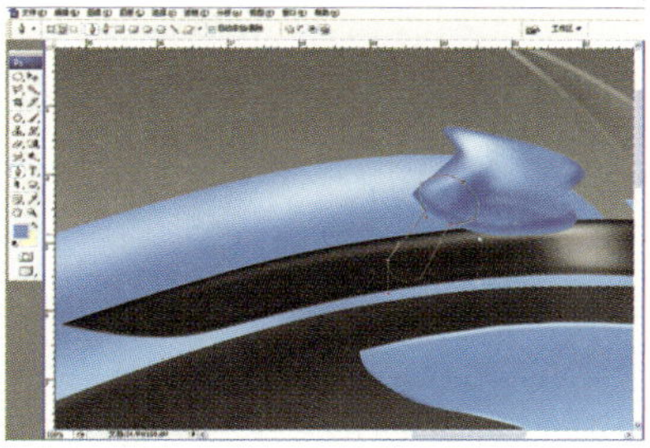

图 4.193

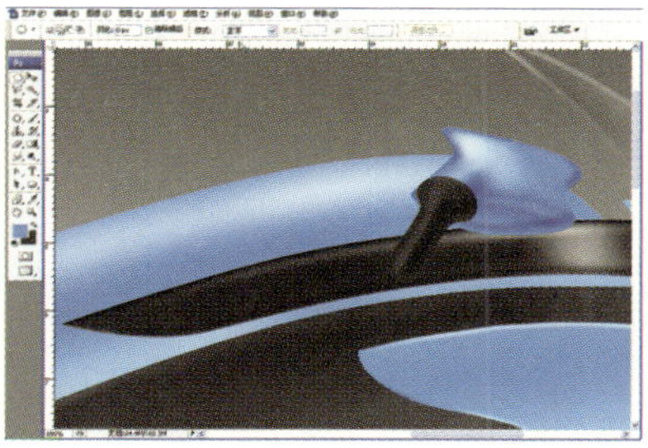

图 4.194

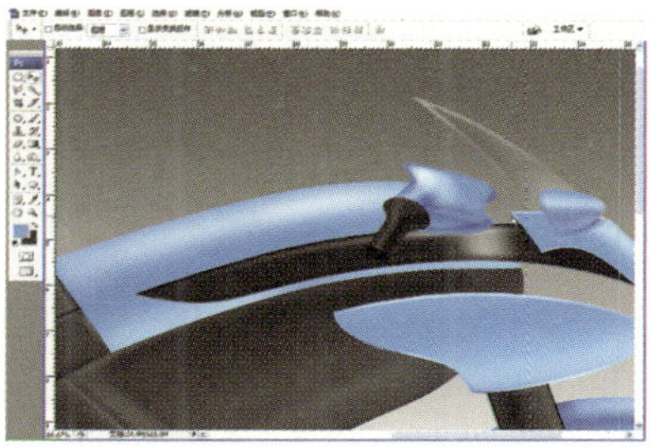

图 4.195

(48) 用同样的方法制作出刹车把手及把手连接件（见图 4.196 和图 4.197）。

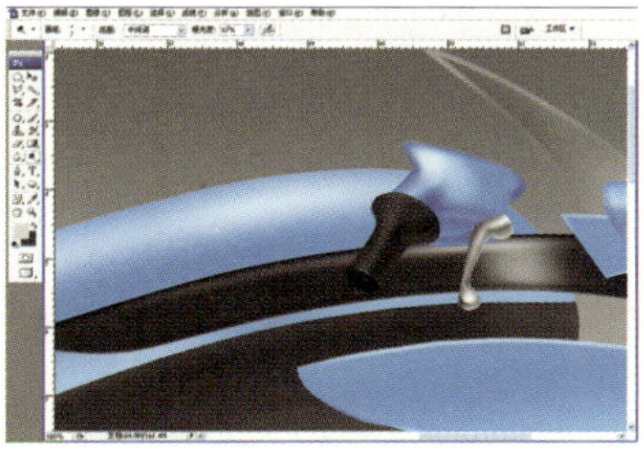

图 4.196

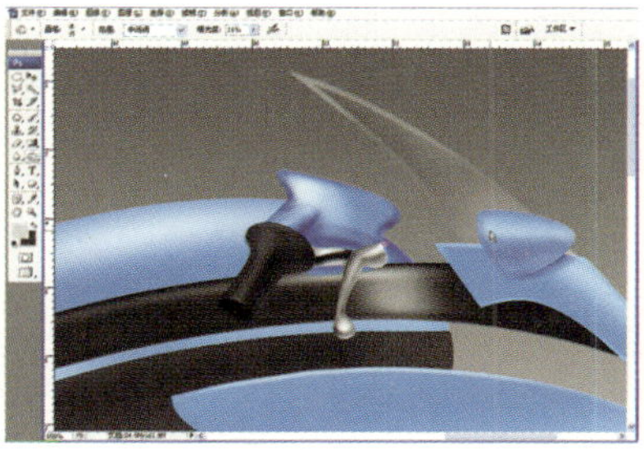

图 4.197

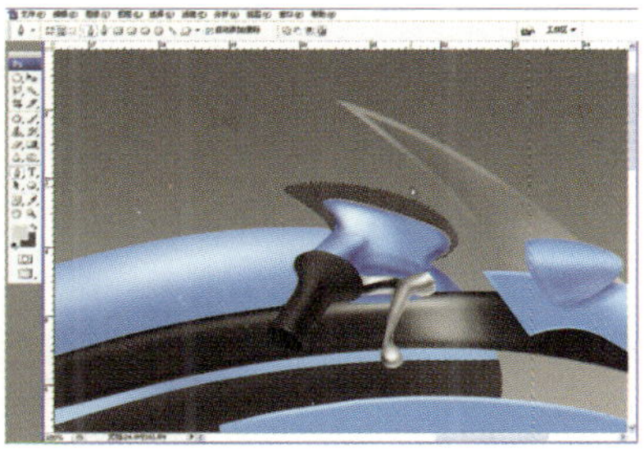

图 4.198

(49) 分别在新图层中快速表现出方向杆另外一侧的可见部分（见图 4.198～图 4.201）。

(50) 建立新图层，从整体上调整摩托车的光影效果，增加产品的艺术表现力。按照既定的光线照射方向，选择钢笔工具，在适当的位置勾出高反光轮廓并填充白色，选择橡皮擦工具，适当调整画笔属性，通过擦除，调整白色反光的范围和强度，局部的细节可以通过加深/减淡工具调整（见图 4.202～图 4.204）。

(51) 调整完之后，将反光上的应有阴影进行细致勾画，没有什么特别的技巧，主要是要保证整体光影的一致性，中间最多应用的就是加深/减淡工具（见图 4.205～图 4.208）。

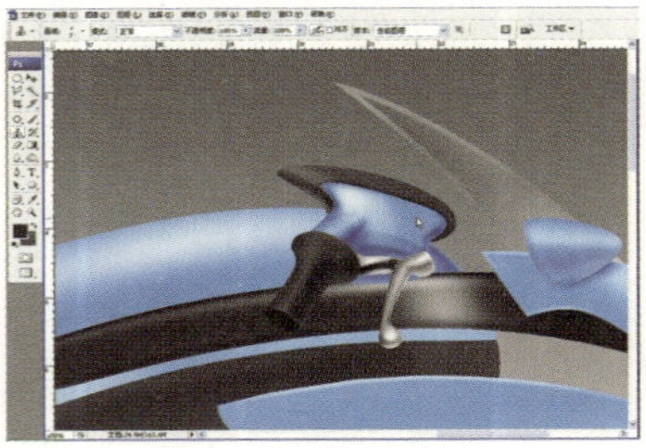

图 4.199

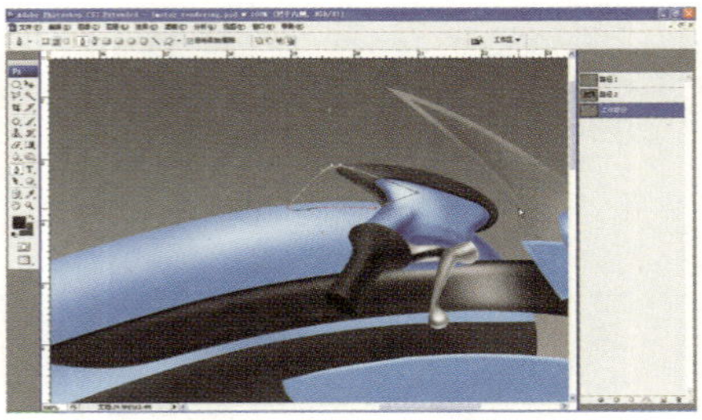

图 4.200

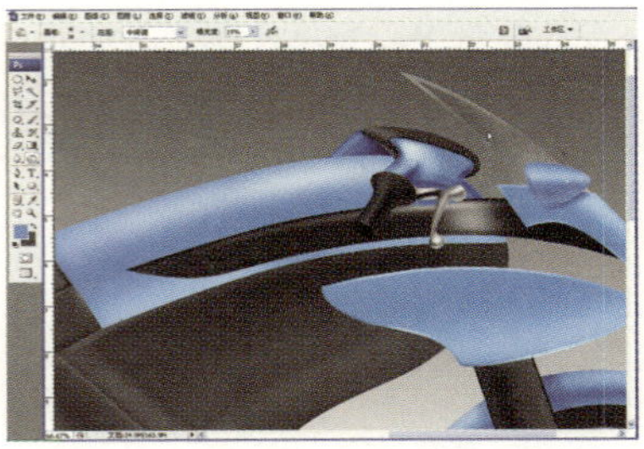

图 4.201

图 4.202

图 4.203

图 4.204

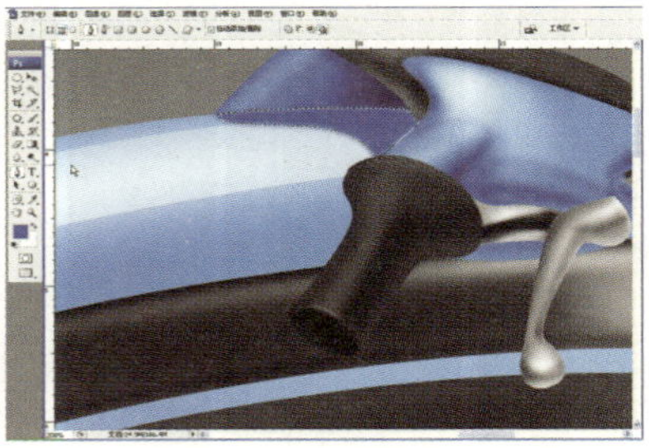

图 4.205

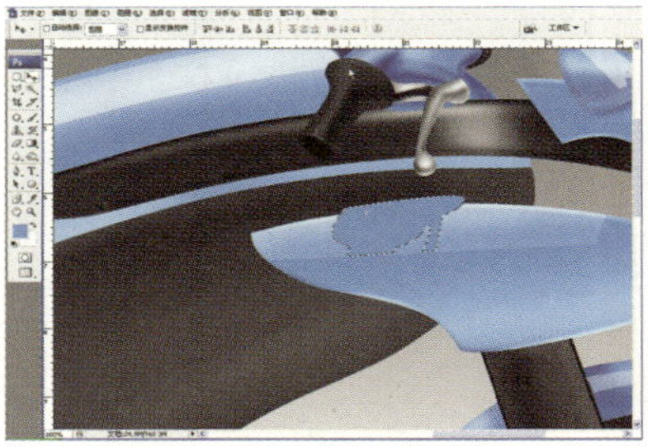

图 4.206

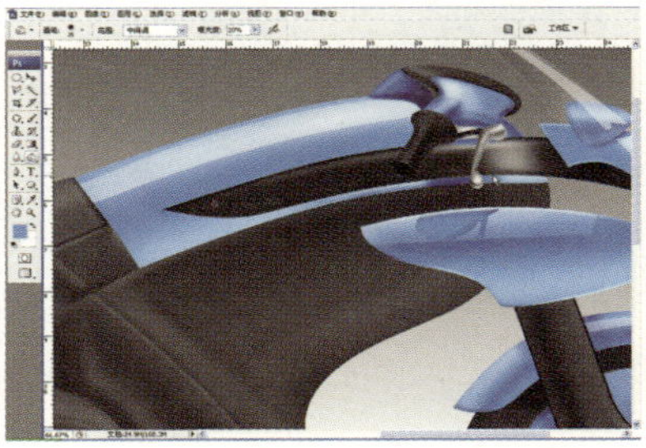

图 4.207

（52）新建图层，用椭圆选区工具建立圆形选区，填充灰色，激活图层样式面板，调整斜面和浮雕效果，做出连接件—螺钉（见图 4.209）；然后通过复制该图层，按照结构要求安排螺钉的具体位置（见图 4.210 和图 4.211）。

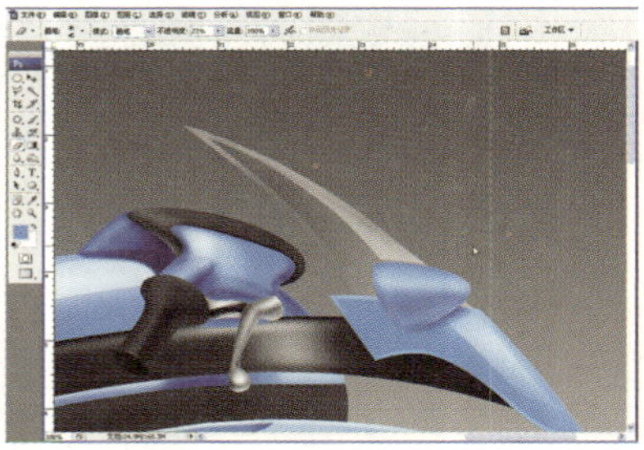

图 4.208

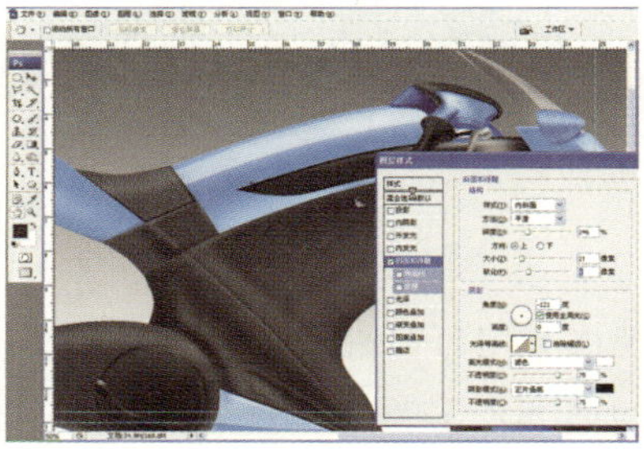

图 4.209

图 4.210

（53）新建图层，用钢笔工具刻画出主体支架上的一个细节轮廓，用白色描边 1 像素后，用加深/减淡工具调整光影效果（见图 4.212 和图 4.213）。

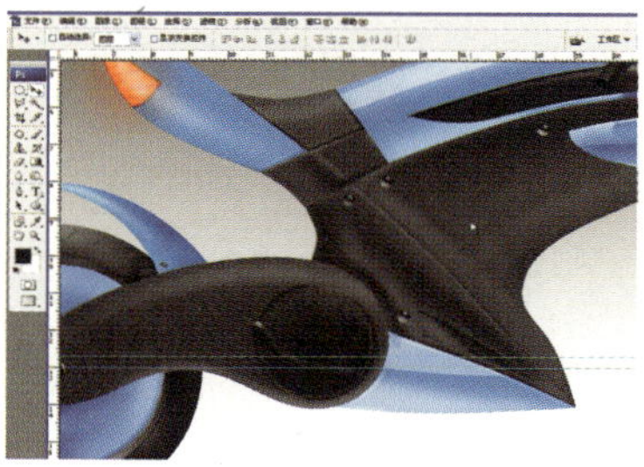
图 4.211

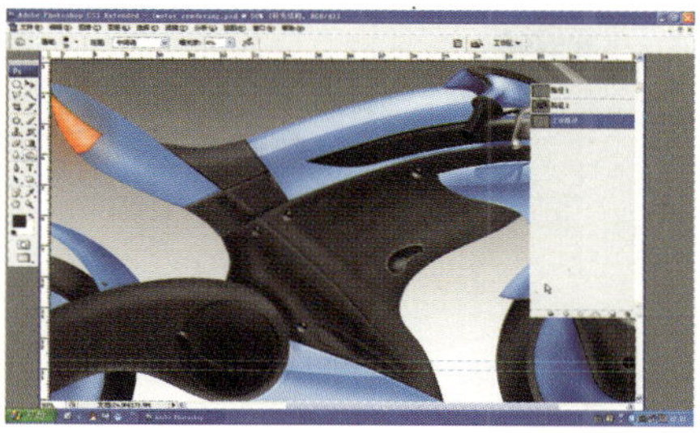
图 4.212

图 4.213

(54) 缩小视图，对摩托车的光影效果进行整体调整，完成表现过程（见图 4.214）。

图 4.214

4.3 概念汽车造型的 Photoshop 快速表现

设计项目初期对概念的快速表达是设计项目进行中非常重要一环。本案例重点在于对汽车形体的快速表现，不求过分精细，重在速度。主要利用渐变填充工具、蒙版、路径等工具快速对汽车的形体、光影做刻画，适用于快速地、艺术化地表达、分析自己的设计概念。

(1) 将事先手绘的草图扫描或者拍摄成电子稿，在 Photoshop 中打开，将背景图层转化为普通图层；选择移动工具，按住 Alt 键，通过移动，复制两个新图层；一层作为顶层，一层作为衬底；在中间位置再建一个新图层（见图 4.215）。

图 4.215

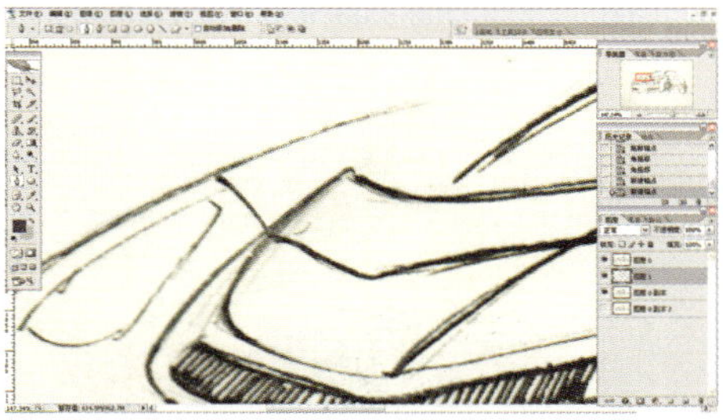
图 4.216

(2) 选择钢笔工具，在刚才新建的图层上勾画出汽车车身主体的轮廓线条（见图 4.216）；按住 Ctrl 键，单击路径面板中的路径缩略图，将路径转化成选区（见图 4.217）；为了方便对选区进行后续操作，建立图层蒙板并显示选区（见图 4.218）。

图 4.217

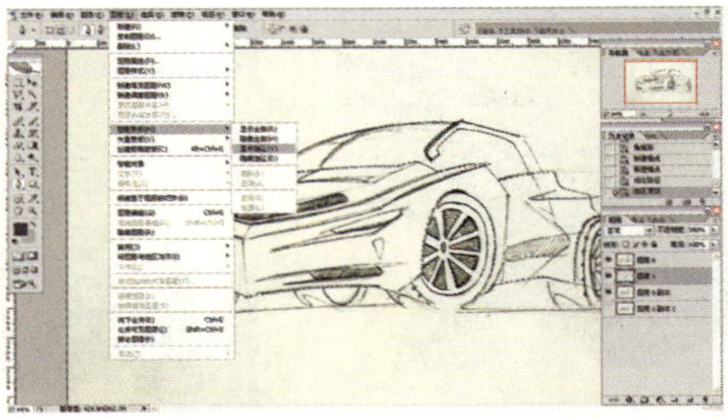

图 4.218

（3）将顶层手绘图的图层样式调整成正片叠底（见图 4.219）；回到建立了图层蒙板的图层，选择渐变工具，调整颜色并给车身主体上色（见图 4.220）；调整渐变色彩（见图 4.221）。

图 4.219

图 4.220

（4）新建图层，使用钢笔工具勾勒出车轮及底盘，按 Ctrl＋Enter 建立选区，然后使用图层蒙板，显示选区（见图 4.222）。

图 4.221

图 4.222

（5）建立新图层，用以绘制汽车玻璃；选择渐变工具，调整渐变色彩，填充（见图 4.223～图 4.225）。

图 4.223

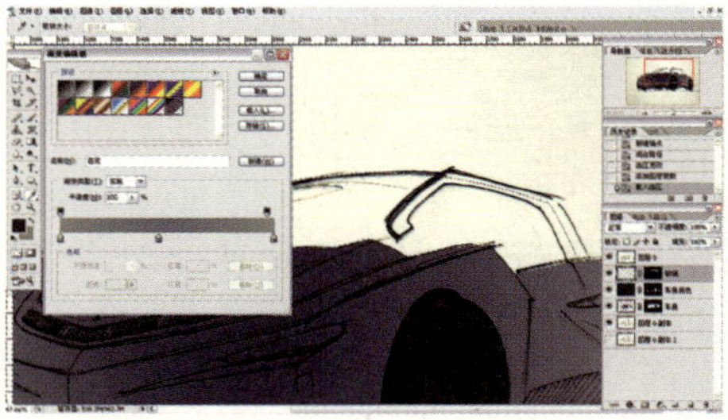

图 4.224

（6）处理车头反光。新建图层，选择钢笔工具，勾画出反光区域，按 Ctrl＋Enter 建立选区；然后创建图层蒙板并显示选区，编辑选区，调整选区亮度/对比度（见图 4.226）。

图 4.225

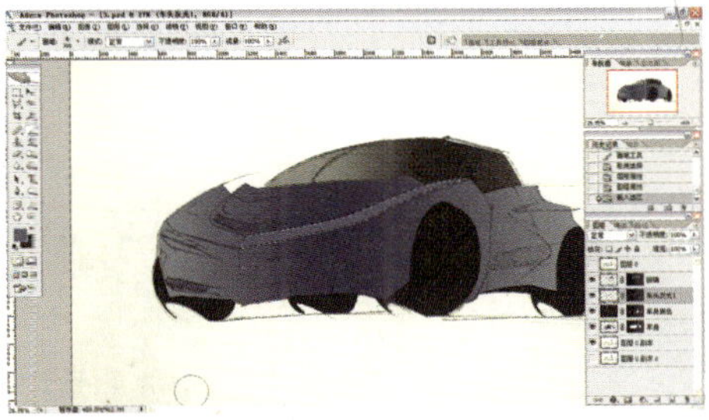

图 4.226

（7）选择钢笔工具，勾画出引擎盖造型轮廓、建立选区；通过复制、粘贴建立新图层（见图 4.227）；用加深/减淡工具，塑造引擎盖的光影效果（见图 4.228 和图 4.229）。

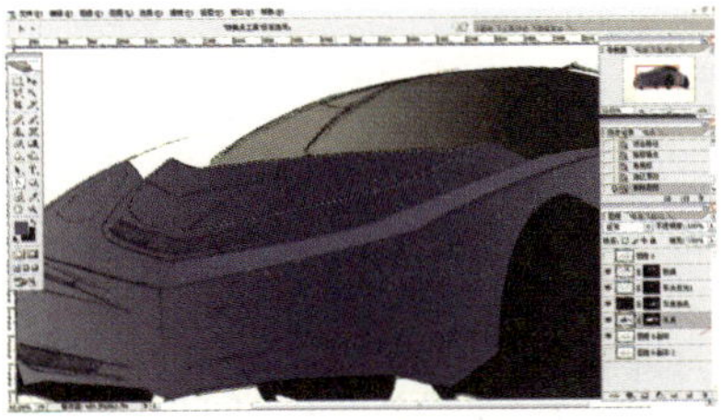

图 4.227

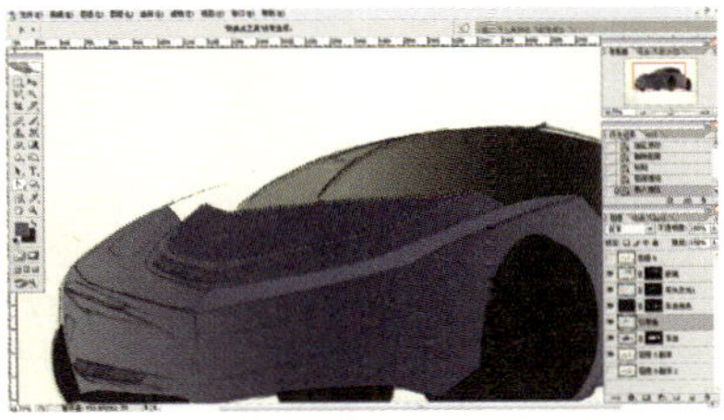

图 4.228

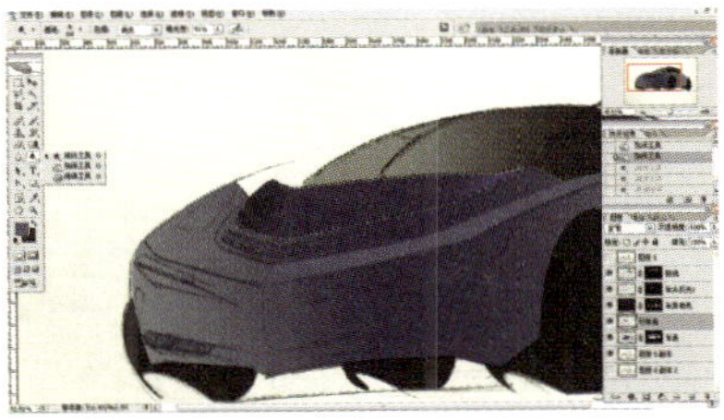

图 4.229

（8）新建图层，用钢笔工具建立进气口轮廓，并建立选区；填充黑色（见图 4.230 和图 4.231）。

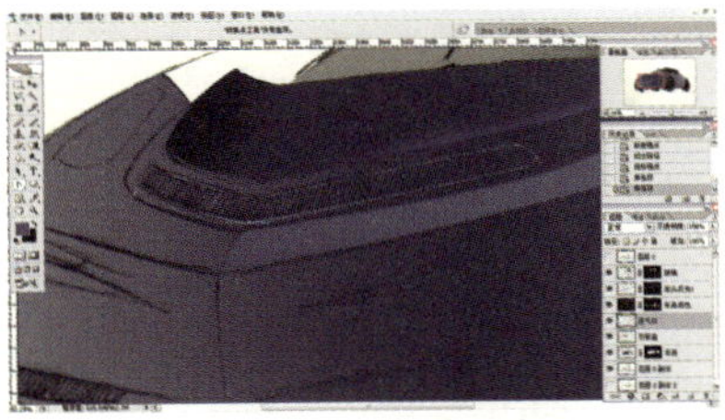

图 4.230

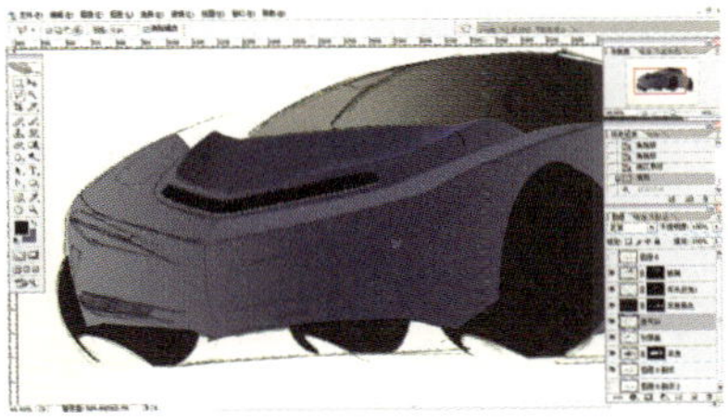

图 4.231

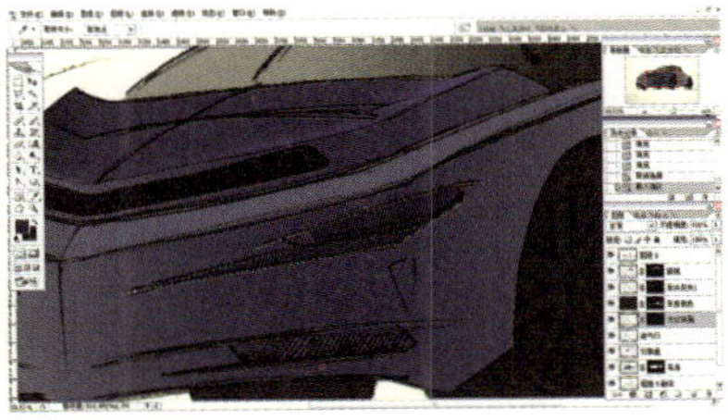

图 4.232

（9）绘制前大灯。使用钢笔工具勾勒出灯罩轮廓，建立选区，使用图层蒙版、显示选区，填充颜色（见图 4.232），另外一侧的大灯同样操作。

（10）绘制下进气口。使用钢笔工具，先勾出进气口轮廓，然后建立选区；使用图层蒙版，填充颜色（见图 4.233 和图 4.234）。

图 4.233

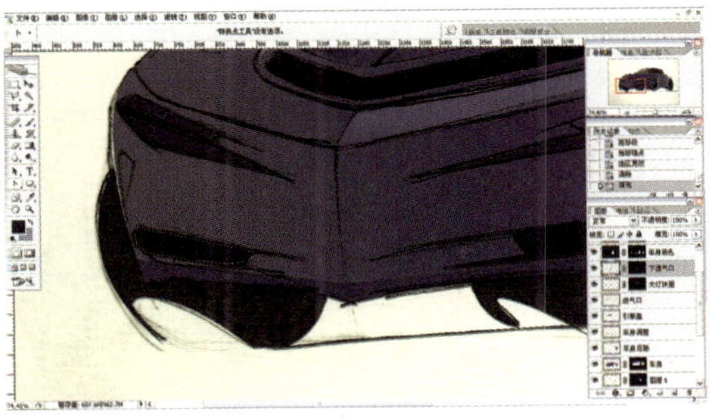

图 4.234

（11）选择钢笔工具，在车身图层勾画出需要调整的区域，建立选区；通过复制、粘贴新建图层，命名为车身调整，使用加深/减淡工具调整整体效果（见图 4.235 和图 4.236）。

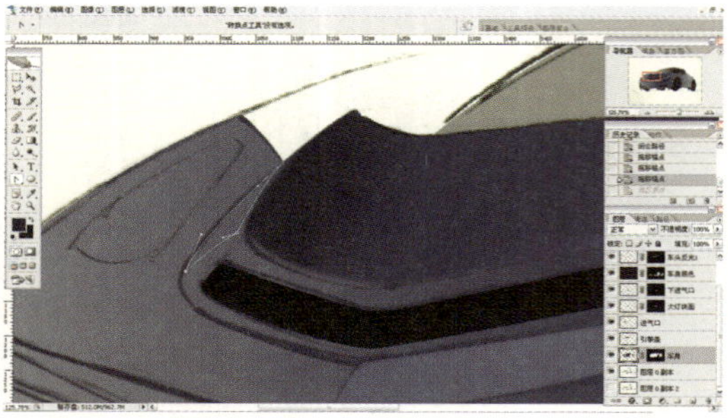

图 4.235

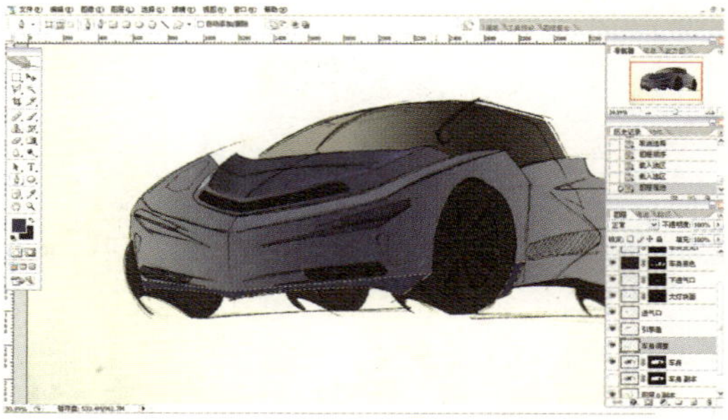

图 4.236

（12）绘制车轮。选择椭圆形状工具，建立大致车轮轮廓，按 Ctrl＋T 激活自由变换，调整椭圆造型以符合车轮形状（见图 4.237 和图 4.238）；进入路径面板，按住 Ctrl 键点击工作路径，得到选区，在车身图层上删除选区内图形（见图 4.239）。

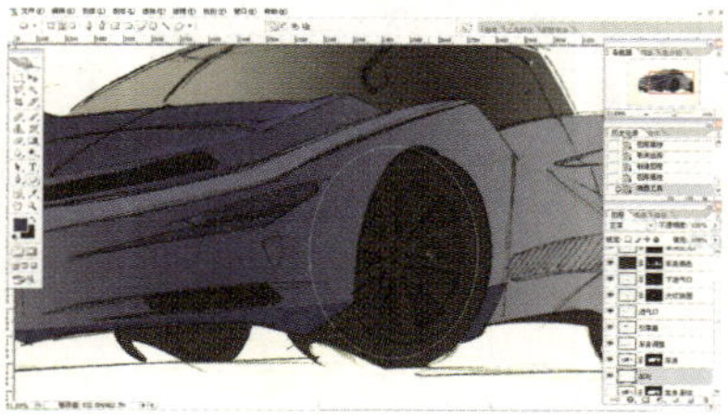

图 4.237

图 4.238

图 4.239

（13）不要取消选区，新建图层，填充黑色（见图 4.240）；变换选区，按住 Shift 键，保持选区比例不变，确认变换，删除内部像素后新建图层，填充 60％透明度的灰色（见图 4.241～图 4.243）。

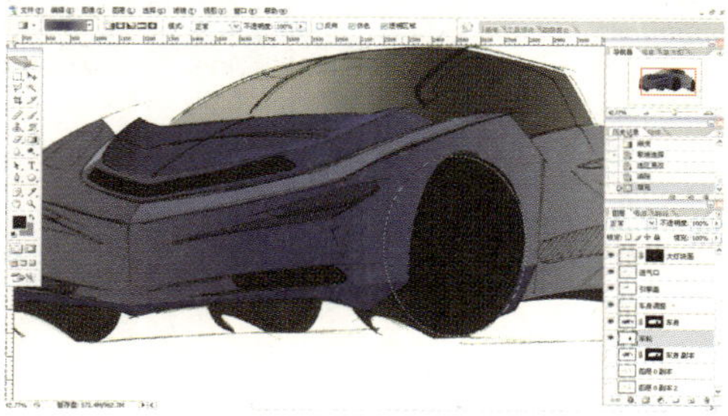

图 4.240

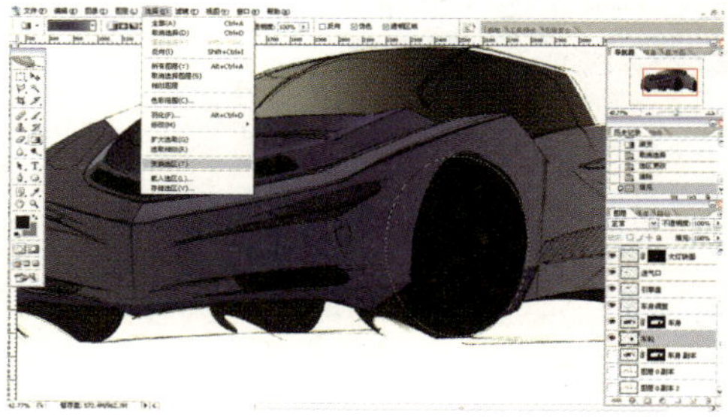

图 4.241

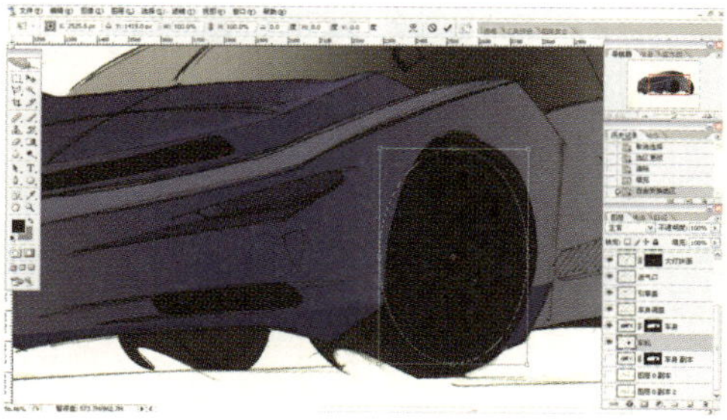

图 4.242

图 4.243

(14) 再次变换选区，删除中间区域（见图 4.244)。

(15) 建立新图层，选择渐变工具，调整渐变的颜色和透明度，在选区内使用径向渐变（见图 4.245)。

图 4.244

图 4.245

(16) 创建新图层，绘制三角形选区，填充蓝灰色，并通过移动复制和自由变换做出轮辐的造型（见图 4.246 和图 4.247)；选择椭圆选框工具，对轮辐造型进行调整，并重新填充轮辐颜色（见图 4.248 和图 4.249)。

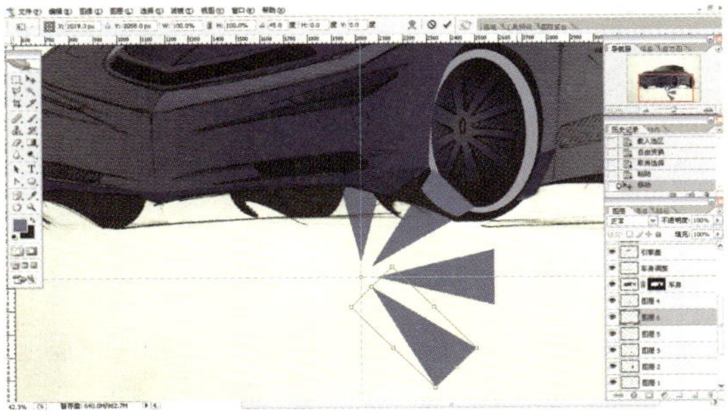

图 4.246

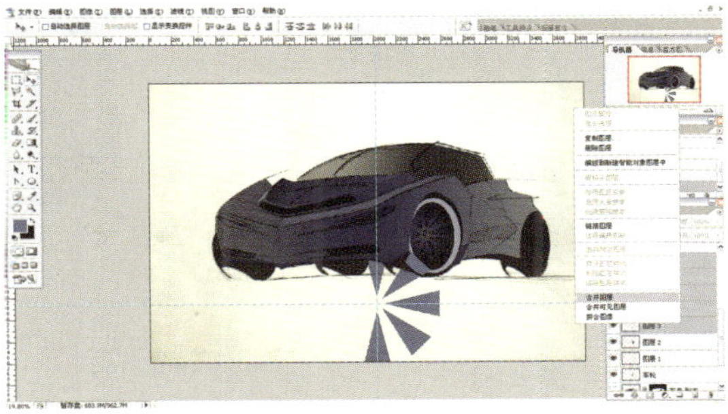

图 4.247

图 4.248

图 4.249

(17) 调整位置，做出轮毂镂空部分并利用橡皮擦工具擦除多余像素（见图 4.250～图 4.252)。

(18) 调整车身后半部分。新建图层，选择钢笔工具，勾选所要调整的区域，建立选区，填充渐变色后用加深/减淡工具进行色彩调节（见图 4.253)；调整车身后半部分的其他位置，过程中可以将加深/减淡工具的使用与调节亮度/对比度结合应用（见图 4.254 和图 4.255)。

(19) 调整车身前半部分。给前大灯、前进气口以及引擎盖等重新添色，并细致调节色彩变化（见图 4.256～图 4.259)。

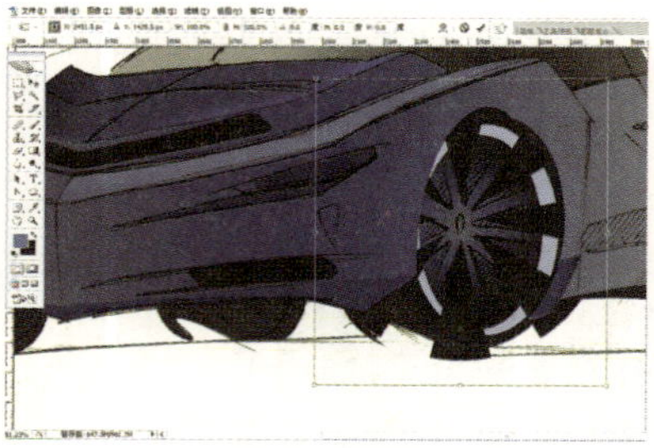

图 4.250

图 4.251

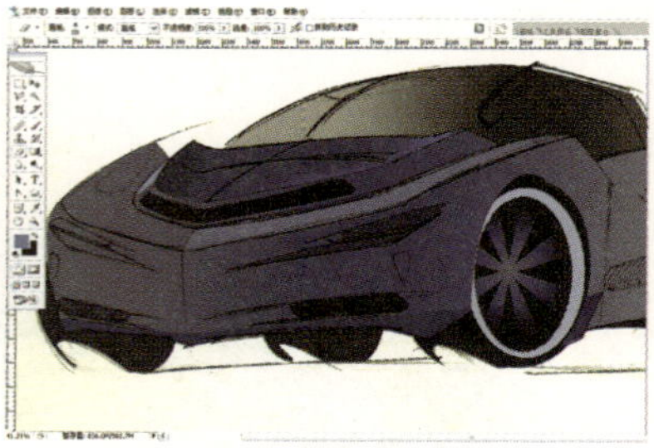

图 4.252

图 4.253

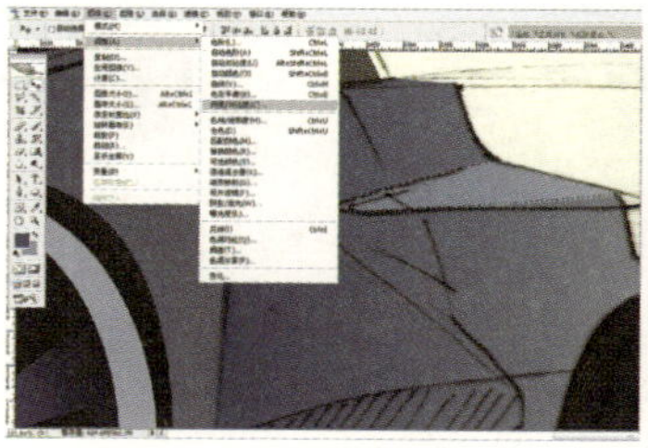

图 4.254

图 4.255

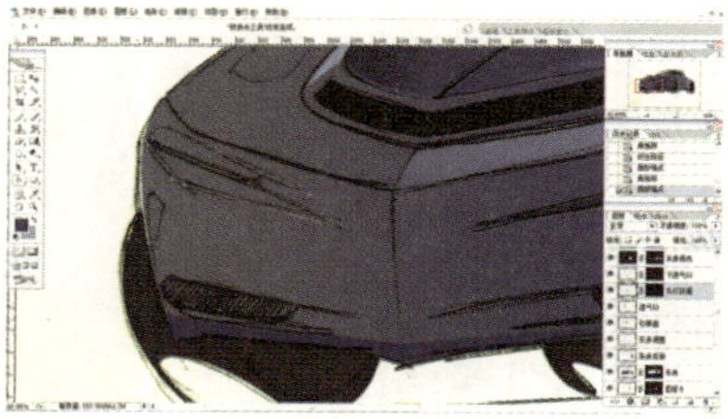

图 4.256

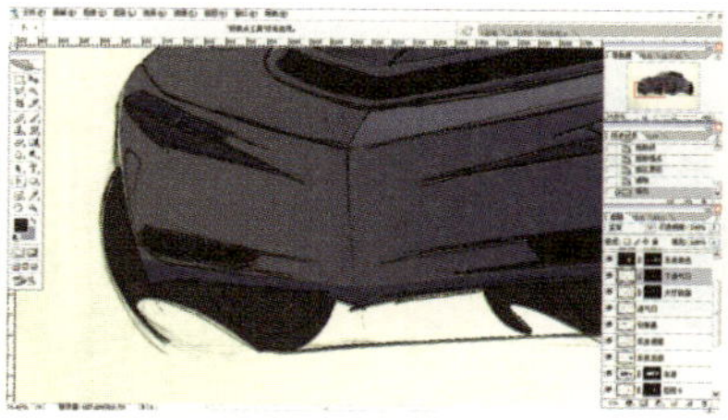

图 4.257

图 4.258

(20) 创建新图层，绘制 A 柱。选择钢笔工具，勾画出 A 柱的轮廓，建立选区，填充颜色（见图 4.260 和图 4.261）。

图 4.259

图 4.260

图 4.261

(21) 创建新图层，移动至 A 柱图层下；移动选区并填充颜色，做出 A 柱厚度感（见图 4.262）。

(22) 调整车头。在车身图层上建立选区，使用加深/减淡工具进行明度调整（见图 4.263 和图 4.264）。

(23) 调整下进气口。用钢笔工具勾画出要调整的区域，建立选区、填充颜色（见图 4.265 和图 4.266）。

(24) 选取大灯区域，收缩 5 像素后，用渐变工具填充渐变色（见图 4.267 和图 4.268）。

(25) 新建图层，绘制大灯细节。用钢笔工具勾画出要表现的区域，填充颜色（见图 4.269 和图 4.270）。

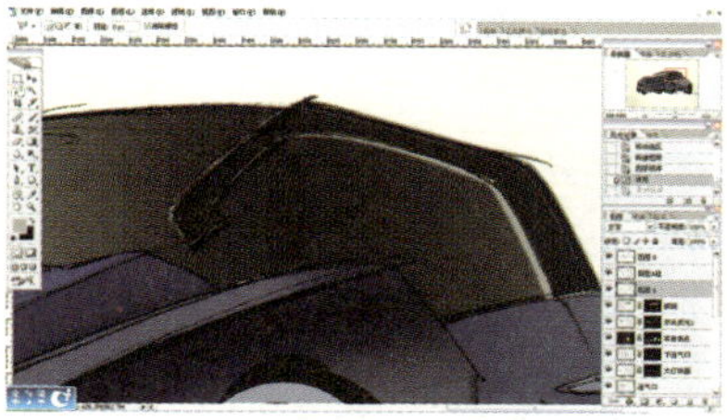

图 4.262

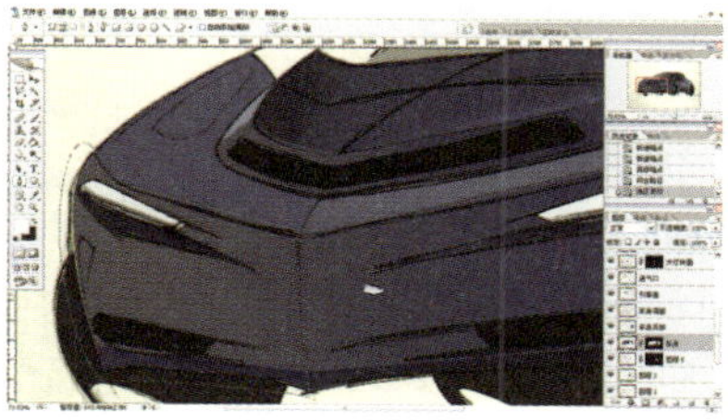

图 4.263

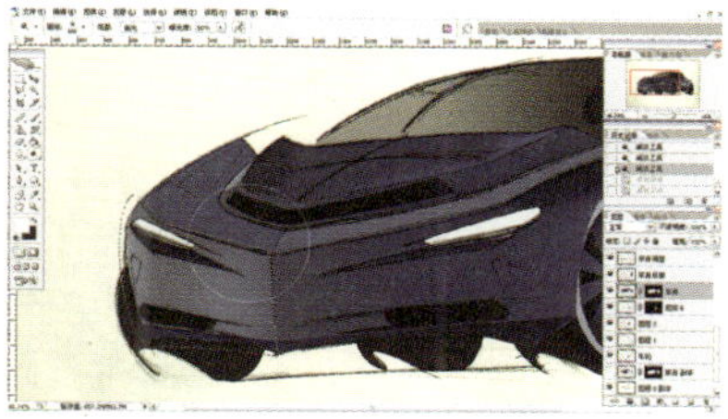

图 4.264

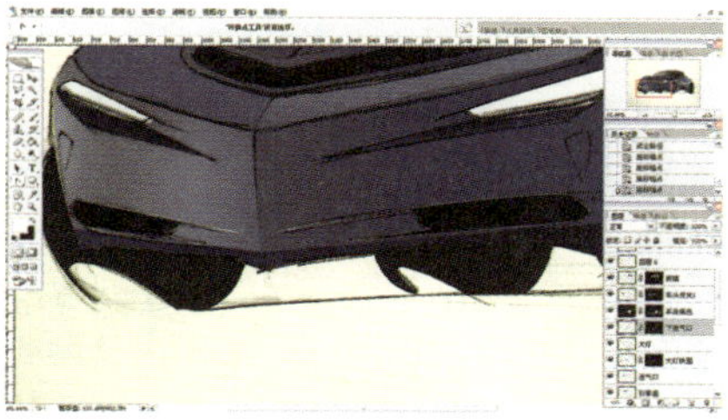

图 4.265

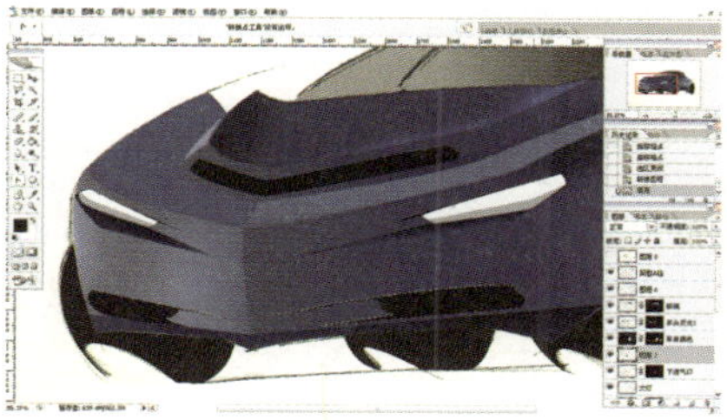

图 4.266

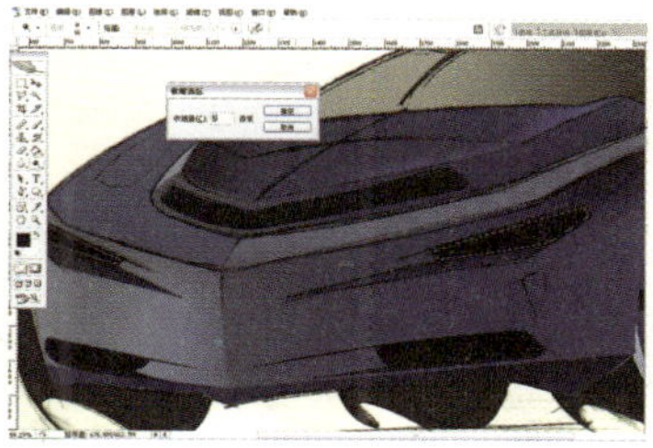

图 4.267

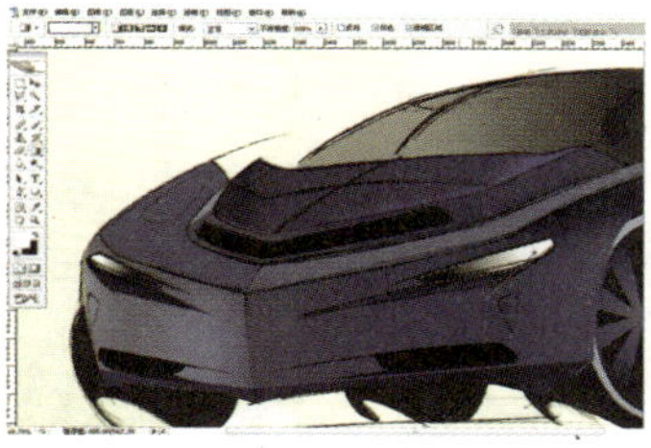

图 4.268

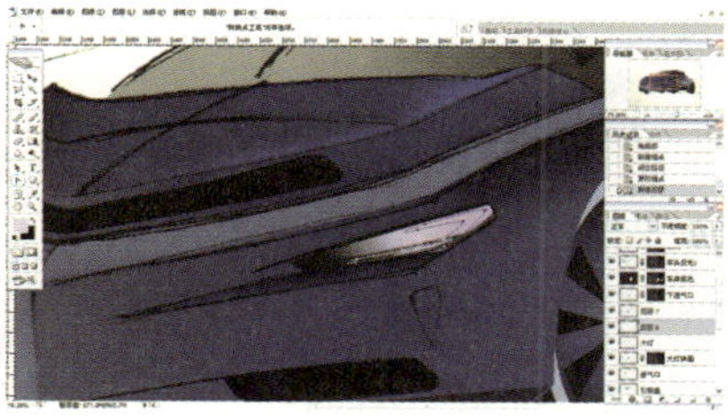

图 4.269

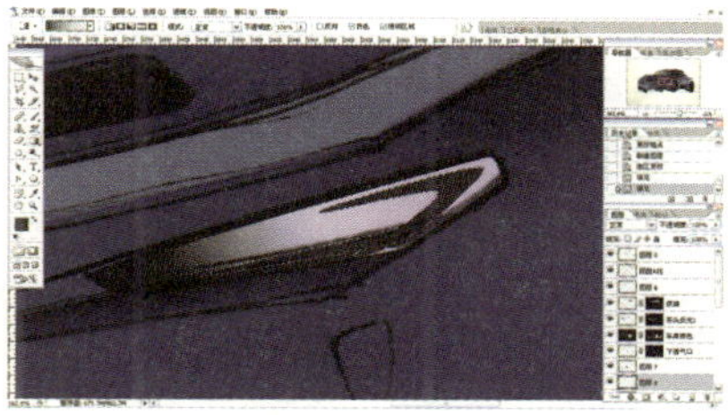

图 4.270

(26) 变换选区，调整选区的位置和大小，填充白色（见图 4.271 和图 4.272）；然后用加深/减淡工具对大灯细节进行调节（见图 4.273）。

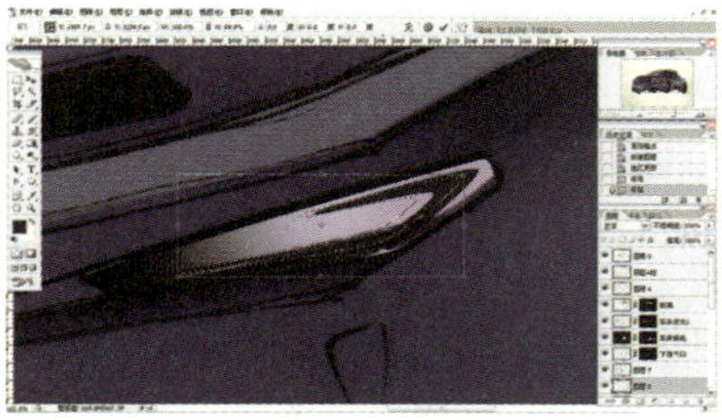

图 4.271

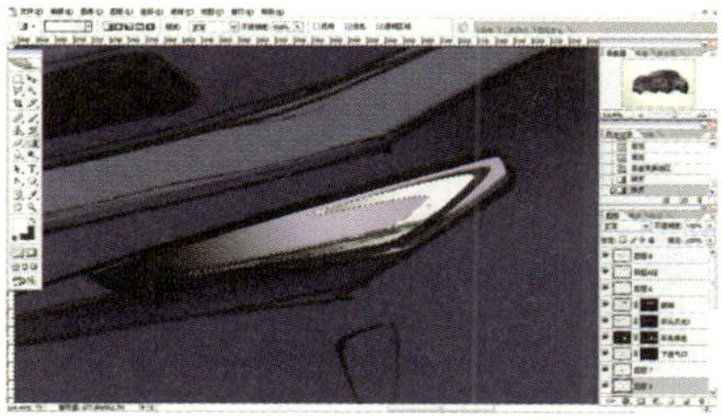

图 4.272

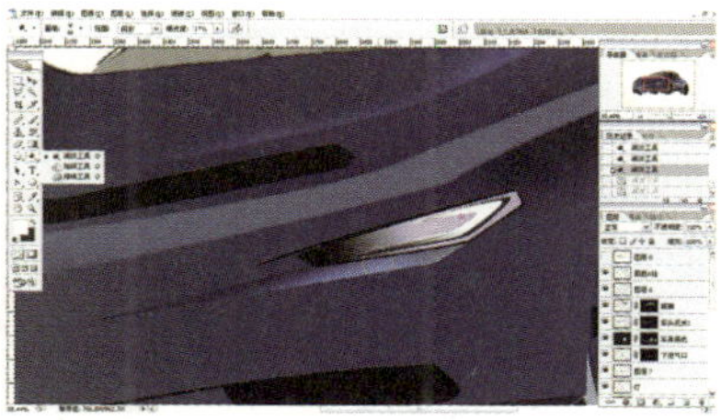

图 4.273

(27) 进一步调整车的整体色调。选择画笔工具，使用适当的透明度和流量，用蓝紫色涂抹车身（见图 4.274 和图 4.275）。

(28) 细节处理。用钢笔工具勾画出需要调整的区域、建立选区，用加深/减淡工具进行调整（见图 4.276 和图 4.277）。

(29) 处理轮毂。采用制作 A 柱的同样方式，制作轮毂的层次效果（见图 4.278）。

(30) 绘制轮毂中心造型。建立新图层，建立椭圆选区，填充黑色（见图 4.279）；变换选区后，新建图层，用径向渐变填充（见图 4.280）。

(31) 新建图层，再次变换选区，填充灰色（见图 4.281）；选择加深/减淡工具，调整该处的光影效果（见图 4.282）。

图 4.274

图 4.275

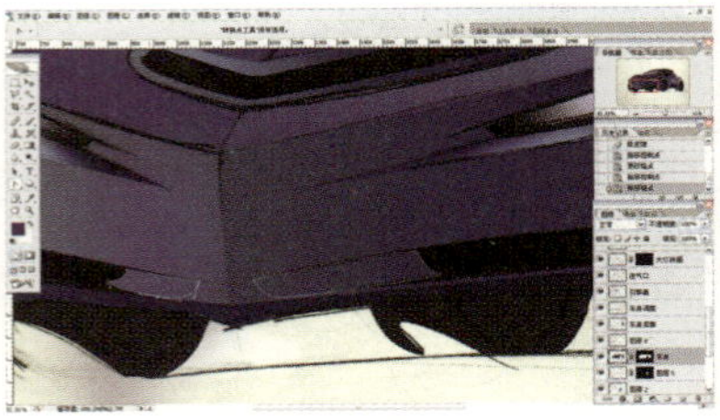

图 4.276

图 4.277

图 4.278

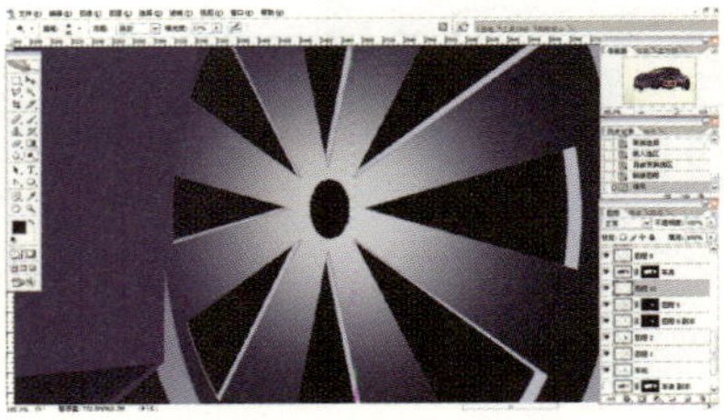

图 4.279

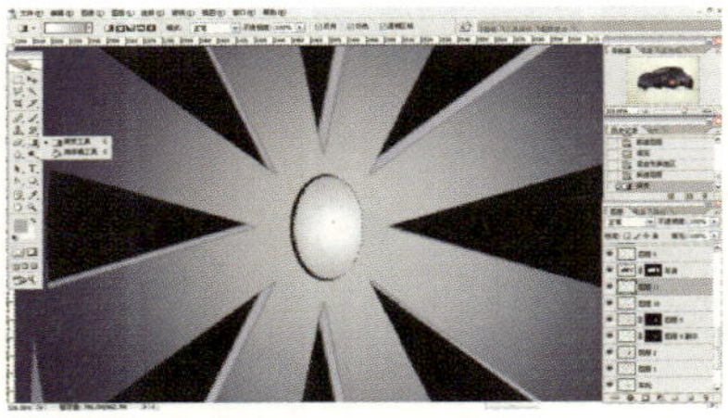

图 4.280

图 4.281

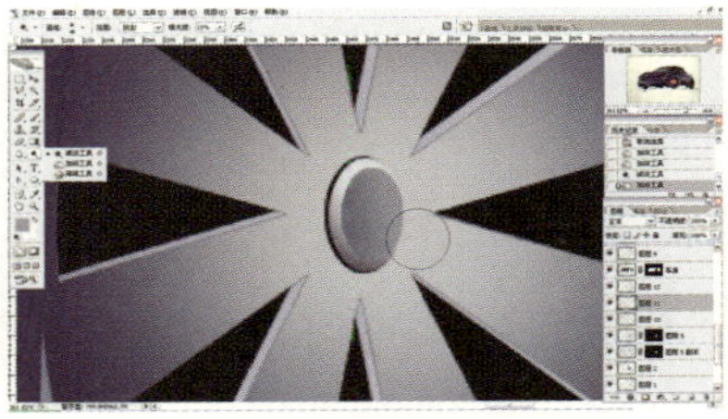

图 4.282

（32）车身后部的调整。使用钢笔工具，勾画出欲调整的区域，在路径面板右击路径，建立选区，羽化 4 像素以保证过渡自然（见图 4.283 和图 4.284）；复制新建图层（Ctrl＋J），调整新图层的亮度/对比度（见图 4.285）；同样方法调整相邻的色块（见图 4.286）。

图 4.283

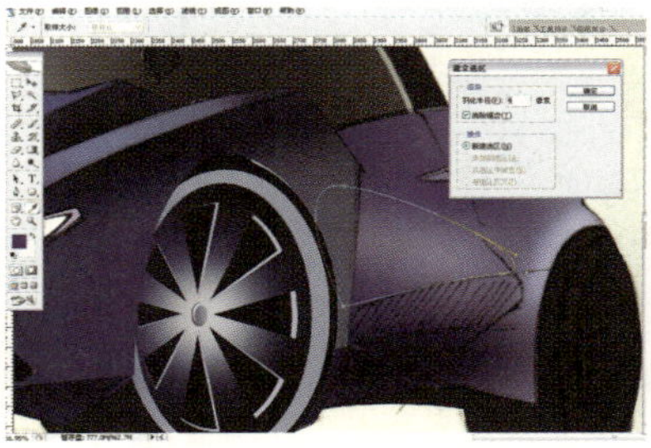

图 4.284

图 4.285

（33）制作车灯清洗器。在相关区域建立选区，通过复制建立图层，适当调整新建图层顺序，使用加深/减淡工具进行细节刻画（见图 4.287～图 4.289）。

（34）将画面右侧的大灯图层进行复制，通过水平翻转和自由变换制作出左侧的大灯效果（见图 4.290）。

（35）修整轮毂的形态，用加深/减淡工具调整轮毂外缘的光影效果，添加适当杂色后，执行滤镜—模糊—径向模糊（图 4.291～图 4.293）；同样，为轮毂内部添加适当杂色，之后合并组成车轮的全部图层（见图 4.294）。

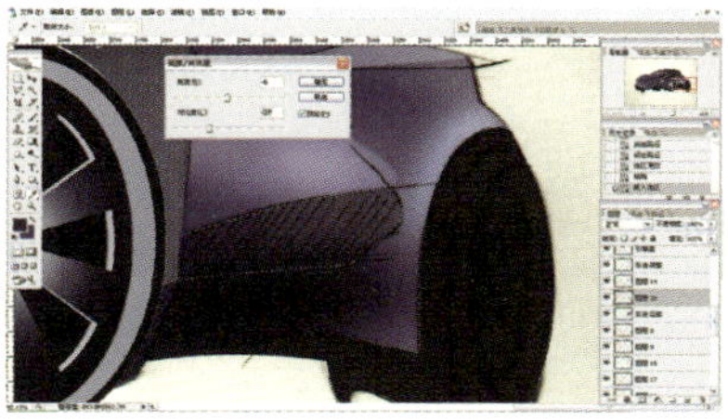

图 4.286

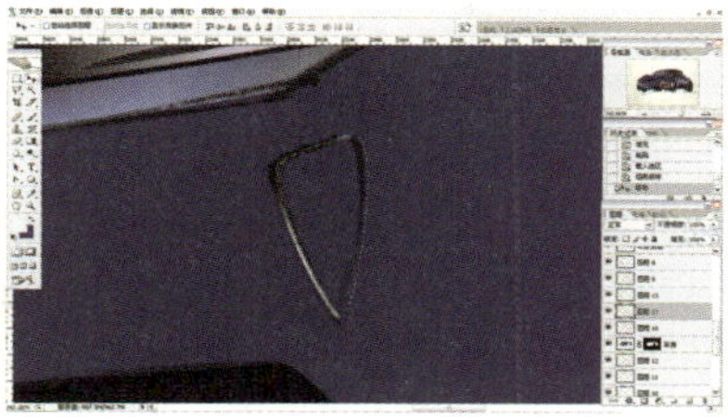

图 4.287

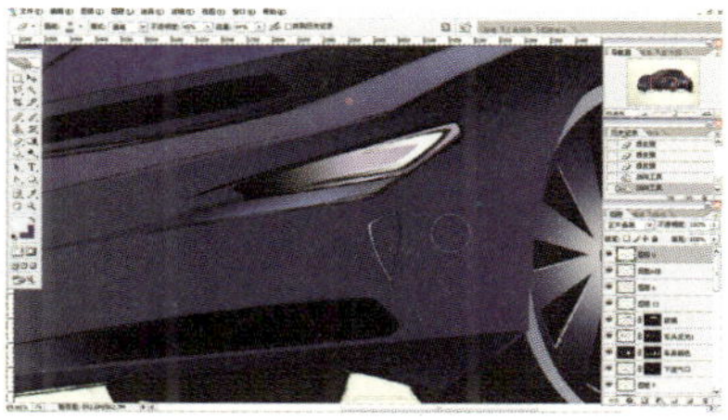

图 4.288

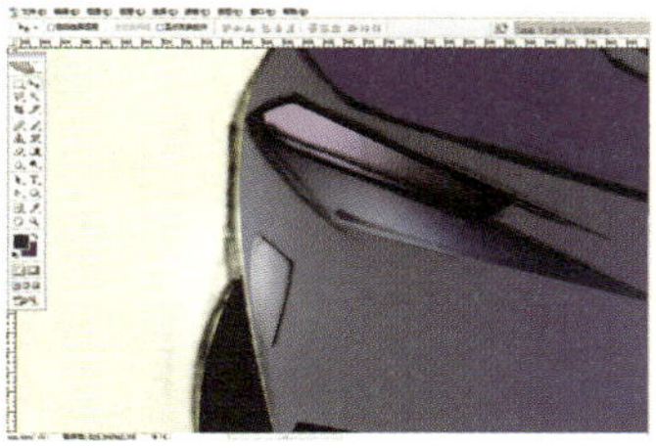

图 4.289

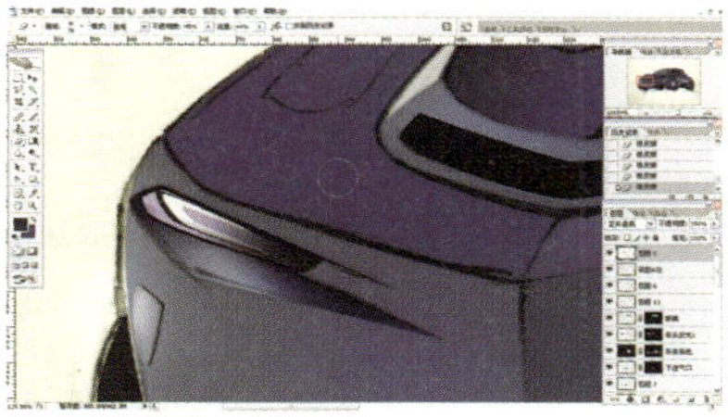

图 4.290

图 4.291

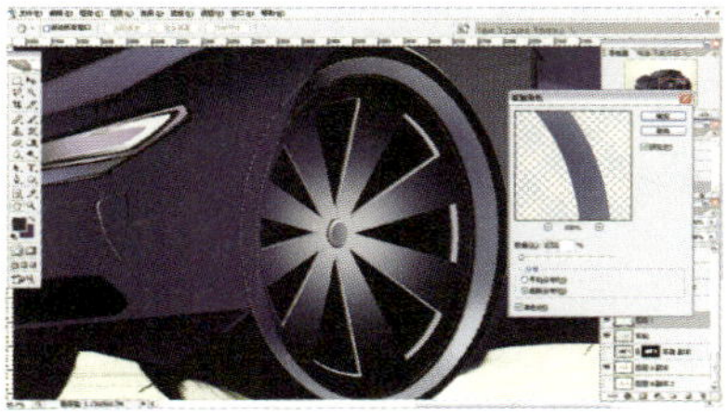

图 4.292

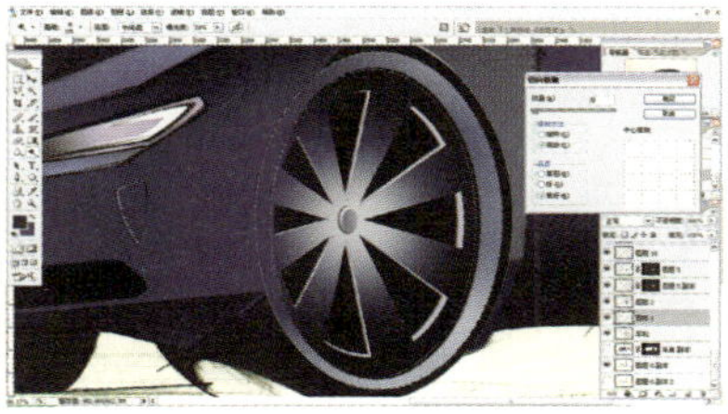

图 4.293

图 4.294

（36）将前轮图层复制，移动到后轮的位置，适当自由变换（见图 4.295）；擦除不必要的线条（见图 4.296）。

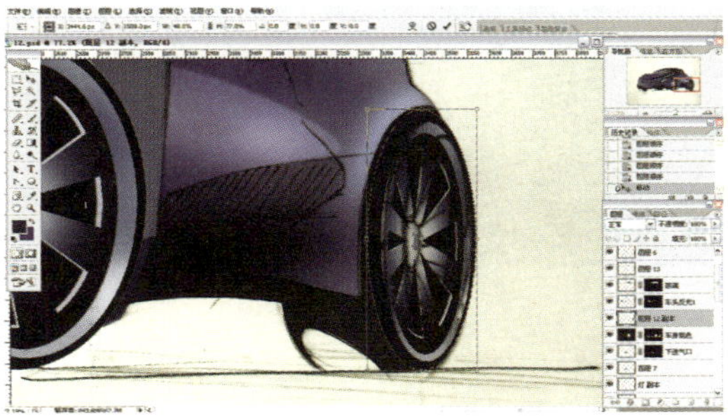

图 4.295

图 4.296

（37）使用钢笔工具勾画汽车的整体轮廓，建立选区；对最上、最下两个图层添加图层蒙版（见图 4.297 和图 4.298）。

（38）为汽车绘制一个适合的背景（利用图层+蒙版制作），勾画出应有的阴影，将细节进行整体调整，得到最后效果（见图 4.299）。

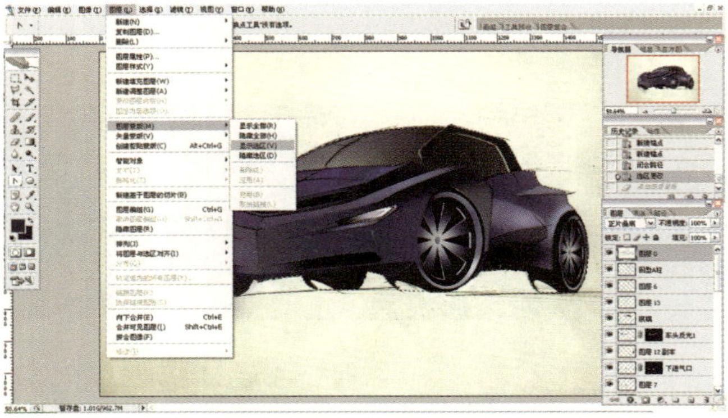

图 4.297

图 4.298

图 4.299

第 5 章

Chapter5

Illustrator 与计算机辅助工业设计

教学内容： ①Illustrator 功能概述；②计算机辅助工业设计中的 Illustrator 软件。

教学目标： 了解 Illustrator 的基本功能及其在计算机辅助工业设计领域中的应用可能，掌握图形、图像处理的基本知识。

授课方式： 多媒体教学、理论知识与典型案例结合讲解。

建议学时： 2～4 学时。

5.1 Illustrator 功能概述

Illustrator 是由 Adobe 公司开发的一款图形绘制功能强大的平面设计软件。它被广泛应用于平面广告设计、网页图形设计、工业设计等诸多领域。通过使用它，用户不但可以方便地制作出各种形状复杂、色彩丰富的图形和文字效果，还可以在同一版面中实现图文混排，甚至可以制作出极具视觉冲击力的设计效果图（见图 5.1）。

图 5.1

Illustrator 是独立的、综合的、基于矢量的平面设计软件，具有强大的绘图功能，其提供的多种绘图工具，可以使用户根据需要自由使用。Illustrator 还提供了丰富的滤镜和效果命令，以及强大的文字与图表处理功能。通过这些命令功能可以为图形图像添加一些特殊效果，从而增强作品的表现力，使绘制的图形更加生动。

下面我们将对 Illustrator 软件在计算机辅助工业设计（产品设计）中的主要功能进行介绍。

1. 图层与蒙版

图层就好像一张张透明的拷贝纸，在每张拷贝纸上绘制不同的图形，重叠在一起便得到一幅完整的作品。用户可以根据需要来创建图层。当创建图层后，可以使用“图层”面板在不同图层之间进行切换、复制、合并、排序等操作。

通过使用“图层”面板，用户可以很方便地管理图层。当在制作复杂图形时，用户可以分别将不同图形对象放置到多个图层中，以方便对象的单独操作。另外，结合 Illustrator 提供的蒙版功能，用户可以制作出更加艺术的图层效果。

值得我们注意的是，在 Illustrator 中的新文档只有一个图层，该图层下还有子图层，一个图层可以包含多个子图层。在当前图层中，用户每创建一个对象，Illustrator 就会制动创建一个新的子图层。在 Illustrator 中，图层的操作与管理都是通过“图层”面板来实现的，因此，想要操作和管理图层，首先必须熟悉“图层”面板。选择菜单栏中的“窗口”｜“图层”命令，即可打开“图层”面板（见图 5.2）。

剪切蒙版的编辑与应用步骤如下所述。

剪切蒙版可以用其形状遮盖其下层图稿中的对象。因此使用剪切蒙版，在预览模式下，蒙版以外的对象被遮盖，并且打印输出时，蒙版以外的内容不会被打印出来。

在 Illustrator 中，无论是单一路径、复合路径、群组对象或是文本对象都可以用来创建剪切蒙版，创建为蒙版的对象会自动群组在一起。

在 Illustrator 中，可以通过“对象”｜“剪切蒙版”下的命令对选中的图形图像创建剪切蒙版，并可以进行编辑修改（见图 5.3）。

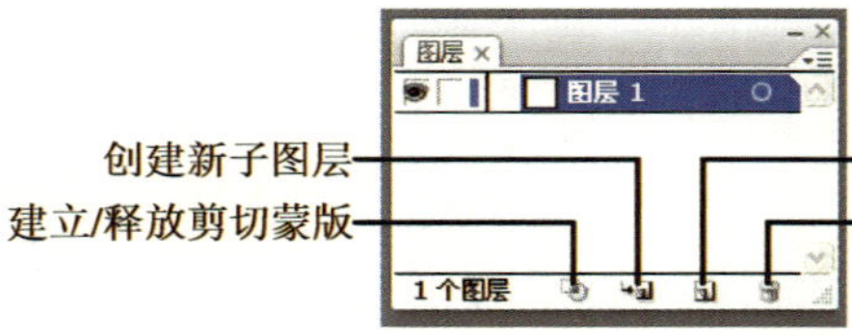

图 5.2

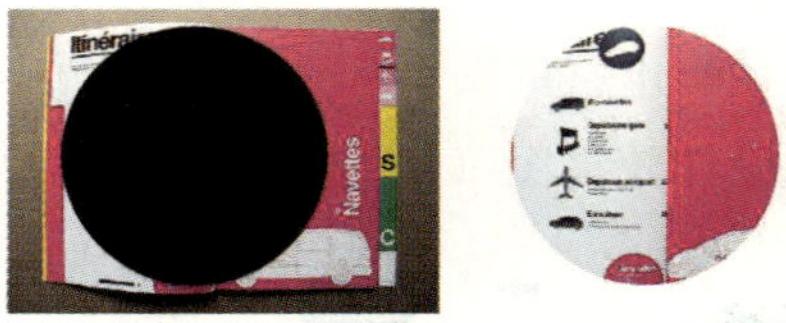

图 5.3

在 Illustrator 中，除了使用图形作为剪切蒙版对象外，还可以使用文本作为剪切蒙版。使用丰富的图形或图像为文本对象创建剪切蒙版，可以使文字效果更加生动（见图 5.4）。

图 5.4

建立蒙版后，用户还可以随时将蒙版释放。只需选定蒙版对象后，选择菜单栏“对象”｜“剪切蒙版”｜“释放”命令，或在“图层”面板中单击“建立/释放剪切蒙版”按钮，即可释放蒙版。此外，也可以在选中蒙版对象后，单击右键，在弹出菜单中选择“释放剪切蒙版”命令，或选择“图层”面板控制菜单中的“释放剪切蒙版”命令，同样可以释放蒙版。释放蒙版后，将得到原始的被蒙版对象和一个无外观属性的蒙版对象（见图 5.5）。

图 5.5

2. 滤镜与效果

Illustrator 中的“滤镜”和“效果”菜单栏提供了多种矢量类滤镜和位图类滤镜。其中位图类滤镜包含了 Photoshop 中的大部分滤镜。Illustrator 中的这些滤镜和效果，不但使用方便，而且使用范围非常广泛，几乎可以模拟和制作摄影、印刷与数字图像中的多种特殊效果。合理使用 Illustrator 中滤镜和效果，可以制作出绚丽多彩的画面效果。

（1）滤镜与效果的区别。

在 Illustrator 中有两类可以对矢量图形与位图图像进行特殊处理的命令，即“滤镜”和“效果”菜单下的级联命令。“滤镜”菜单下的命令是直接对操作对象的本身进行操作的。如果使用“滤镜”菜单下的命令对选择的图像进行操作，则该图像直接发生变化。使用“效果”菜单下的命令对图像进行操作，则该对象本身并不发生变化，只是该对象的外观发生了变化。

（2）滤镜菜单。

“滤镜”菜单下还有两类菜单组，一类是 Photoshop 滤镜，另一类是 Illustrator 滤镜。Photoshop 滤镜为位图滤镜，可以应用到位图对象上，但无法应用到矢量对象或黑白位图对象。Illustrator 滤镜为矢量滤镜，主要应用于矢量图形，只有部分命令可以应用到位图对象（见图 5.6）。

（3）效果菜单。

使用“效果”菜单下的命令后，用户可以继续使用“外观”面板随时修改效果选项或删除该效果。选择一种效果应用于对象后，在“外观”面板中便会列出该效果，通过“外观”面板，用户可以对该效果进行编辑、移动、复制、删除等操作，或将其存储为图形样式的一部分。

1）使用变形效果操作步骤如下。

使用“效果”菜单下的“变形”效果组中的命令可以对选择的对象进行各种的弯曲效果设置。选择“变形”菜单下的任一命令，都会打开“变形选项”对话框，其中的选项除了“样式”不同外，其余的命令完全相同（见图 5.7）。

图 5.6

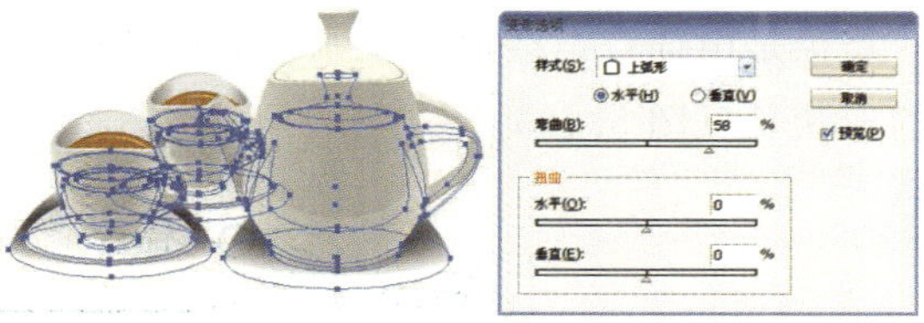

图 5.7

2）使用 SVG 滤镜操作步骤如下。

SVG 是将图像描述为形状、路径、文本和滤镜效果的矢量格式。选择“效果”｜“SVG 滤镜”命令可以打开一组效果，选择“应用 SVG 滤镜”效果，即可打开“应用 SVG 滤镜”对话框，在对话框的列表框中可以选择所需要的滤镜效果（见图 5.8）。

3）使用 3D 滤镜操作步骤如下。

Illustrator 中的 3D 效果可以从二维（2D）图稿创建三维（3D）对象。用户可以通过高光、阴影、旋转及其他属性来控制 3D 对象的外观，还可以将图稿贴到 3D 对象中的每一个表面上（见图 5.9）。

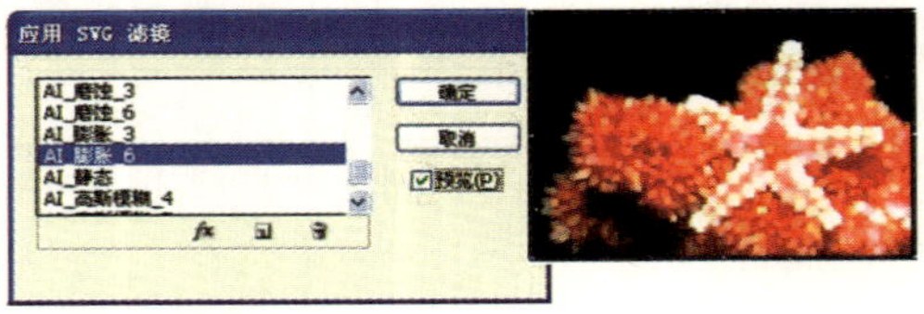

图 5.8

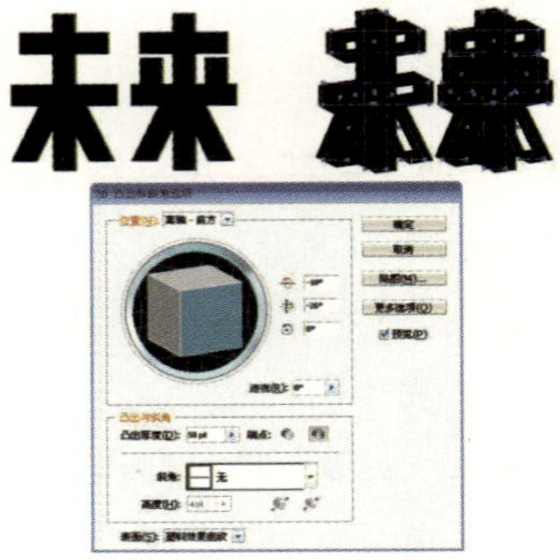

图 5.9

4）改变文件颜色模式操作步骤如下。

在处理位图图像时，有些滤镜和效果命令不能够支持 CMYK 颜色模式的文档，所以在使用这些滤镜和效果前，要对文档的颜色模式进行转换。如果要转换文档颜色模式，在菜单栏中选择“文件”|“文档颜色模式”|RGB 或 CMYK 命令即可转换。

5.2 计算机辅助工业设计中的 Illustrator 核心功能

5.2.1 Illustrator 绘图工具

Illustrator“绘图工具”是软件工具面板中重要的组成部分。它为用户提供了多种功能的线形工具组和基本图形绘制工具组，用户可以通过绘图工具绘制出自己想要的形状，也是计算机辅助工业设计中的核心功能。

5.2.1.1 路径概述

路径是 Illustrator 绘制图形的重要部分。无论多复杂的图形，都是由路径组成的。用户可以通过创建和编辑路径，绘制出自己满意的图形。

1. 路径的组成

路径是由锚点、线段、控制柄和控制点组成的。用户可以根据需要对不同部分进行编辑来改变路径的形状（见图 5.10）。

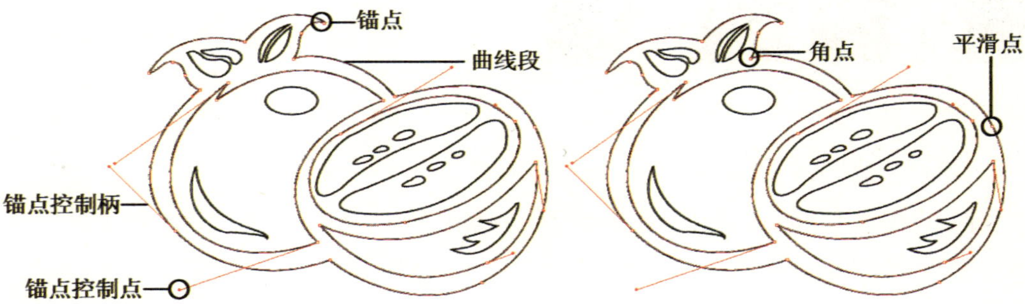

图 5.10

2. 闭合路径与开放路径

路径分为闭合路径和开放路径两种。开放路径的起点和终点互不相连；闭合路径的锚点是连续的

（见图 5.11）。

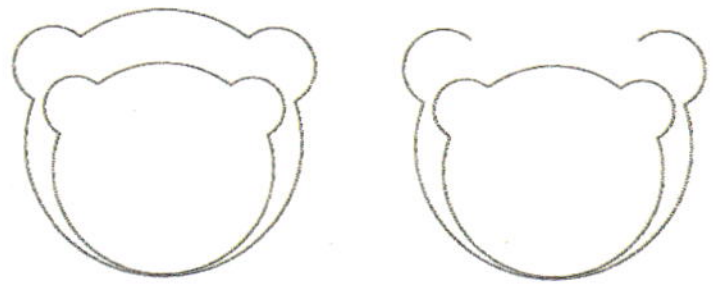

图 5.11

5.2.1.2 几何图形工具组的使用

通过使用 Illustrator “工具” 面板中的 “光晕” 工具，用户可以在文档中绘制出具有光晕效果的图形。该图形具有明亮的居中点、晕轮、射线和光圈，如果在其他图形对象上应用该图形，将获得类似镜头眩光的特殊效果（见图 5.12）。

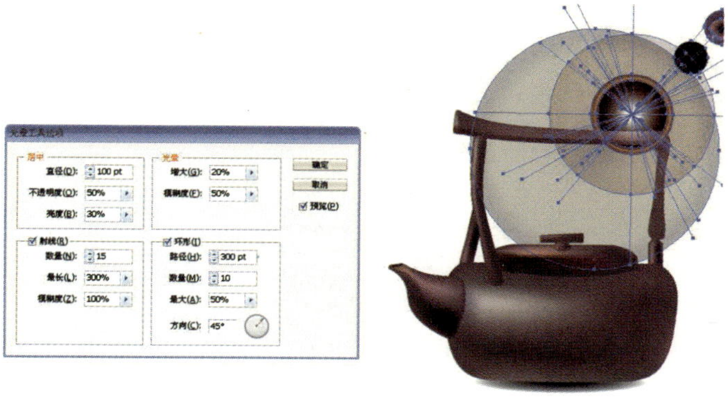

图 5.12

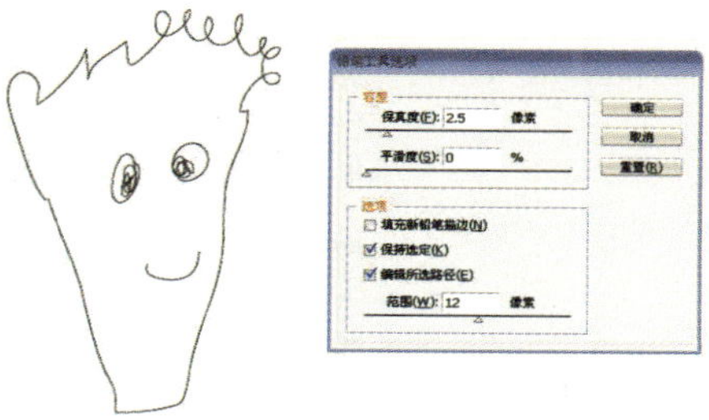

图 5.13

5.2.1.3 铅笔工具的使用

通过使用 “铅笔” 工具，既可以在文档中绘制开放路径的图形，也可以绘制闭合路径的图形，并且 Illustrator 将会根据用户手绘的轨迹自动创建路径。在实际应用中，“铅笔” 工具常被应用于草图的勾画等绘制操作中（见图 5.13）。

5.2.1.4 钢笔工具与控制面板的使用

“工具” 面板中的 “钢笔” 工具是 Illustrator 中最基本、最重要的矢量绘图工具，利用网格和参考线等工具，它可以绘制直线、曲线和任意的复杂图形（见图 5.14）。

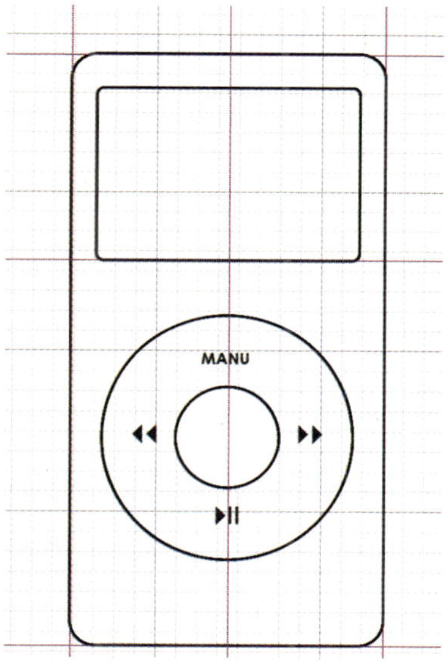

图 5.14

5.2.1.5 路径的编辑

在 Illustrator 中，用户可以通过多种方法选择路径图形后，对路径的锚点进行添加、删除或是转换锚点，还可以对路径进行平滑、擦除、分割、对齐与连接、改变路径图形外观等编辑操作。

1. 选取路径图形

一般路径绘制完成后，用户需要对所绘制的路径进行调整与编辑操作。但是，在调整与编辑路径之前，用户还需先通过选择类工具选中需要操作的路径对象，这样才能有针对性地调整与编辑路径对象。

（1）使用 “选择” 工具（见图 5.15）。

（2）使用 “直接选择” 工具（见图 5.16）。

（3）使用 “套索” 工具（见图 5.17）。

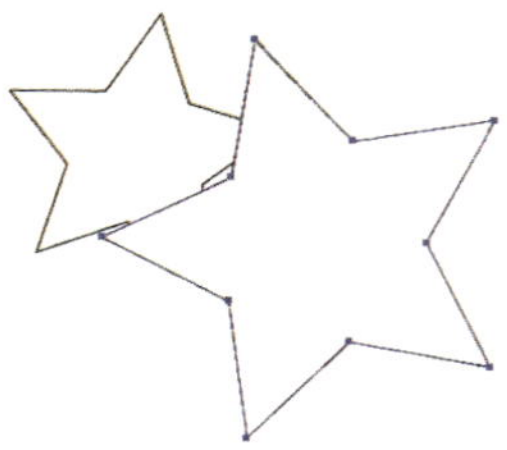

图 5. 15

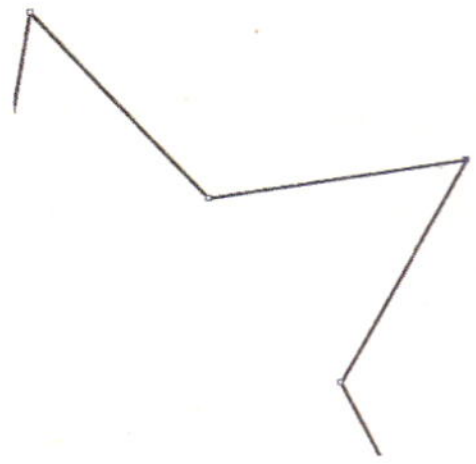

图 5. 16

2. 编辑路径锚点

在 Illustrator 中的“添加锚点”工具、“删除锚点”工具和“转换锚点”工具可以对路径上的锚点进行编辑操作（见图 5. 18）。

图 5. 17

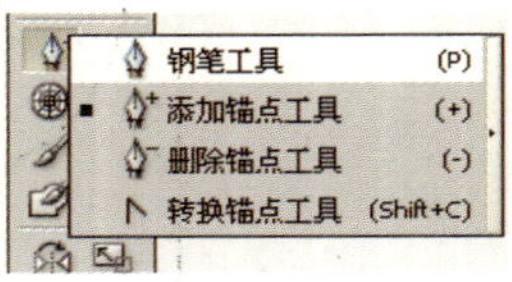

图 5. 18

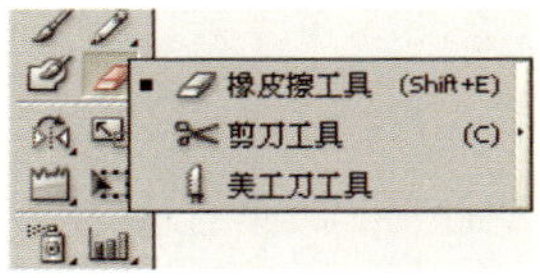

图 5. 19

3. 分割路径

选择“工具”面板中的“橡皮擦”工具、“剪刀”工具和“美工刀”工具可以用来分隔开放式或闭合式路径（见图 5. 19）。

4. 端点的对齐与连接

通过 Illustrator 中的对齐功能，可以准确地定位锚点，并且使用连接功能可以将开放路径的两个端点连接起来，形成闭合路径，也可以连接两条开放路径的任意端点，将它们连接在一起。

5. 改变路径图形的外观

用户编辑图形时，可以利用变形工具来执行变形、扭曲、收拢、膨胀等变形操作使图形效果更加完善。变形的对象可以是单个的路径图形，也可以是组合的对象。

（1）变形工具的使用。

使用“变形”工具可以对路径图形做弯曲处理，弯曲方向随鼠标拖动而变化。使用“变形”工具时，可以直接将对象变形，不需要选取对象（见图 5.20）。

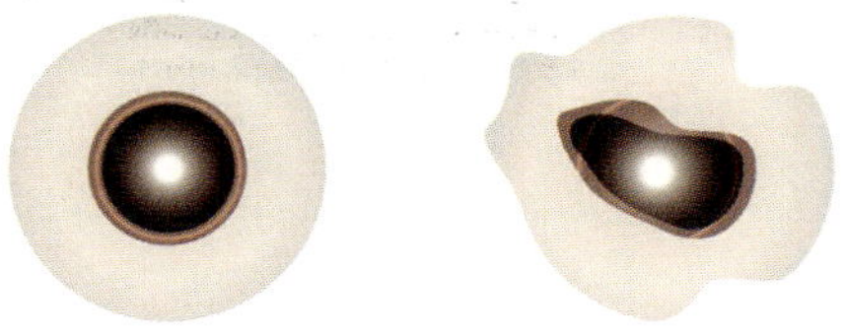

图 5.20

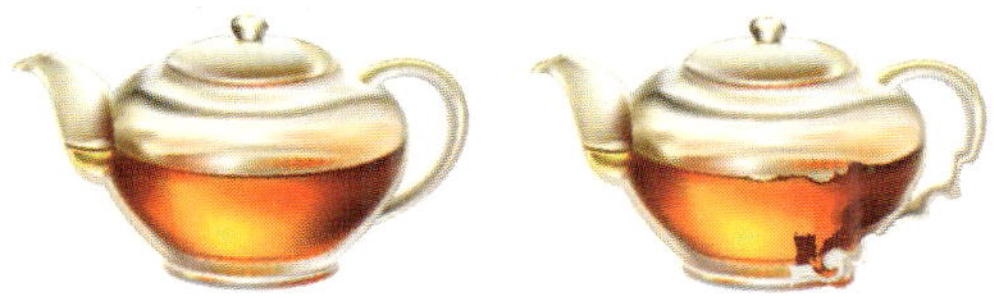

图 5.21

（2）旋转扭曲工具的使用。

使用“旋转扭曲”工具可以使路径图形的形状发生扭转变化（见图 5.21）。

（3）缩拢与膨胀工具的使用。

使用“缩拢”工具就可以对图形执行收缩操作，产生变形。“膨胀”工具产生的效果与“缩拢”工具是相反的。使用“膨胀”工具可以使路径图形在形状上向外扩张（见图 5.22）。

图 5.22

图 5.23

（4）褶皱工具的使用。

使用“褶皱”工具可以对图形进行折皱变形操作，使图形产生抖动效果（见图 5.23）。

5.2.2 Illustrator 填色与描边工具

在 Illustrator 中创建图形对象后，用户可以对图形对象的填充、描边进行艺术处理，使图形更加完美。本节将主要介绍如何对路径图形的填色和描边进行修饰，以及与之相关的各种面板的使用方法。

5.2.2.1 描边与填色的设置

在 Illustrator 中，可以使用“工具”面板中的颜色控制区，或“颜色”面板中的填充和描边颜色选框设置绘制对象的填充和描边。

填色是指对象中的颜色、图案或渐变。填色可以应用于开放和封闭的对象，以及“实时上色”组的表面。

描边是对象、路径或实时上色组边缘的可视轮廓。用户可以控制描边的宽度和颜色。也可以使用“路径”选项来创建虚线描边，并使用画笔为风格化描边上色（见图 5.24）。

5.2.2.2 填充渐变

如果想在对象上应用渐变效果，可通过使用渐变工具、渐变面板与网格工具来实现。使用网格工具可以在图形内添加网格点，并结合颜色面板来填充颜色，而填充的颜色向周围渐层展开。渐变工具则需结合“渐变”面板，并在“渐变”和“颜色”面板中编辑所需的渐变颜色。

图 5.24

(1) 网格工具的使用。

在 Illustrator 中，可以利用“网格”工具给对象进行渐变填充，以达到逼真的立体效果，如可以绘制三维物体和人物（如图 5.25）。

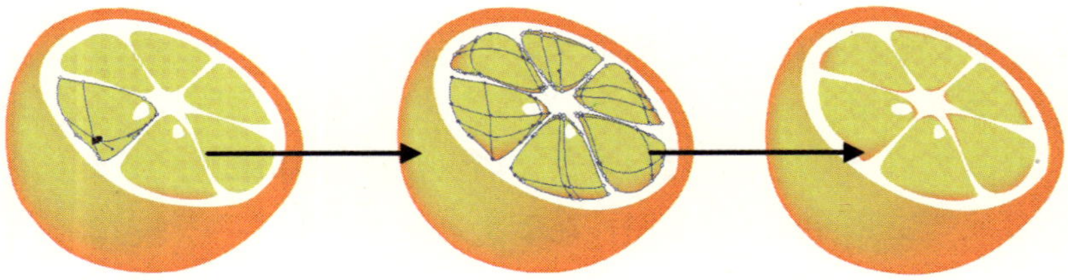

图 5.25

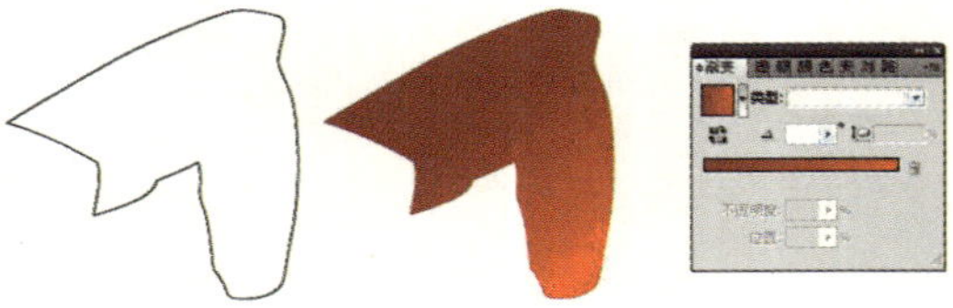

图 5.26

(2) 渐变工具与面板的使用。

在使用“渐变”工具时通常需要配合使用“渐变”面板，并且是先在“渐变”面板中设定所需要渐变后，再用渐变工具在画面中拖动鼠标以给图形进行渐变填充（见图 5.26）。

5.2.2.3 混合对象的操作

Illustrator 的混合工具和混合命令，可以在两个或数个对象之间创建一系列的中间对象。可在两个开放路径、两个封闭路径、不同渐变之间产生混合，并且可以使用移动、调整尺寸、删除或加入对象的方式，编辑已经建立的混合。在完成编辑后，图形对象会自动重新混合。

(1) 关于混合。

混合就是利用混合工具或混合命令在两个对象之间平均建立和分配形状。可以在两个开放路径之间进行混合，也可以在对象之间产生渐变的变化。或结合颜色和对象的混合，在特定对象形状中产生颜色的转换（见图 5.27）。

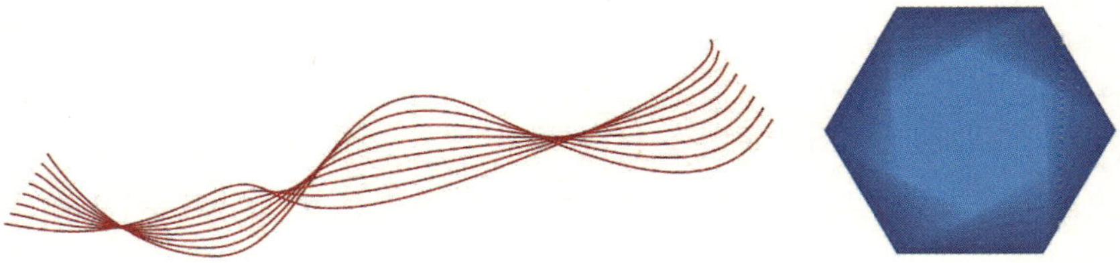

图 5.27

(2) 创建混合。

使用混合工具和混合命令可以为两个或两个以上的图形对象创建混合（见图 5.28）。

(3) 编辑混合。

Illustrator 的编辑工具能移动、删除或变形混合；也可以使用任何编辑工具来编辑锚点和路径或改变混合的颜色。当编辑原始对象的锚点时，混合也会随着改变。原始对象之间所混合的新对象不会拥有其本身的锚点（见图 5.29）。

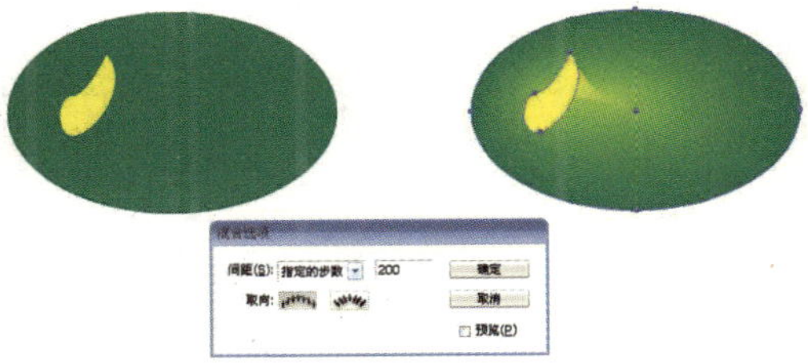

图 5.28

(4) 释放混合。

创建混合后，如果不想再使用混合，还可以将混合释放，释放后原始对象以外的混合对象即被删除（见图 5.30）。

图 5.29

5.2.2.4 色板面板的应用

“色板”面板主要用于存储颜色，并且还能存储渐变色、图案等。存储在“色板”面板中的颜色、渐变色、图案均以正方形，即“色板”的形式显示。利用“色样”面板可以应用、创建、编辑和删除色板。

(1) 使用色板面板设置色块。

“色板”面板可以存储颜色、渐变、图案以及颜色组等。通过使用“色板”面板可以对色板进行应用、创建、编辑和删除色样等操作管理（见图 5.31）。

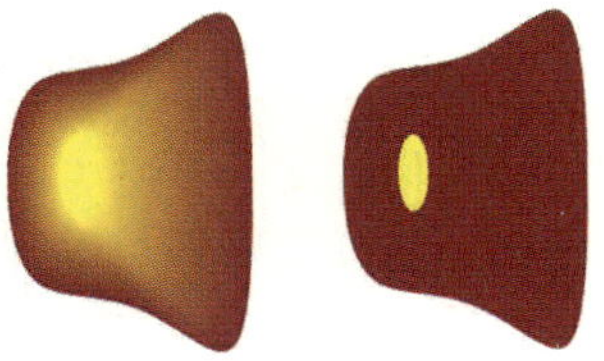

图 5.30

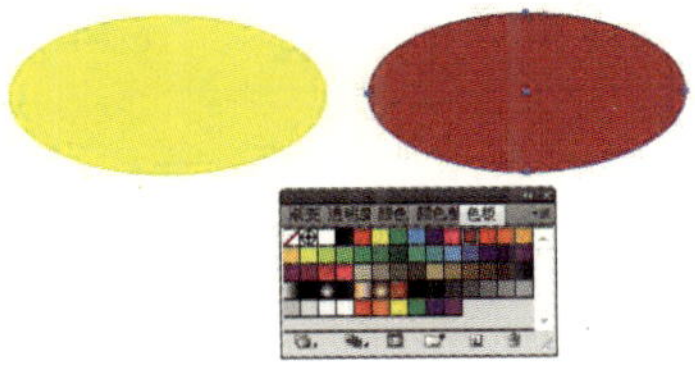

图 5.31

(2) 创建色板。

在 Illustrator 中，用户可以将自己定义的颜色、渐变或图案创建为色样，存储到“色板”面板中（见图 5.32）。

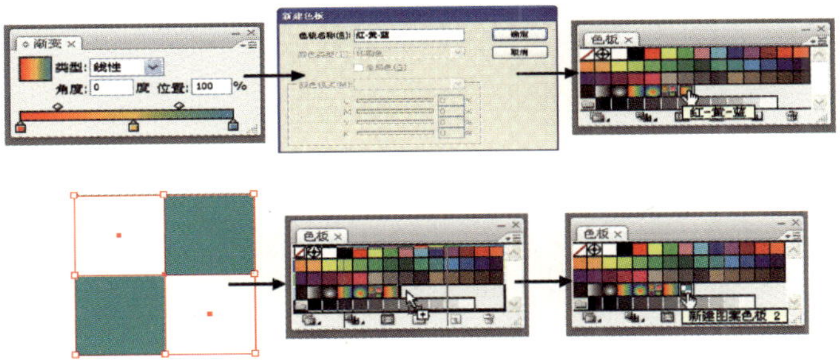

图 5.32

（3）使用色板库。

在 Illustrator 中，还提供了多种预置色板库，每个色板库中均含有大量的颜色可供用户使用（见图 5.33）。

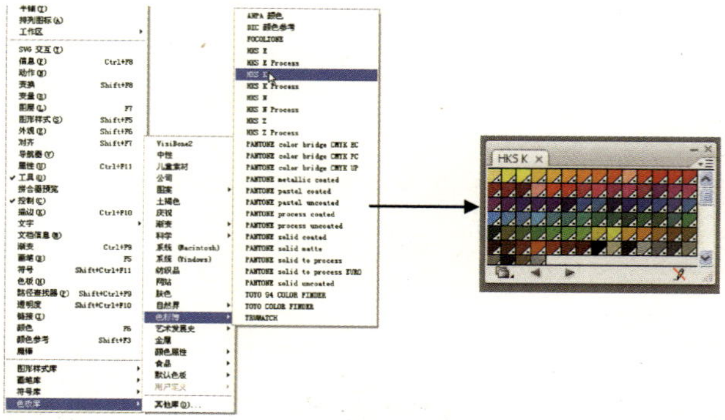

图 5.33

第 6 章

Chapter 6

Illustrator 计算机辅助工业设计表现案例

教学内容： 利用 Illustrator 表现产品造型设计效果。

教学目标： ①理解 Illustrator 表现产品造型设计的思路；②掌握 Illustrator 表现产品设计效果的方法和技巧。

授课方式： 多媒体讲解，示范制作。

建议学时： 20～30 学时。

6.1 MP3 的 Illustrator 快速表现

Illustrator 作为一款的矢量设计软件，在工业设计领域应用极为广泛，特别是在产品的视图渲染中，Illustrator 发挥着极其重要的作用。下面我们就以苹果的一款 MP3 为实例，利用 Illustrator 的工具绘制并渲染 MP3 的正视图和左视图。首先看一下我们想达到的效果（见图 6.1）。其具体操作步骤如下。

图 6.1

（1）首先建立一个新的文件，页面大小为 A4，色彩为 CMYK 格式（见图 6.2）。

（2）打开 Illustrator 的标尺工具和参考线工具。视图—显示标尺（Ctrl＋R）、视图—显示网格（Ctrl＋）（见图 6.3）。

（3）根据设计的尺寸，画好外框参考线和中线，双击“圆角矩形”工具，弹出对话框，设定参数，宽度 50mm、高度 97mm、圆角半径 5mm 后点“确定”键，绘制出 MP3 的外框路径。将路径描边为黑色（见图 6.4）。

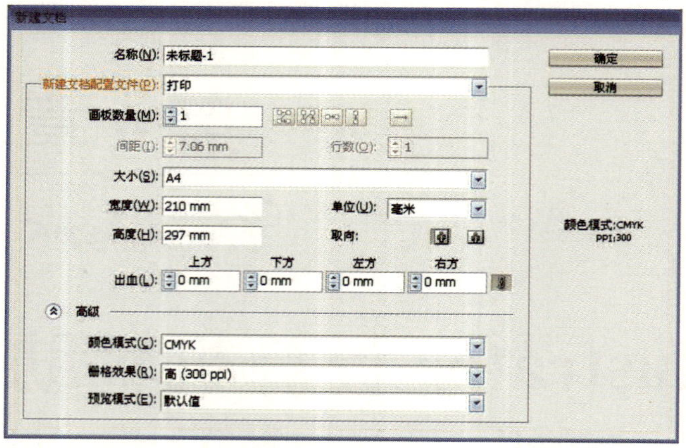

图 6.2

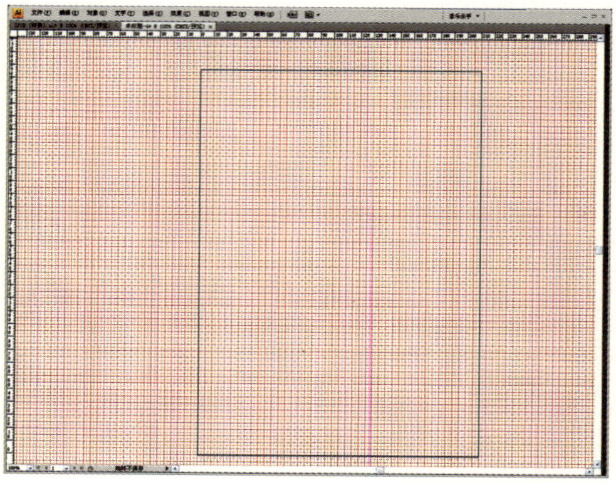

图 6.3

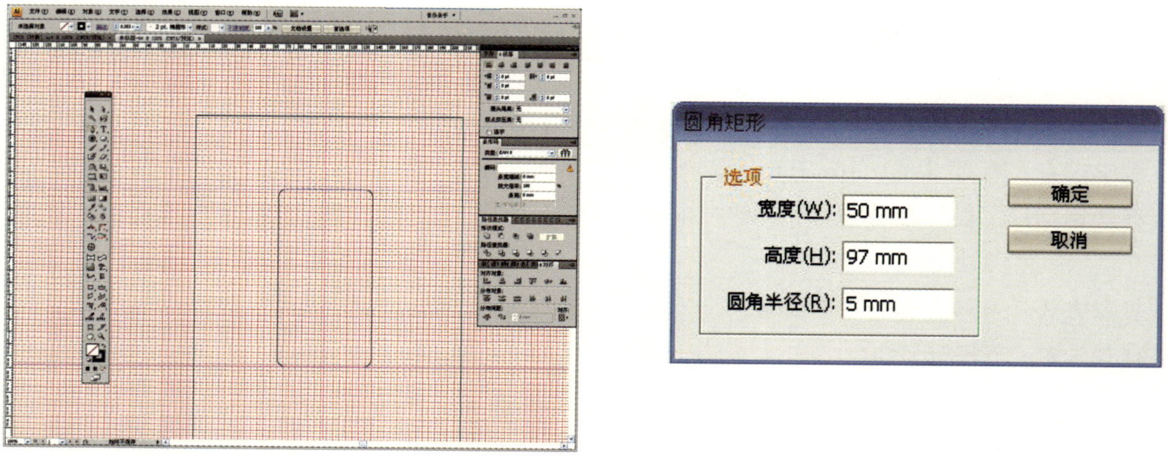

图 6.4

(4) 绘制完 MP3 外框后，继续使用“圆角矩形”工具绘制 MP3 的屏幕。双击“圆角矩形”工具，弹出对话框，设定参数：宽度 40mm、高度 28mm、圆角半径 2.5mm 后点击“确定”键。这样就绘制出了 MP3 的屏幕，对照参考线和网格，将屏幕与外框居中对齐（见图 6.5）。

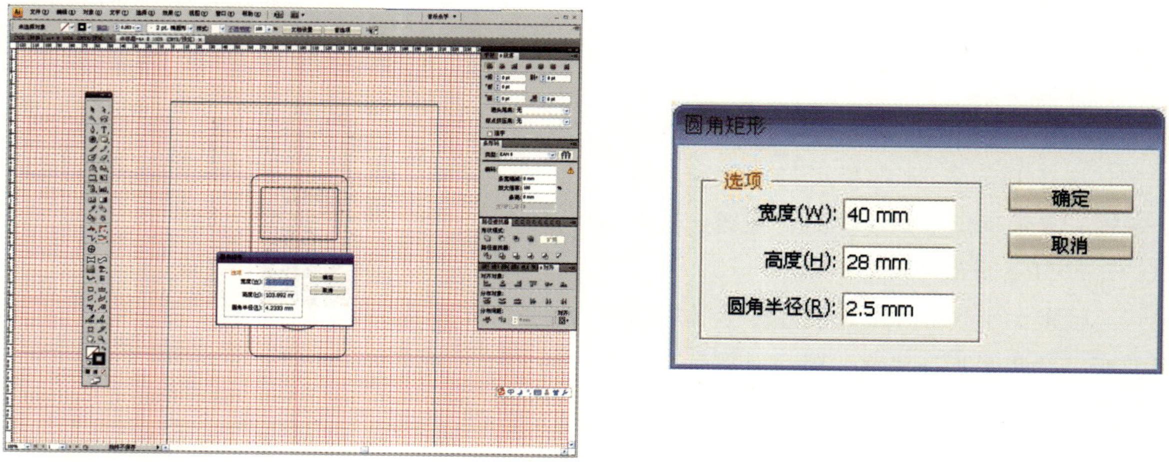

图 6.5

（5）下面绘制 MP3 的按键。双击“椭圆”工具。弹出对话框，设定参数：宽度 38.5mm、高度 38.5mm 后点击“确定”键，绘制出一个正圆；相同的方法绘制出一个较小的正圆（宽度 16.5mm、高度 16.5mm）。同时选中两个圆，使用对齐工具，首先纵向居中后横向居中，使得两个圆的圆心重叠，形成同心圆。使用参考线和网格工具，将按键的圆心移至 MP3 中线位置。路径描边为黑色（见图 6.6 和图 6.7）。

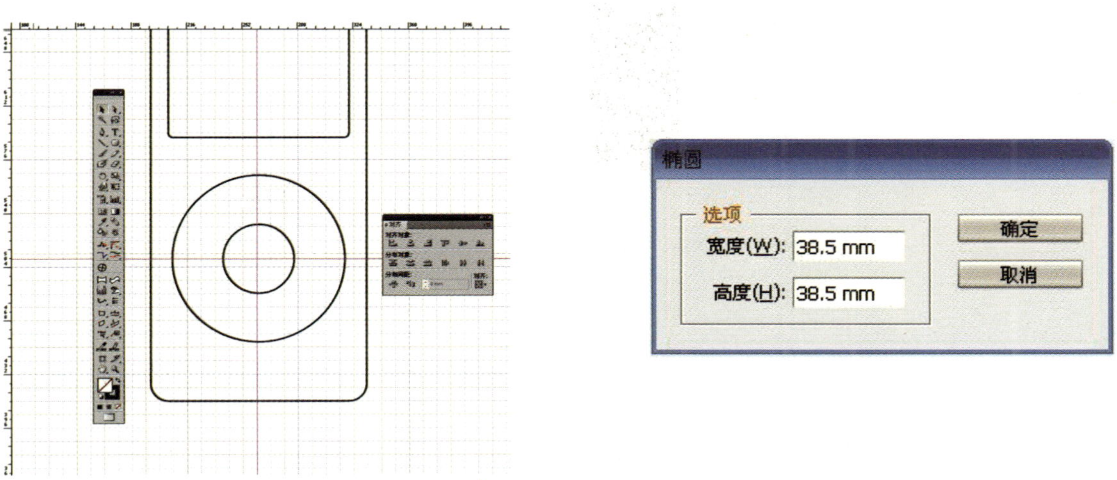

图 6.6

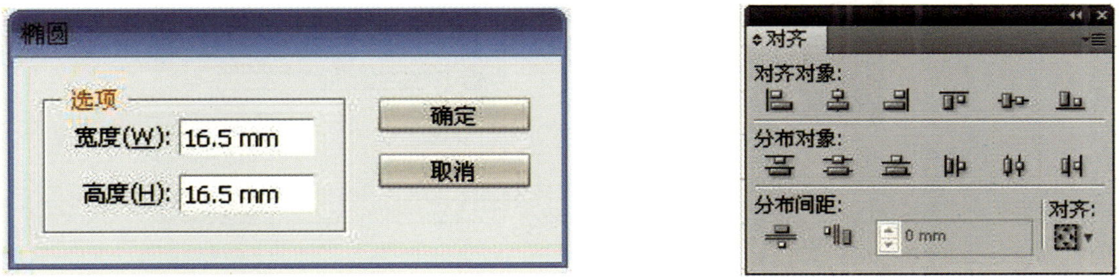

图 6.7

（6）关闭“参考线”和“网格”，这样 MP3 的正视图外轮廓线就已经绘制完毕了，注意将路径的描边设置为黑色（见图 6.8）。

图 6.8

（7）下面我们要对 MP3 的正视图进行填色与渲染，首先将 MP3 的底色填充为黑色（见图 6.9）。

图 6.9

（8）使用“渐变”工具，设置白色—灰色渐变，对 MP3 的屏幕进行填色（见图 6.10）。

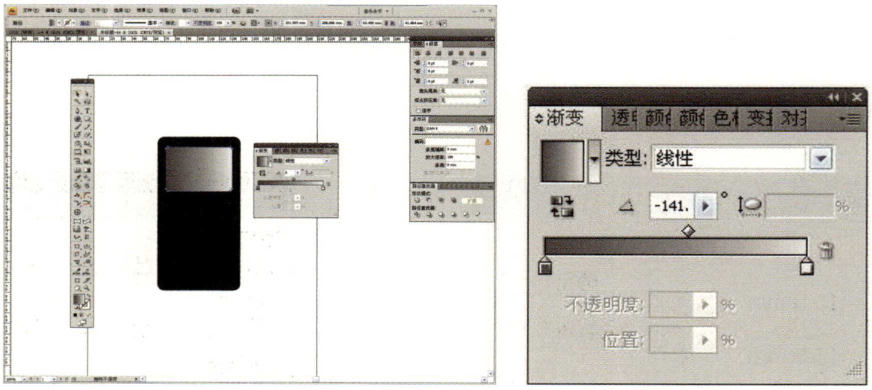

图 6.10

（9）使用“渐变”工具，对 MP3 的按键进行填色。注意：为了表现出按键与屏幕材质的不同，在设置渐变色彩时设置为深灰色—灰色渐变，使得渐变更加柔和（见图 6.11）。

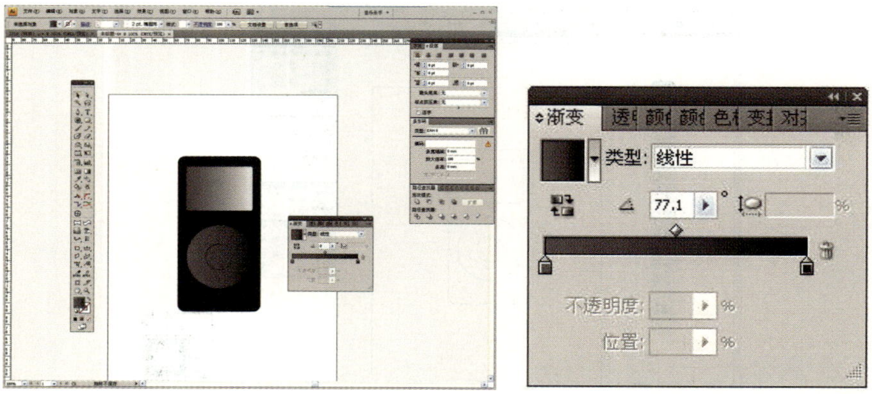

图 6.11

（10）使用填色工具，继续对按键填色，将按键内部的圆填充为黑色（见图 6.12）。

图 6.12

（11）下面对 MP3 的细节部分进行渲染，首先渲染 MP3 的面板。面板的外框要比 MP3 的外框略小，我们可以先复制一个 MP3 的外框（Ctrl+C），然后使用原位粘贴（Ctrl+F），将新粘贴的外框与原来的外框完全重叠。然后选择新粘贴的外框，双击"比例缩放"工具，选择等比缩放，参数设置为 98%，这样我们就得到了 MP3 的面板（见图 6.13）。

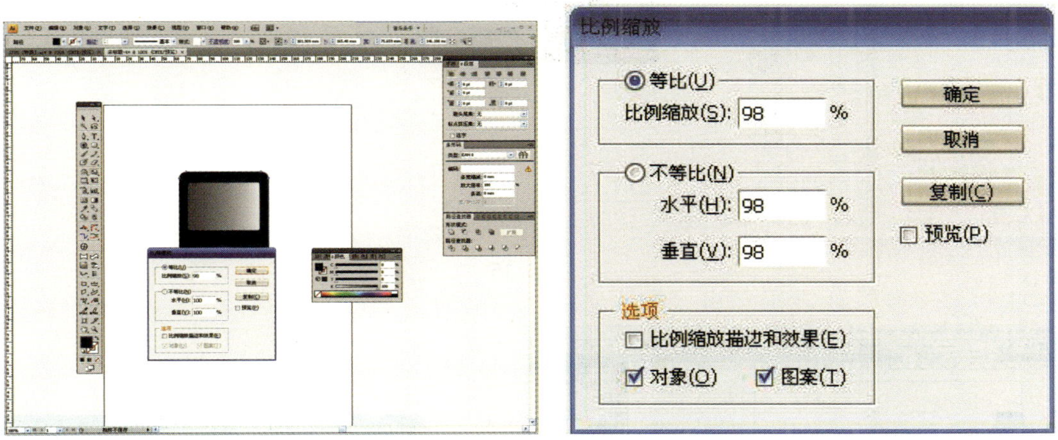

图 6.13

（12）MP3 的面板是高光有机玻璃材质，背面烤漆，为了表现出材质的质感，我们选择高对比度的渐变对它渲染，注意在设置渐变时要将黑白明暗分界线设置的强一些（见图 6.14）。

（13）调整渐变的角度，使得 MP3 的面板的光影效果更佳（见图 6.15）。

（14）在完成 MP3 面板渲染后，我们要对 MP3 的旋转键盘进行细节渲染。为了增加键盘的立体感，我们需要渲染出键盘侧面的光影效果，可以先复制一个 MP3 的键盘（Ctrl+C），然后使用原位粘贴（Ctrl+F），将新粘贴的键盘与原来的键盘完全重叠。然后选择新粘贴的键盘，双击"旋转"工具，在"角度"一栏里输入 90，让新粘贴的键盘旋转 90°，注意由于旋转键盘原先的渐变角度也会跟着旋转（见图 6.16）。

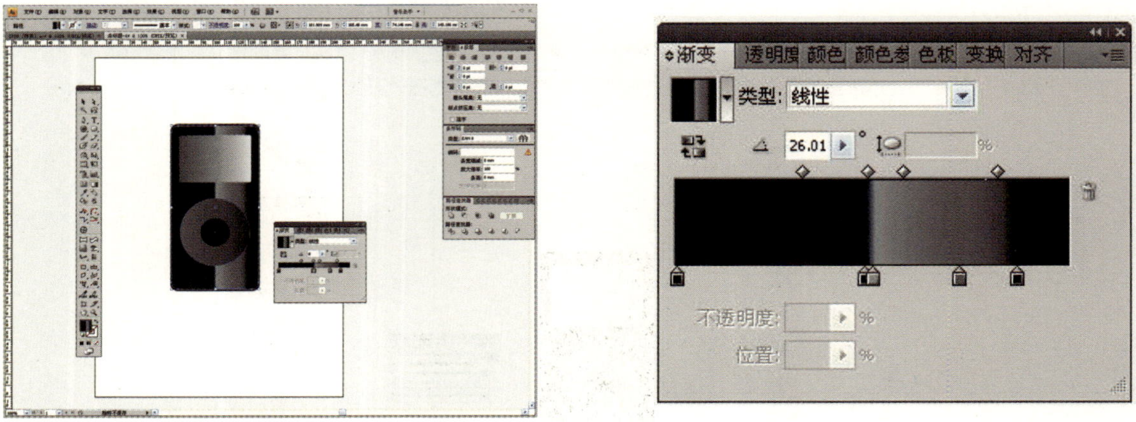

图 6. 14

图 6. 15

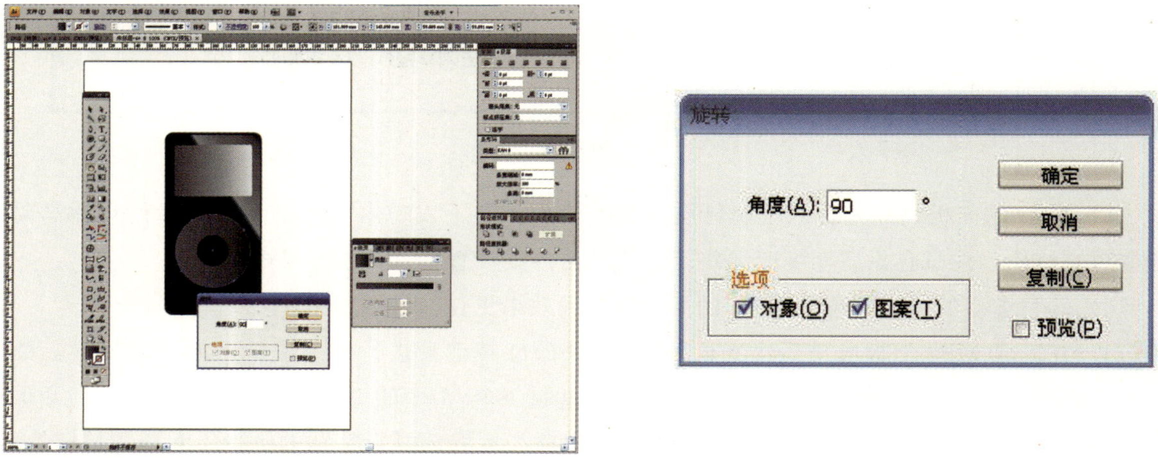

图 6. 16

（15）键盘旋转完成以后，双击“比例缩放”工具，选择等比缩放，参数设置为 98%，缩小后我们发现由于不同角度的渐变，MP3 键盘的侧面被渲染出来了（见图 6.17）。

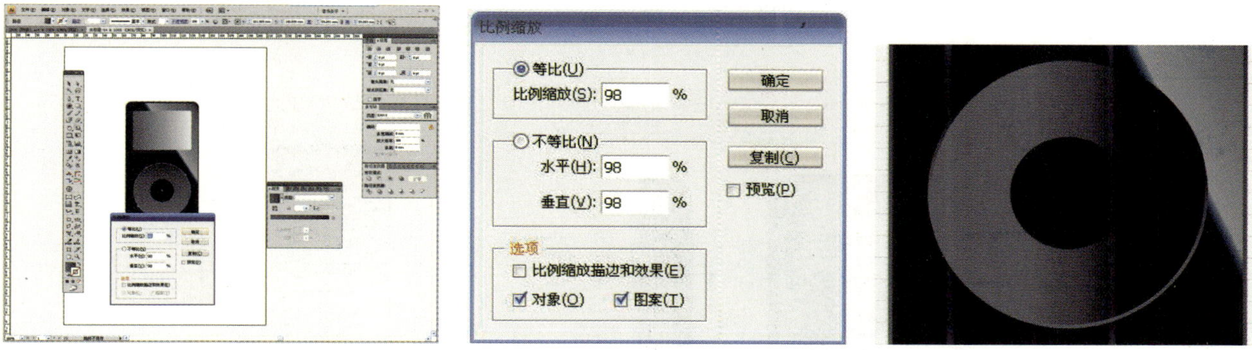

图 6.17

（16）将键盘上的按键贴上去，这样 MP3 的正视效果图就完成了（见图 6.18）。

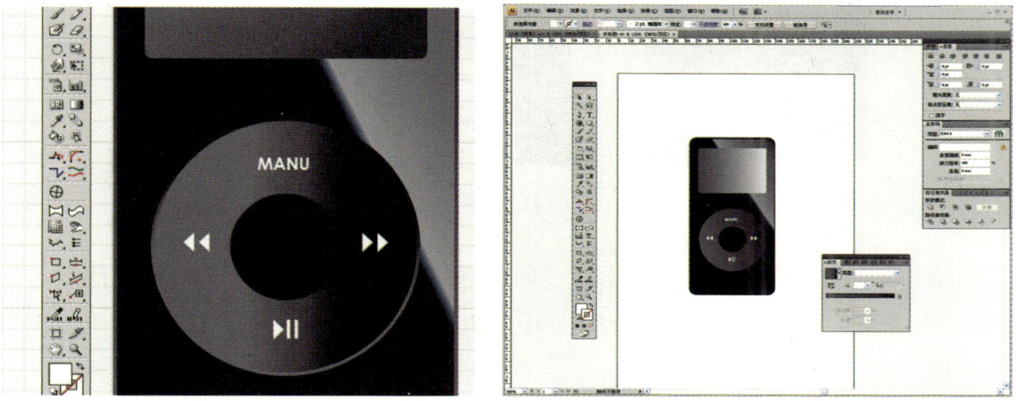

图 6.18

（17）在完成正视图效果图后，开始绘制侧视图的效果图。再次打开“参考线”和“网格”，使用“钢笔”工具勾勒出 MP3 侧视图的外框路径（侧视图外框路径比较简单，在此不详细叙述），将路径描边为黑色（见图 6.19）。

（18）填充侧视图外框路径为黑色（见图 6.20）。

图 6.19

图 6.20

（19）为了表现出侧视图中金属不锈钢的效果以及表现出后盖的立体感，我们要对侧视图的外框细节进行渲染。先复制一个 MP3 的外框（Ctrl＋C），然后使用原位粘贴（Ctrl＋F），将新粘贴的外框与原来的外框完全重叠。然后选择新粘贴的外框，将其左边线略微右压，让左侧留下一段黑色间隙（见图 6.21）。

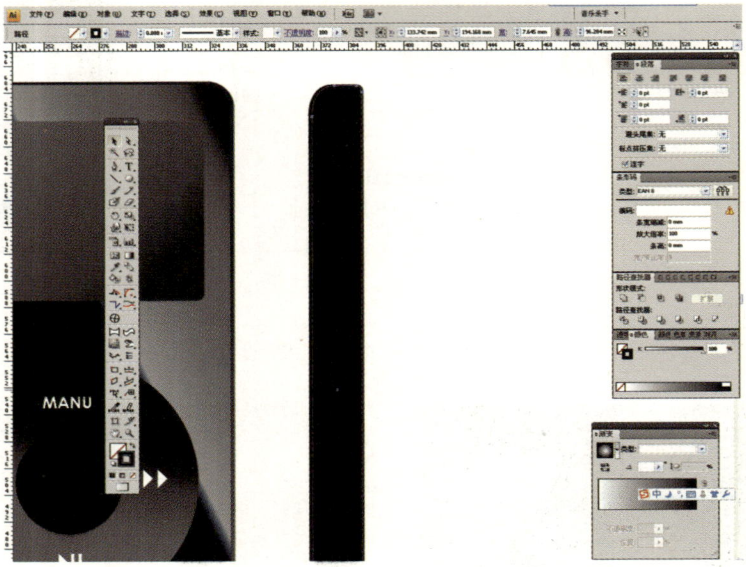

图 6.21

（20）对 MP3 的外框材质渲染，选择压缩过的外框，使用渐变工具，类型选择线性，为了表现出不锈钢材质的变化，我们将比较明显的明暗交界面设置到渐变的两侧，使得 MP3 的上下部行程自然的圆形过渡（见图 6.22）。

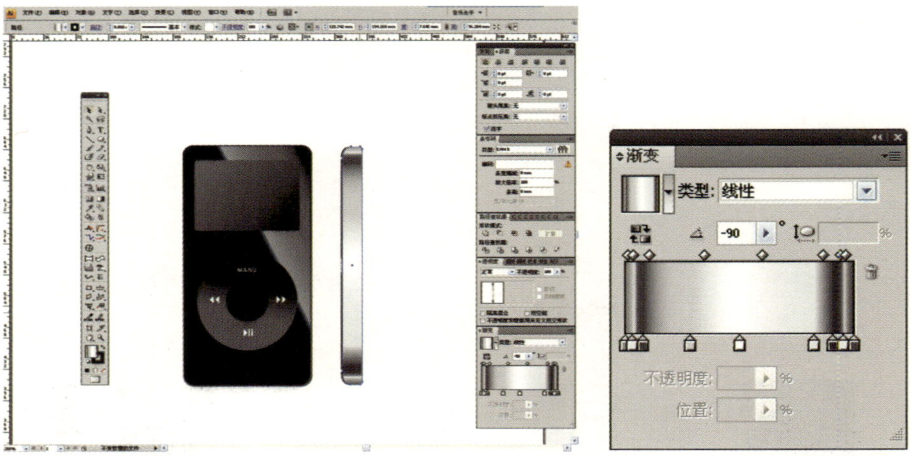

图 6.22

（21）在渲染完不锈钢材质的侧面后，为了表现出正视图的黑色面板在侧面的延续，我们要对侧面的细节再次渲染。同样采用原位复制粘贴的方法，将刚刚的不锈钢材质的侧面部分复制并原位粘贴后，选择粘贴后的侧面，填上黑色（见图 6.23）。

（22）使用矩形工具绘制出一个矩形，作为蒙版使用。操作时要注意其位置的把握（见图 6.24）。

图 6.23

图 6.24

（23）同时选择矩形和第 21 步中粘贴的黑色侧面，点击鼠标右键，选择建立剪切蒙版（见图 6.25）。

（24）剪切后的侧面如图所示，这样我们就完成 MP3 侧视图的绘制与渲染（见图 6.26）。

图 6.25

图 6.26

6.2 电动工具的 Illustrator 快速表现

Illustrator 是一款功能强大的矢量设计软件，在工业设计领域不仅可以进行平面效果的表现，在三维效果图的绘制中也有很大的应用空间。下面我们就使用 Illustrator 绘制一幅电动工具的三维效果图，在做之前我们先看一下我们要达到的表达效果（见图 6.27）。具体操作步骤如下。

图 6.27

（1）首先建立一个新的文件，页面大小为 A4，色彩为 CMYK 格式。

（2）根据设计草图，用钢笔工具勾勒出产品的外轮廓（见图 6.28）。

（3）利用锚点修正工具调节锚点，修正产品外形（见图 6.29）。

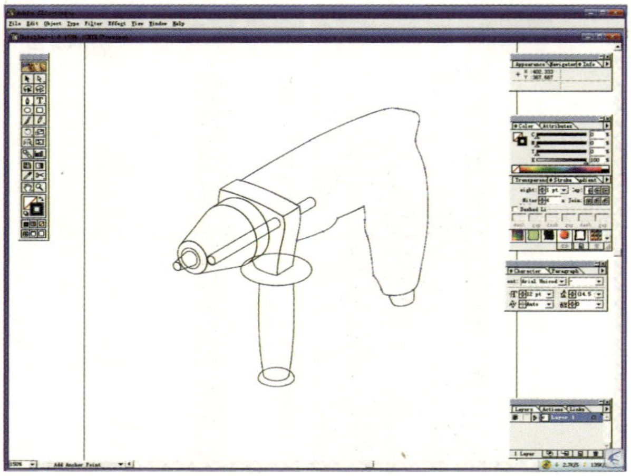

图 6.28

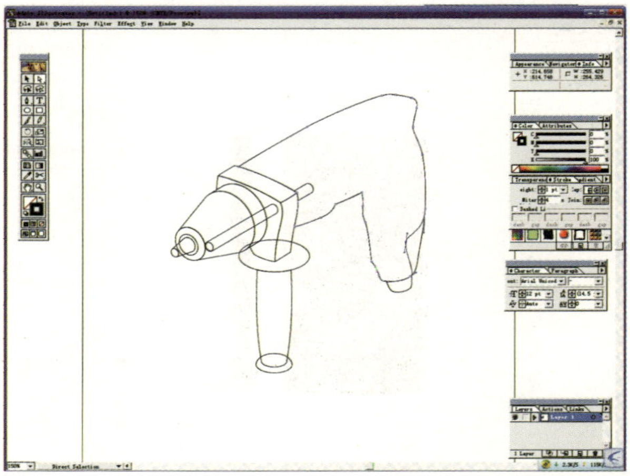

图 6.29

（4）利用渐变工具栏，调节渐变颜色，对手动工具的金属件部分进行填充，注意在调节渐变栏中参数和色彩选择，使得效果逼真（见图 6.30 和图 6.31）。

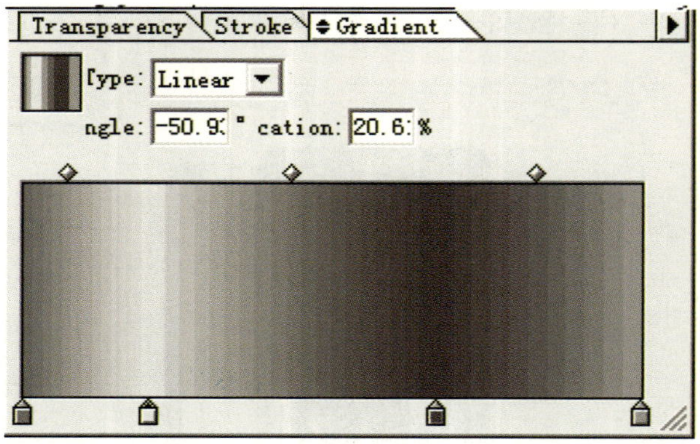

图 6.30

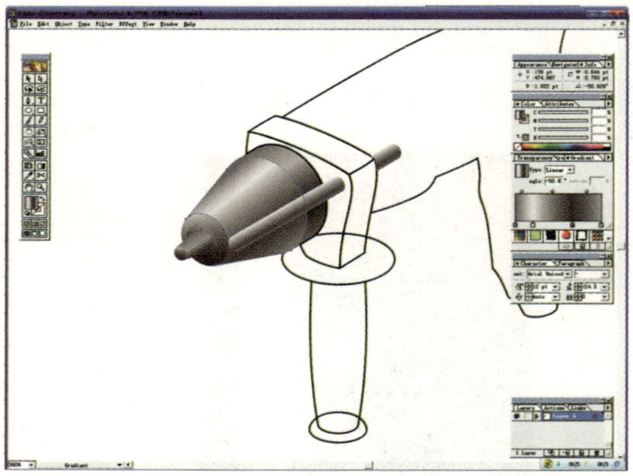

图 6.31

（5）利用渐变工具栏，调节渐变颜色，对手动工具的橡胶手柄部分、电机、把手外轮廓进行填充，注意在调节渐变栏中参数和色彩选择（见图 6.32 和图 6.33）。

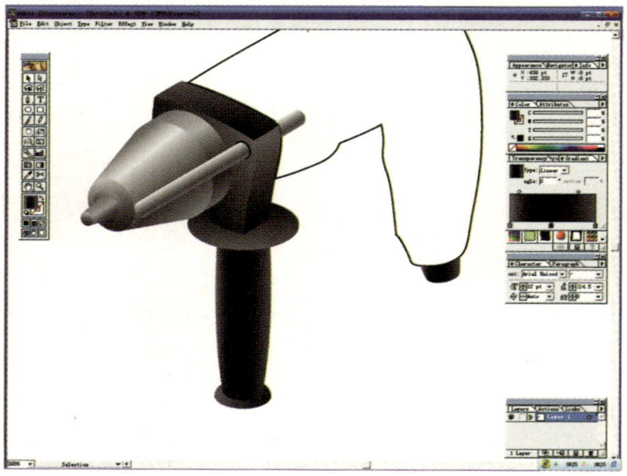

图 6.32

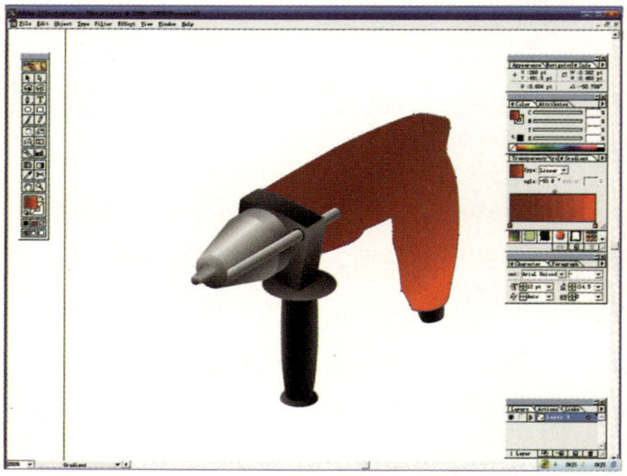

图 6.33

（6）根据草图对电机和把手部分进行细节刻画，利用钢笔工具勾勒出结构关系（见图 6.34）。

（7）根据光影关系，使用渐变工具，对电动工具的电机部分进行上色，在上色时注意产品的结构关系、明暗关系、色彩关系，增加产品的立体感（见图 6.35）。

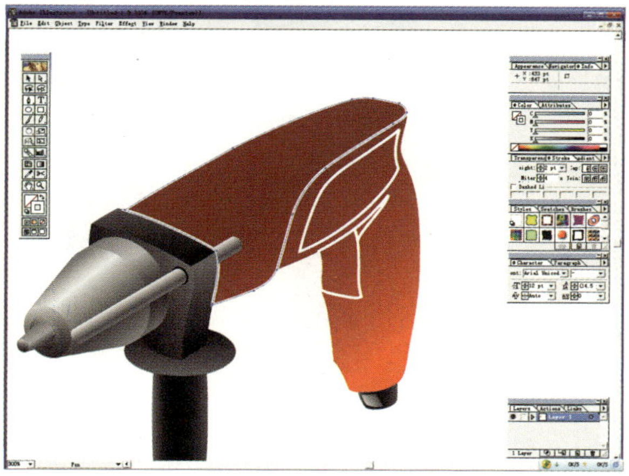

图 6.34

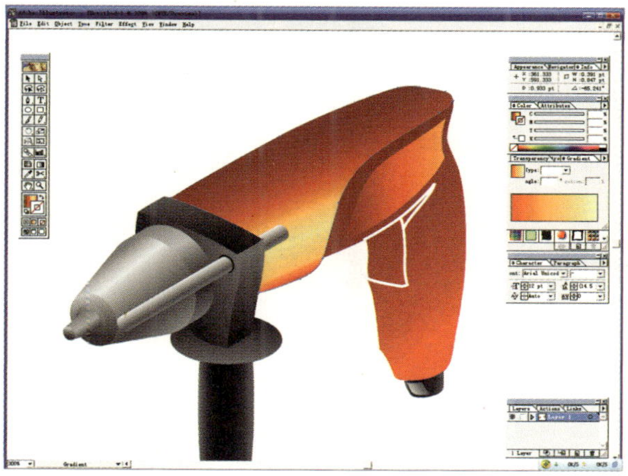

图 6.35

（8）试用渐变工具、对电动工具的把手部分进行细节刻画，注意面与面之间的关系（见图 6.36）。

（9）经过上面的操作，我们可以发现，电动工具的基本造型已经呈现，但是对于一幅完整的三维效果图来说，画面缺少立体感和表现细节。为了增加效果的立体感和真实性，我们将对电动工具的各面进行细致刻画。

（10）使用钢笔工具将电动工具的各个面的高光部分勾勒出来，在勾勒的时候要注意光源的位置，力求效果图整体统一。在用钢笔工具时，可以设置轮廓线的颜色为白色，使得轮廓更加清晰（见图 6.37）。

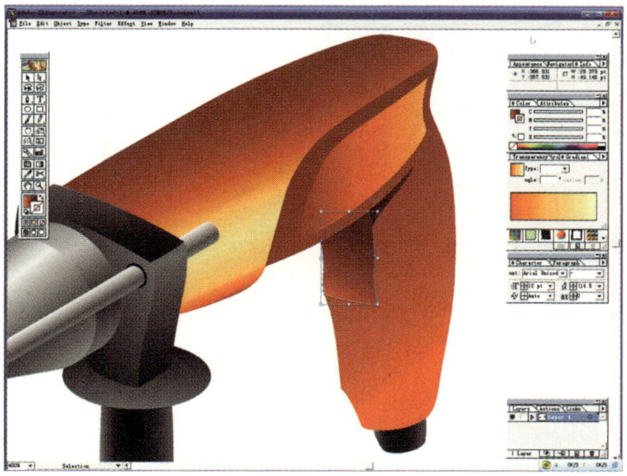

图 6.36

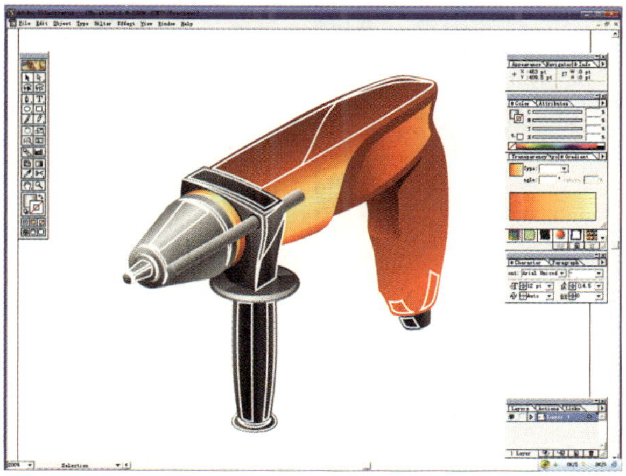

图 6.37

（11）将面与面的明暗交界线部分先填入亮色，填色时注意使用渐变工区，使过渡更加自然（见图 6.38）。

（12）对电动钻头进行细节刻画，勾勒出高光部分，使用渐变工具进行填色，注意在填色时要增加对比度，以表现出钻头的金属质感（见图 6.39）。

图 6.38

图 6.39

（13）下面对钻头的金属支架部分进行细节刻画，使用渐变工具给金属面提高光，使得支架金属感更强（见图 6.40）。

（14）接着使用渐变工具对金属支架的侧面高光部分进行刻画（见图 6.41）。

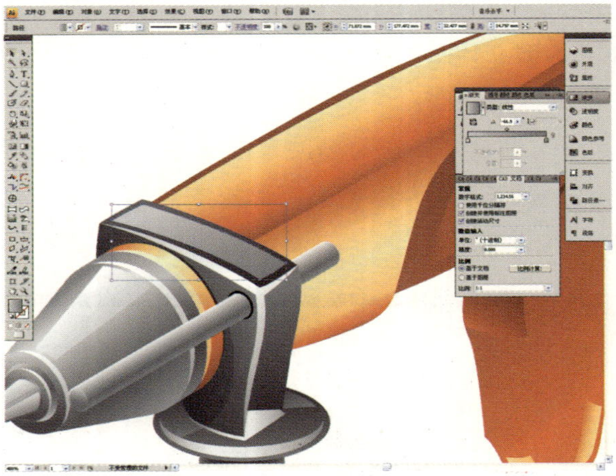

图 6.40

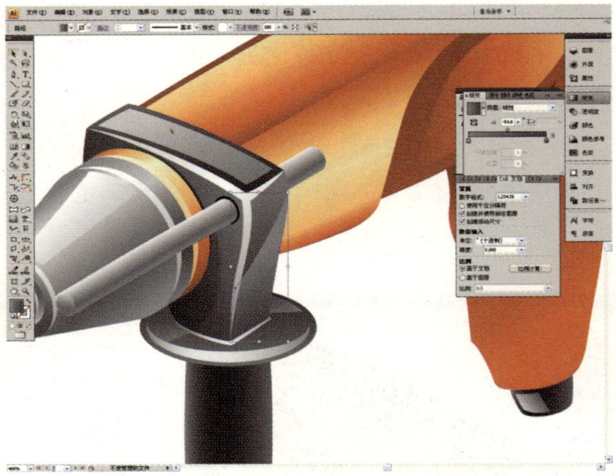

图 6.41

（15）调整渐变的参数和方向，使得其效果更加逼真/金属质感更强（见图 6.42）。

（16）下面对电动工具的前把手部分进行细节刻画，使用钢笔工具，勾勒出高光部分，然后利用渐变工具填色（见图 6.43）。

（17）对手柄部分的高光进行刻画，方法同上，注意使用渐变工具时要体现不同材质的不同的对比度（见图 6.44）。

（18）使用相同的方法对手柄托盘进行细节刻画（见图 6.45）。

（19）下面开始对电动工具的后半部分进行细节处理，首先处理电机壳部分，参照草图使用钢笔工具勾勒出电机壳的顶面，然后使用渐变工具对其进行上色。在使用渐变工具时注意色彩的过渡要自然，注意色彩明度的变化，不要改变色彩的色相（见图 6.46）。

（20）对电动工具的后手柄部分进行高光部分的刻画，方法同上（见图 6.47）。

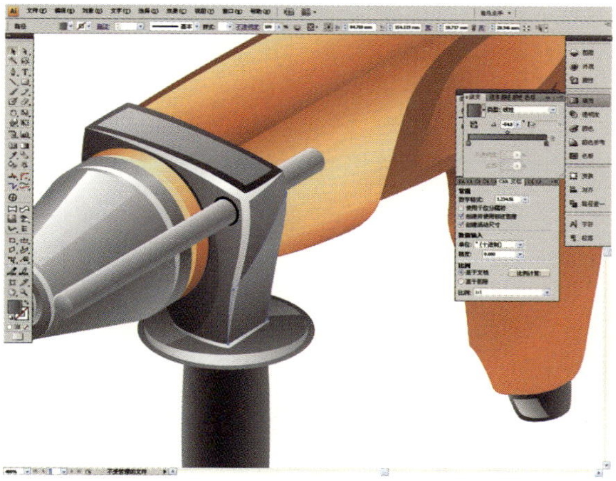

图 6.42

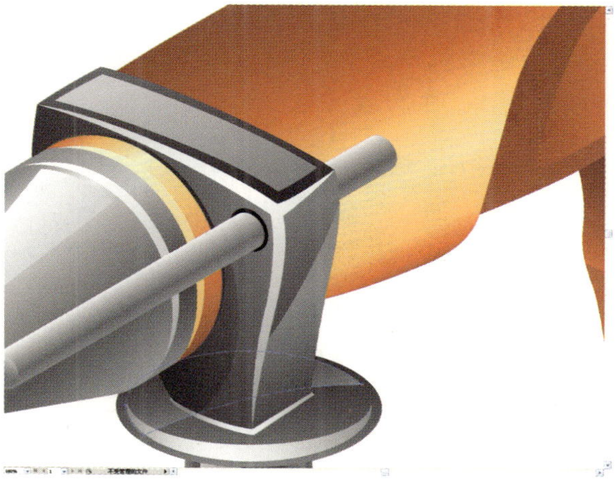

图 6.43

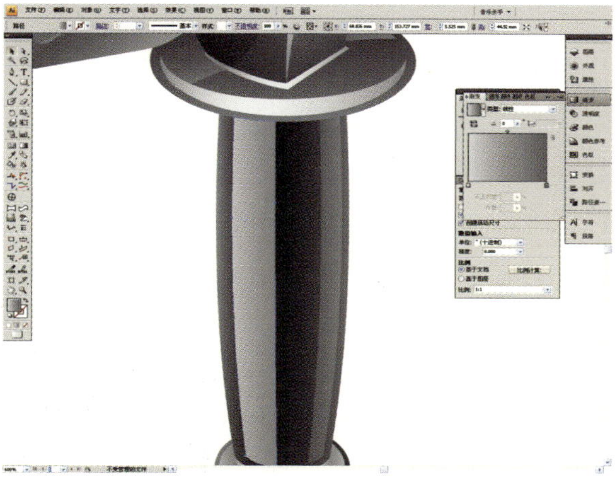

图 6.44

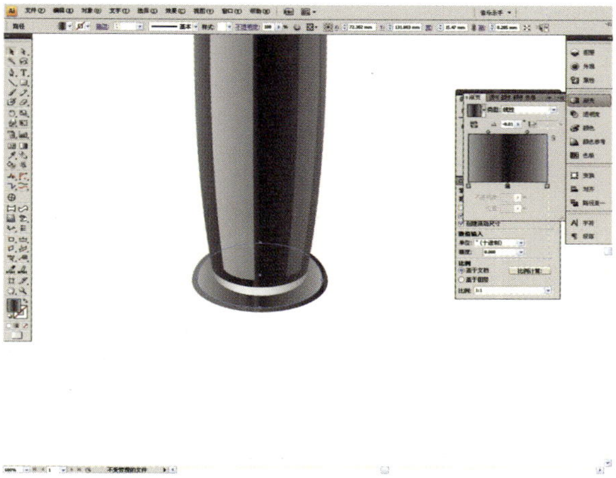

图 6.45

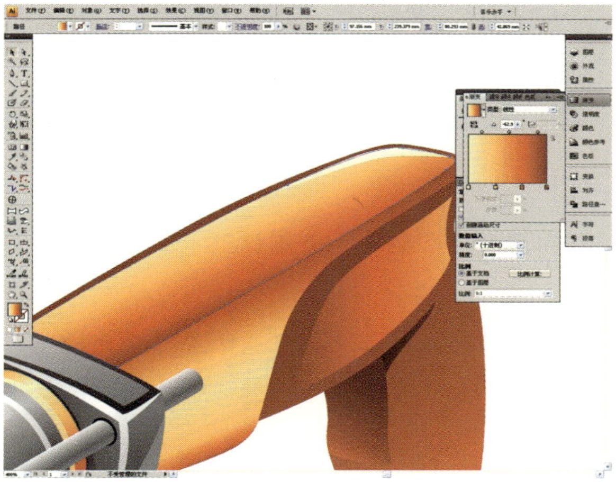

图 6.46

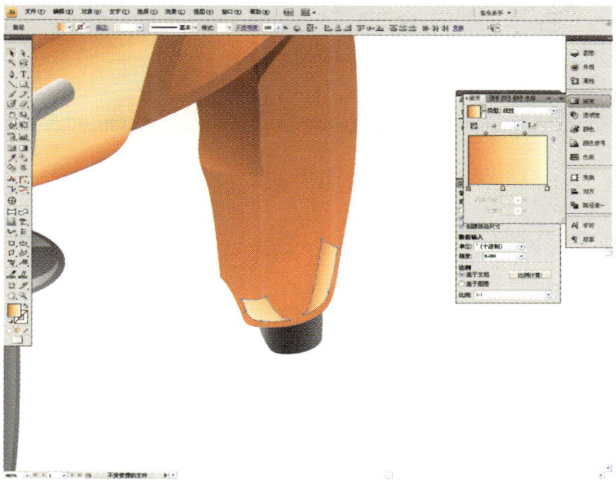

图 6.47

（21）使用钢笔工具和渐变工具对手柄下端塑胶部分细节刻画（见图 6.48）。

（22）对电机盒的顶部进行质感处理，使用钢笔工具勾勒出反光面，然后使用渐变工具进行填色，注意明暗交界线的位置（见图 6.49）。

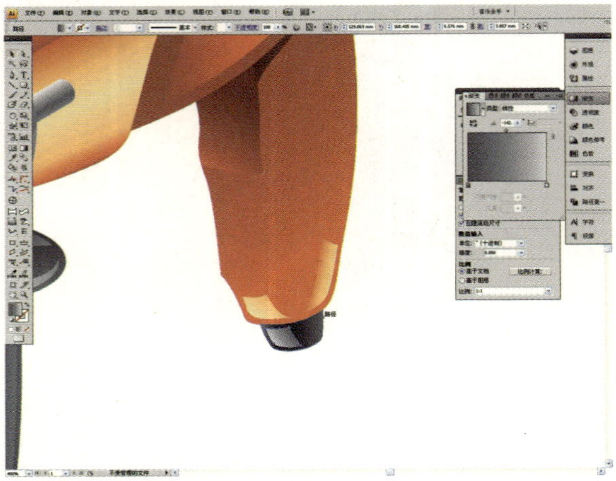

图 6.48

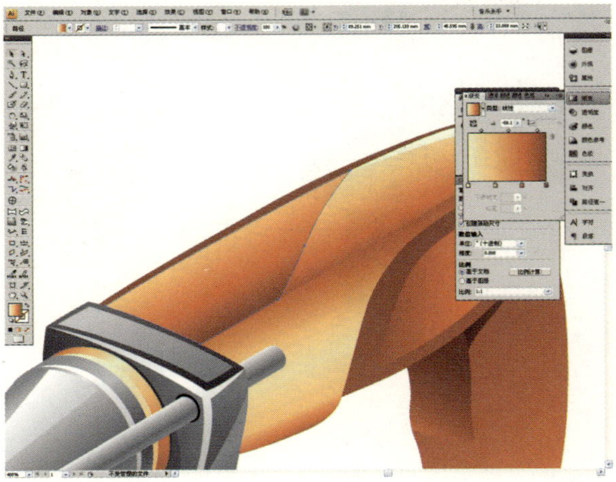

图 6.49

（23）经过上面的细节刻画，电动工具的基本外形已经绘制完毕，下面需要对电动工具上的配件部分进行绘制。首先我们利用钢笔工具勾勒出散热孔的形状与位置（见图 6.50）。

（24）使用填充工具将散热孔填充成黑色（见图 6.51）。

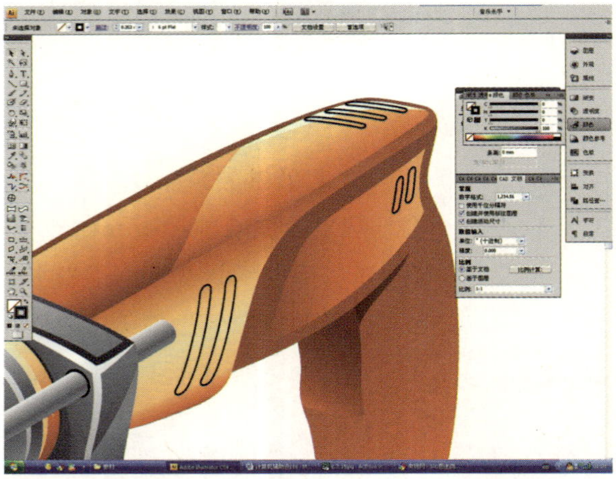

图 6.50

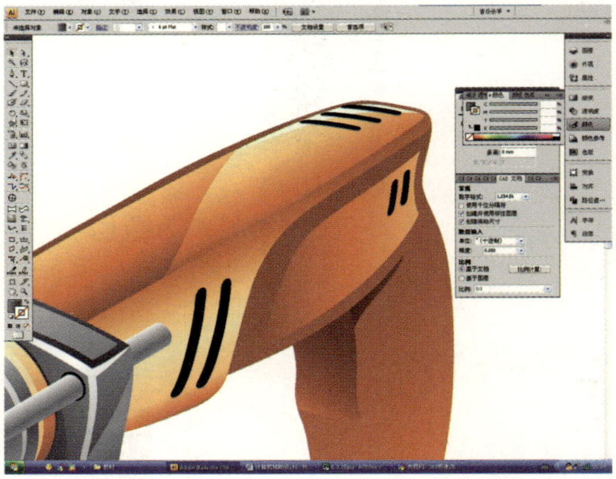

图 6.51

（25）为了增加散热孔的立体效果，要对散热孔的侧面进行细部刻画。使用钢笔工具勾勒出散热孔侧面形状（见图 6.52）。

（26）使用渐变工具对散热孔进行填色，填色时注意光影关系，面之间的过渡不要过于生硬（见图 6.53）。

（27）利用相同方法对其他散热孔进行细节刻画（见图 6.54）。

（28）使用钢笔工具，勾勒出后把手上塑胶件的形状与位置（见图 6.55 和图 6.56）。

（29）使用渐变工具对塑胶件进行填色，同时注意材质的变化（见图 6.57 和图 6.58）。

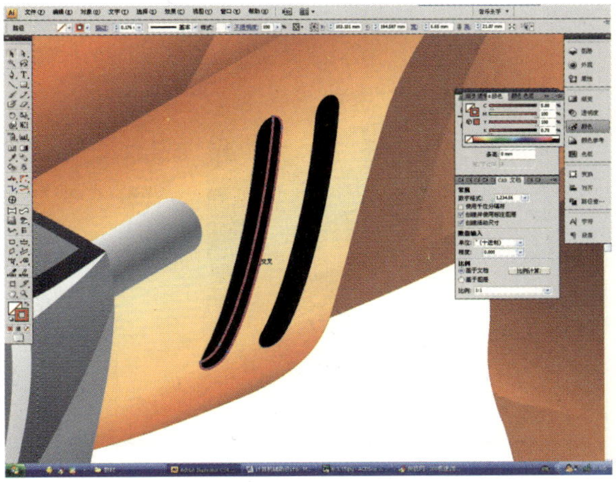

图 6.52

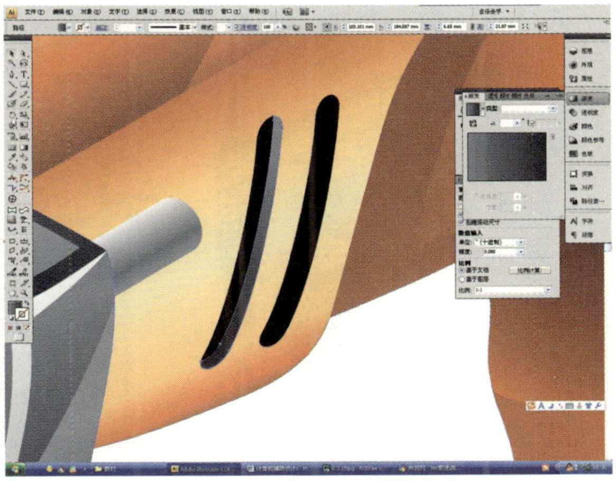

图 6.53

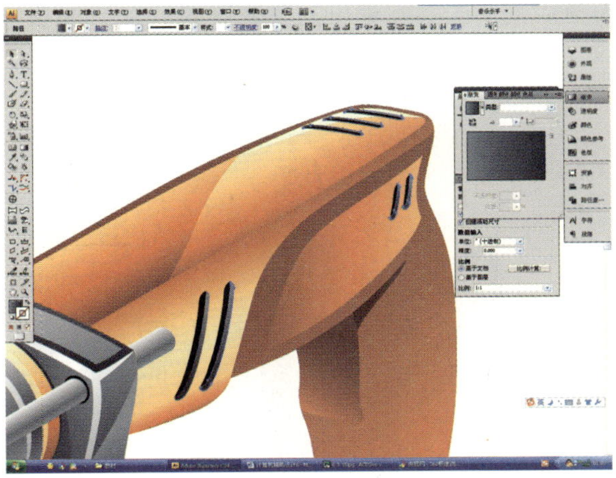

图 6.54

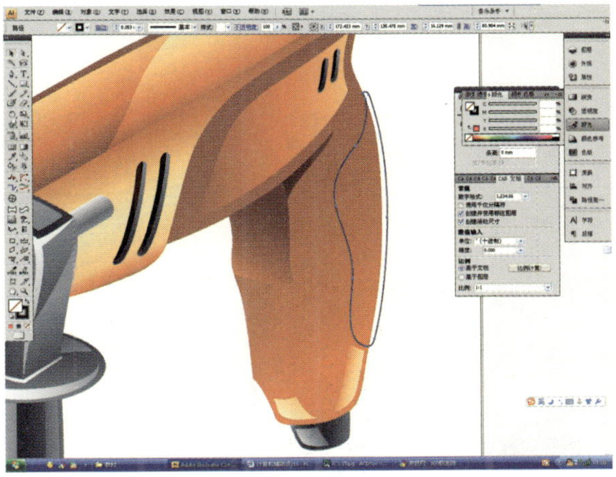

图 6.55

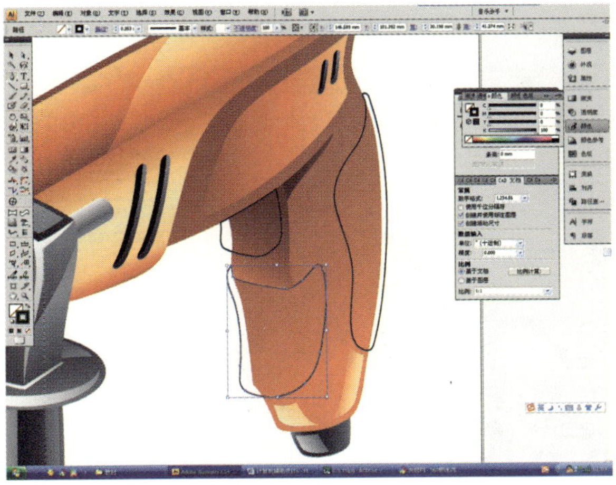

图 6.56

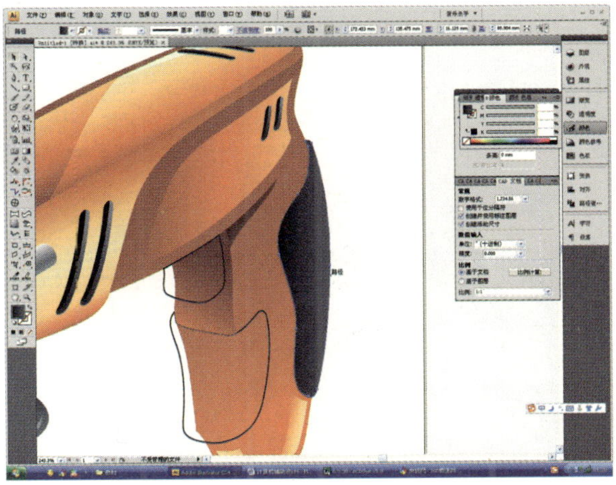

图 6.57

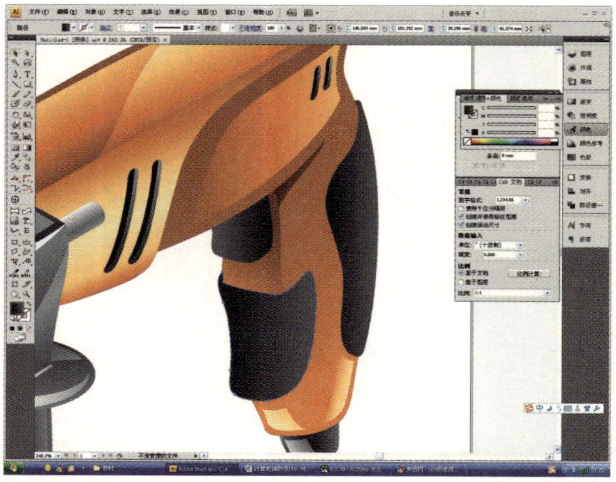

图 6.58

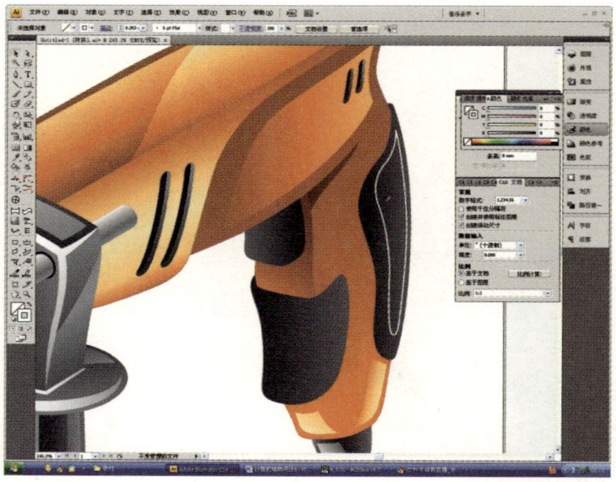

图 6.59

（30）使用钢笔工具勾勒出塑胶件上的高光部分，然后使用渐变工具对高光部分填色（见图 6.59～图 6.62）。

（31）下面对电工工具的开关部分进行刻画，首先使用钢笔工具勾勒出开关底座的位置与形状（见图 6.63）。

图 6.60

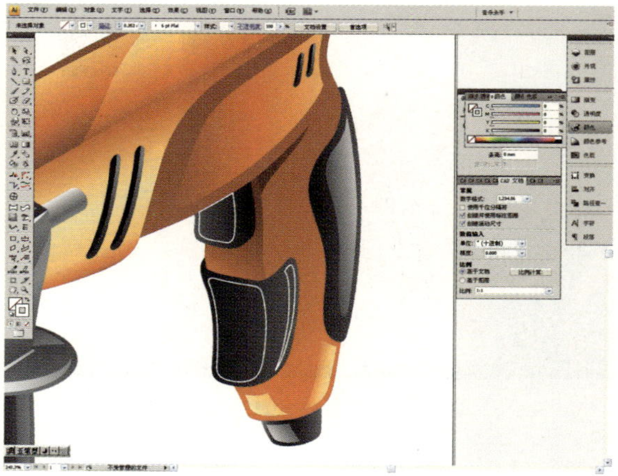

图 6.61

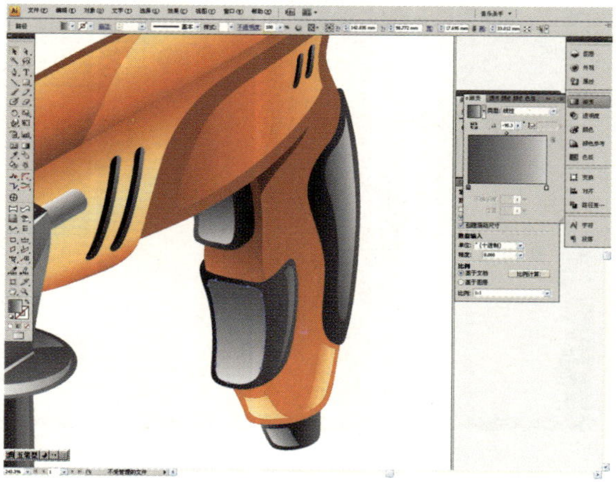

图 6.62

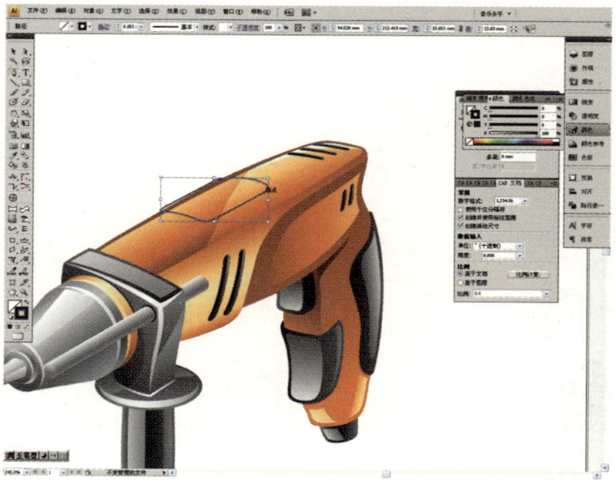

图 6.63

（32）使用渐变工具对开关底座进行填色，在填色时要注意刻画出底座的立体感（见图 6.64）。

（33）使用钢笔工具和渐变工具提亮开关底座的高光部分（见图 6.65 和图 6.66）。

（34）使用钢笔工具和填充工具对开关底座进行开槽，注意细节的刻画（见图 6.67 和图 6.68）。

（35）使用钢笔工具勾勒开关的外形（见图 6.69）。

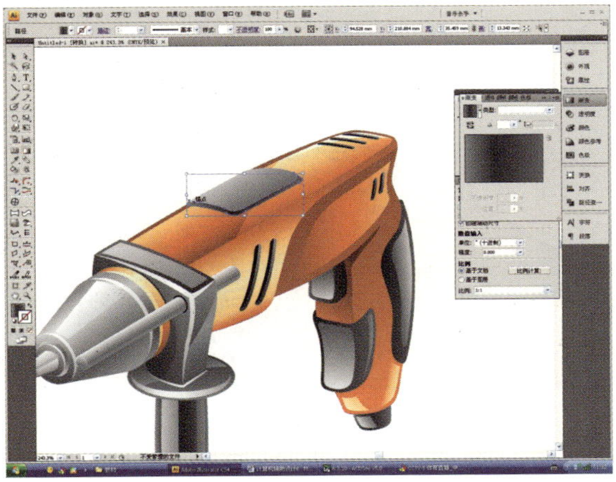

图 6.64

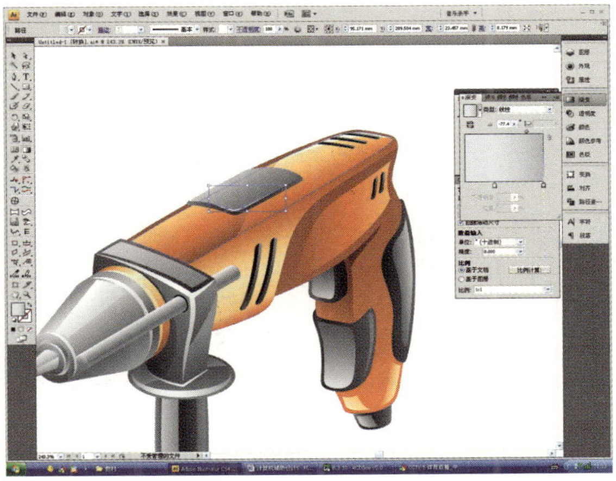

图 6.65

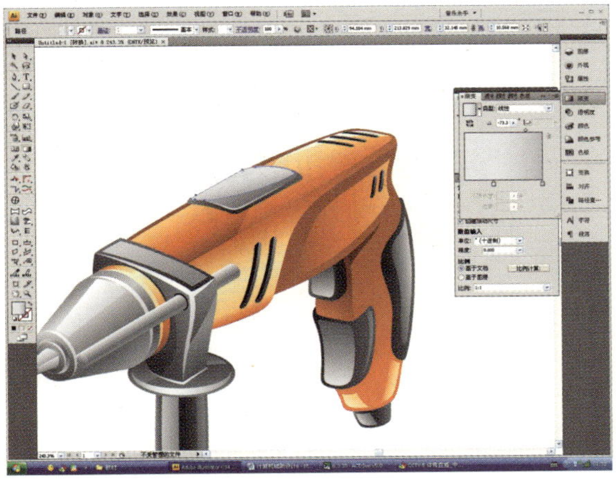

图 6.66

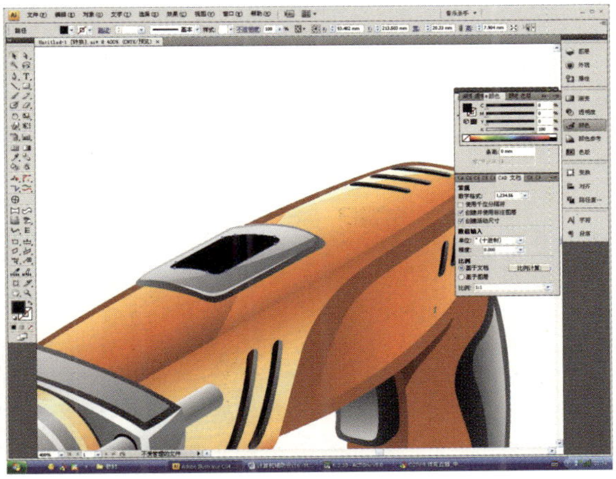

图 6.67

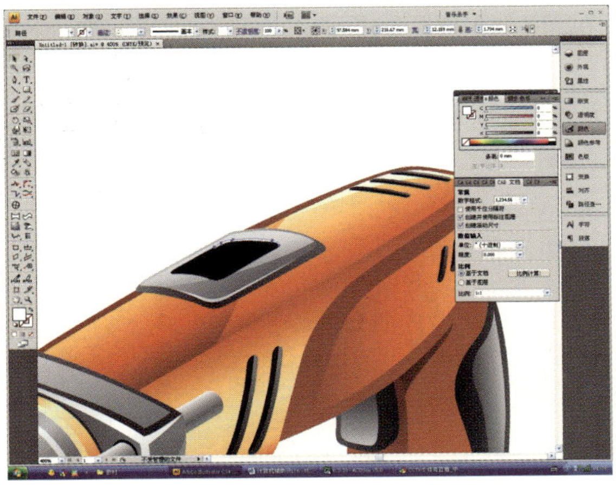

图 6.68

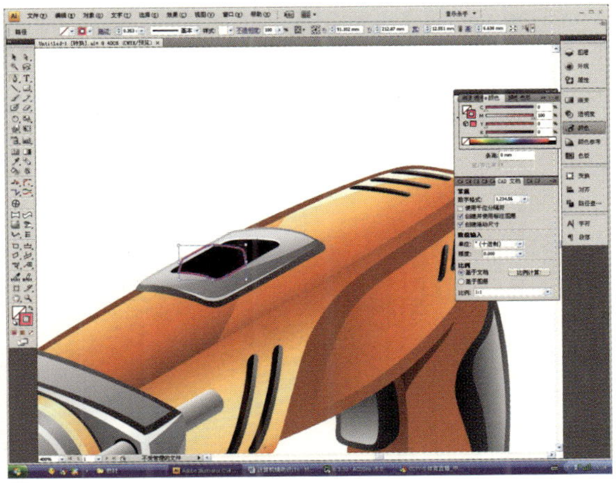

图 6.69

（36）使用渐变工具对开关进行填色（见图 6.70）。

（37）使用钢笔工具和渐变工具对开关进行高光提亮，增加其立体感（见图 6.71 和图 6.72）。

图 6.70

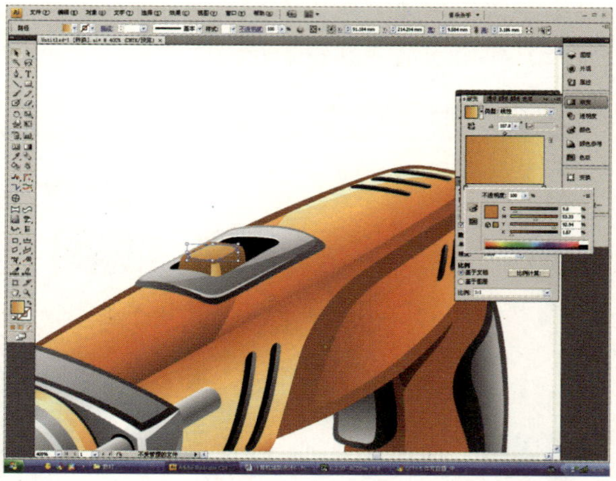

图 6.71

（38）最终完成整体效果图，储存文件（见图 6.73～图 6.75）。

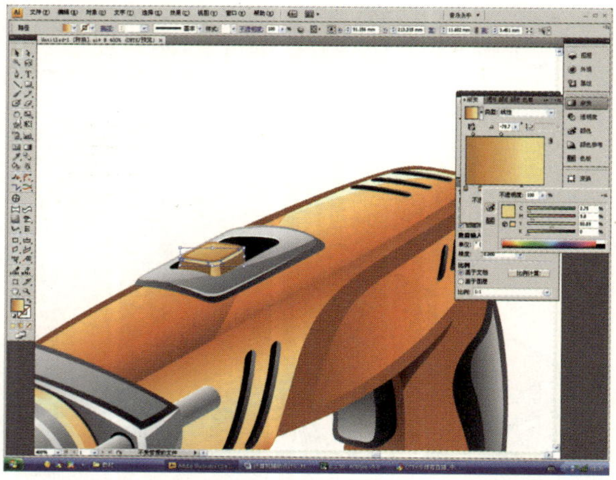

图 6.72

图 6.73

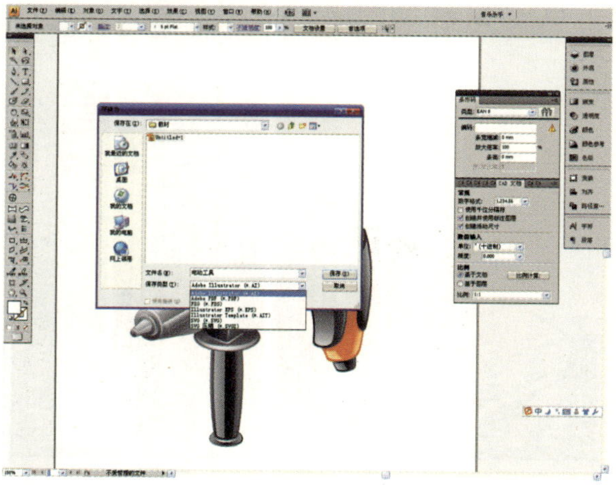

图 6.74

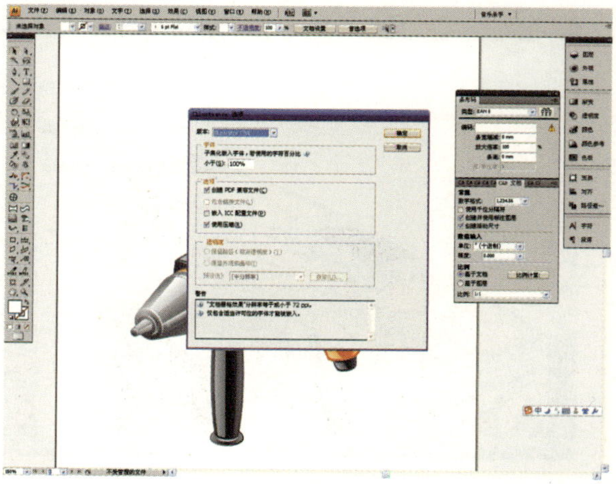

图 6.75

6.3 电动工具的 Illustrator 表现

电动工具是在日常生活中经常会接触到的用品，因为其造型较为复杂，也是软件制作中比较典型的案例。其中会出现金属、塑料以及不同材质的纹理，对于软件的综合应用是很好的练习和提高。

有了前面的练习，同学们应该可以掌握制作矢量效果图的一般步骤和方法了。接下来的这一节我们重点探讨复杂的产品如何合理的分区绘制，以及一些特殊效果的制作和网格等重点工具的使用（见图 6.76）。

图 6.76

（1）首先新建一个 A4 大小新文件，取向改成横向，如果是为了在电脑上进行效果的展示我们可以选择 RGB 的模式（RGB 的色域会广于 CMYK），如果是为了打印和印刷输出，则设置成 CMYK 色彩模式更加合适（见图 6.77）。

（2）执行文件—置入，使用“置入”工具放入参考图片（见图 6.78 和图 6.79）。

（3）将置入的参考图进行“旋转”，使待勾线的物体主体呈水平方向，方便后续的路径绘制和着色工作（见图 6.80）。

（4）选择“钢笔工具”，对物体进行分析，尽可能准确的沿边缘勾出物体的轮廓。在使用“钢笔工具”的时候，将图形颜色比较接近的区域作为一个路径。形成各自的独立路径后，可以将位置比较靠近的图形放置在同一个图层内，这样会方便后续的绘制和修改（见图 6.81）。

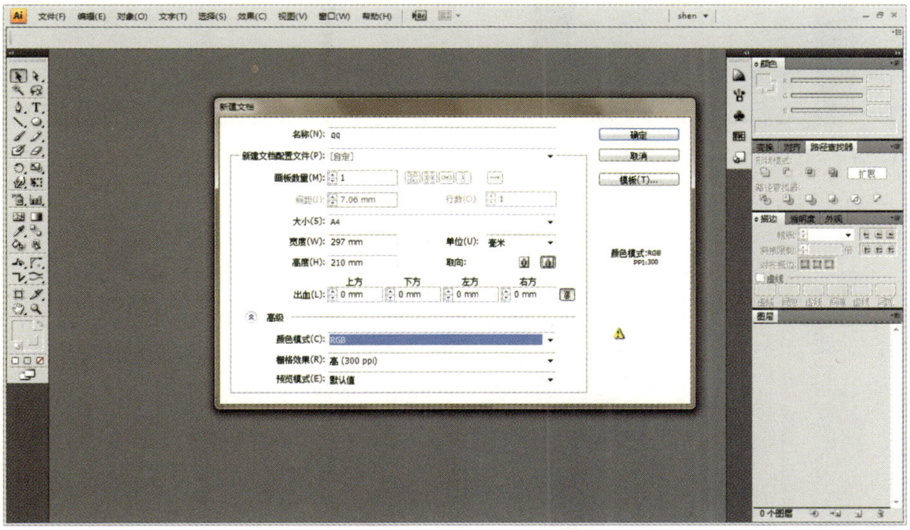

图 6.77

（5）依次绘制完成工具的各个部分，并简单进行“填充”处理。填充的颜色可以尽量选择和成品一致的颜色（见图 6.82）。

（6）观察原图，为了表现手柄处的渐变效果，需要将手柄的色块先进行分割，执行“钢笔工具”画上两条用于分割的线（见图 6.83）。

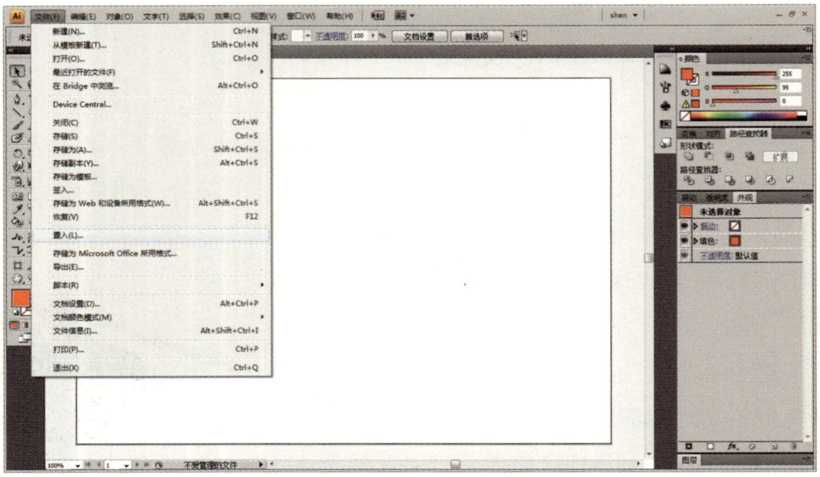

图 6.78

图 6.79

图 6.80

图 6.81

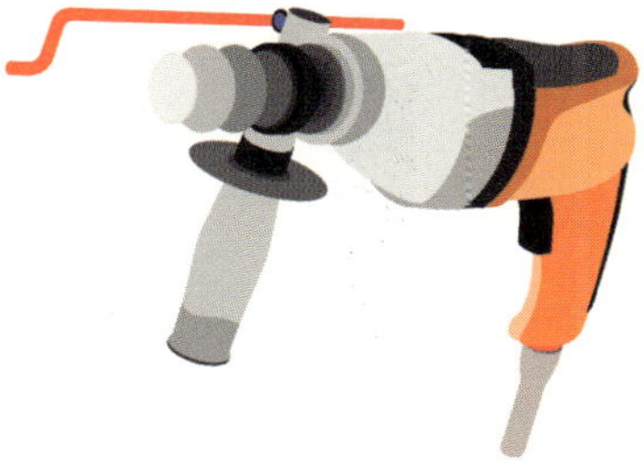

图 6.82

图 6.83

（7）选中手柄色块和两条分割线，执行“路径查找器”中的分割工具，原色块被分成四块（见图 6.84）。

（8）执行“网格工具”依据光线的反射单击并“添加渐变网格”，执行“直接选择工具”选择网格上的点，执行“填色”命令，改变网格点颜色，产生渐变效果。在选取颜色的时候应尽量以最终效果图的颜色作为依据，并且合理划分网格（见图 6.85）。

（9）执行“钢笔工具”和“椭圆工具”画出按钮的外轮廓，填充相应的颜色（见图 6.86）。

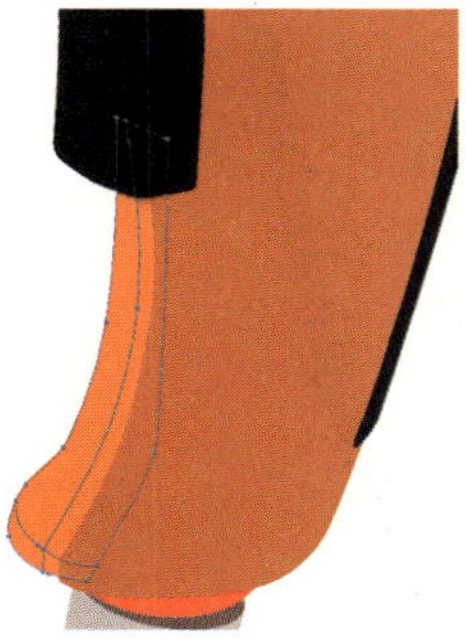

图 6.84

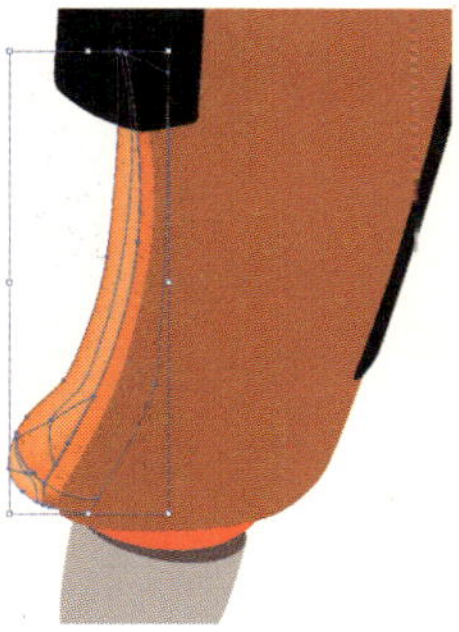

图 6.85

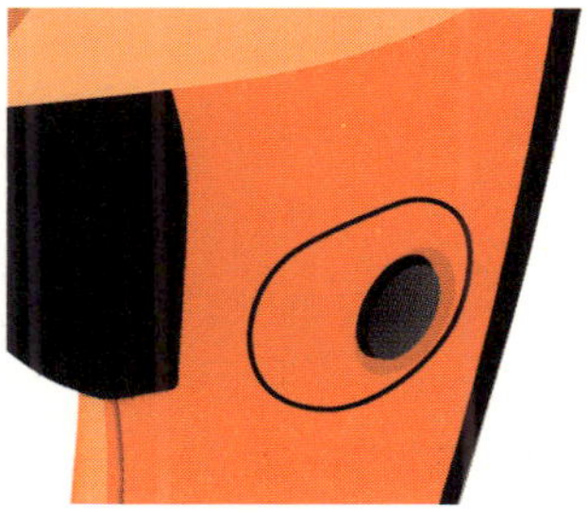

图 6.86

（10）取消所有选择，双击混合工具，在“间距”中选择“指点的步数”，数量“5”，点击确定之后依次选择刚画的两个椭圆，产生混合效果（见图 6.87 和图 6.88）。

（11）画出周围高光。先画一个较大的椭圆，然后画一个较小的椭圆，选中两个椭圆，然后执行“路径查找器”，点击“减去顶层”，填充由白色到透明的渐变色，调整不透明度（见图 6.89）。

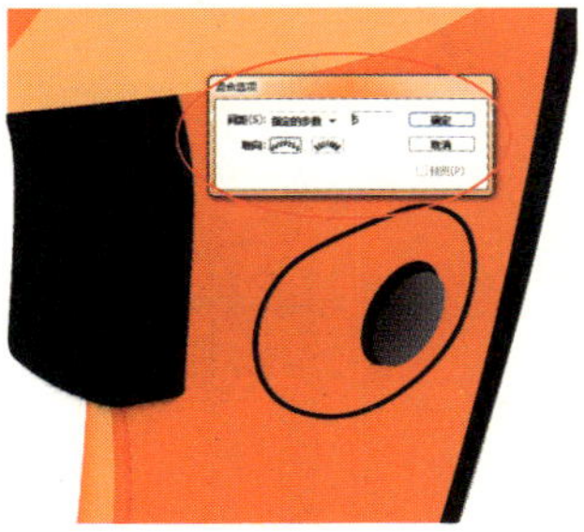

图 6.87

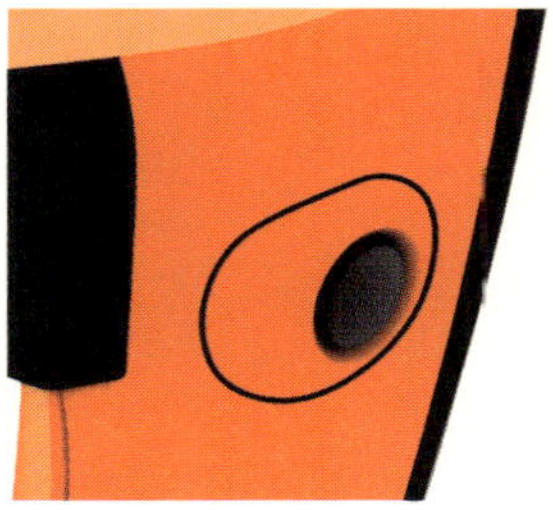

图 6.88

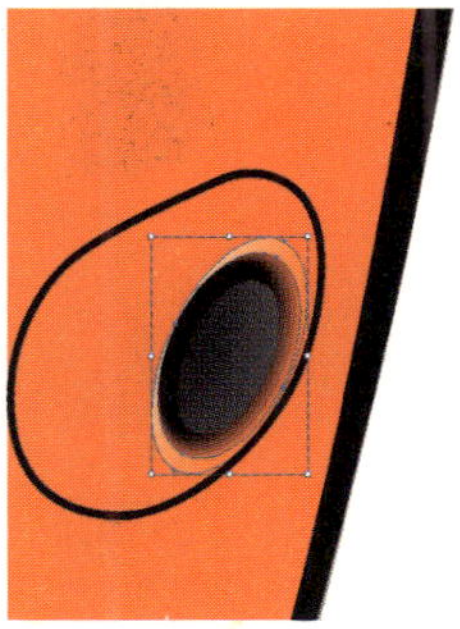

图 6.89

（12）执行命令“效果”—“模糊”—“高斯模糊”，半径 2 像素（见图 6.90）。

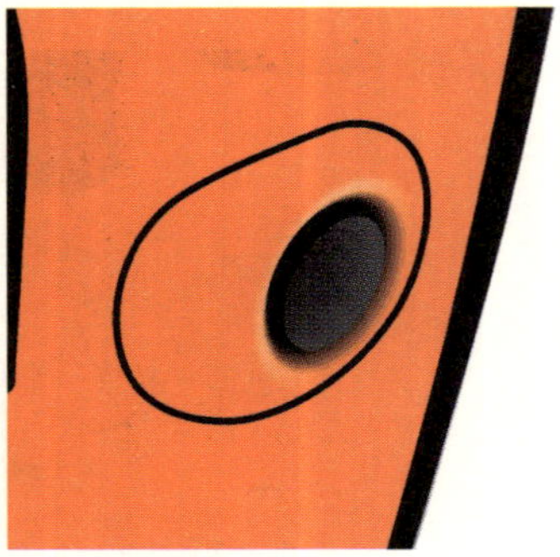

图 6.90

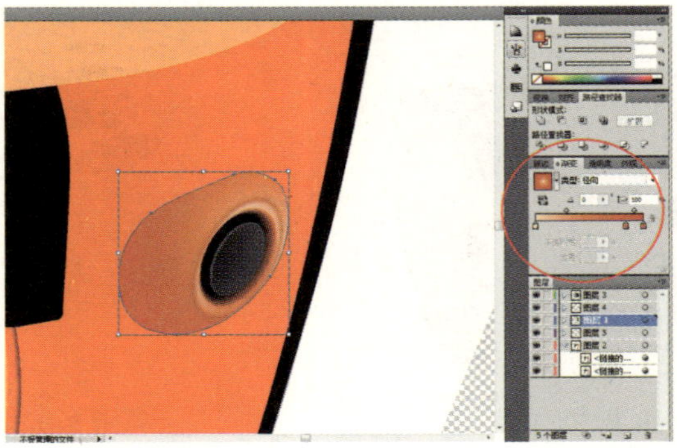

图 6.91

(13) 为外面的一圈填充渐变色，渐变类型改为径向（见图 6.91）。

(14) 选择此图形，复制，并粘贴在后面，然后用键盘方向键偏移出一段距离，填充浅色。如果填充白色会显得过渡比较生硬（见图 6.92）。

(15) 将两个图形都执行“高斯模糊”2 像素（见图 6.93）。

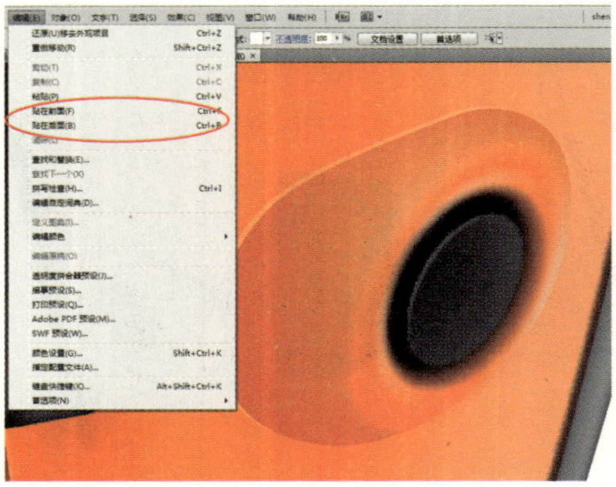

图 6.92

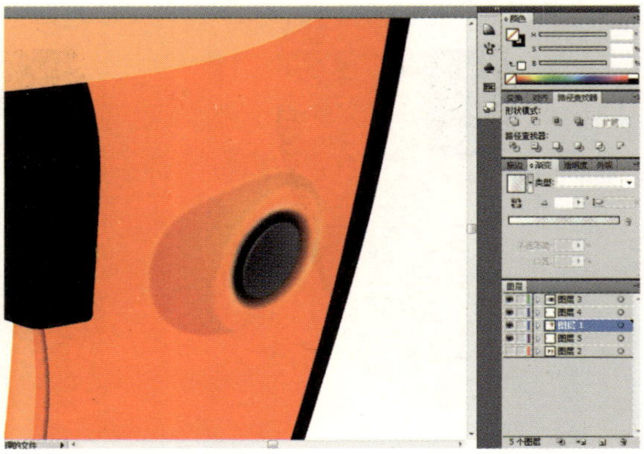

图 6.93

(16) 按照之前步骤的方法用“钢笔工具”画线并分割图形（见图 6.94）。

(17) 分割图形之后，画上高光图形并填充浅色，执行“高斯模糊”16 像素（见图 6.95）。

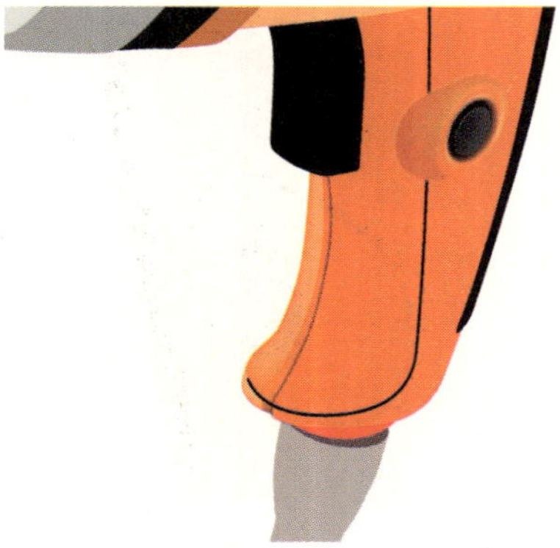

图 6.94

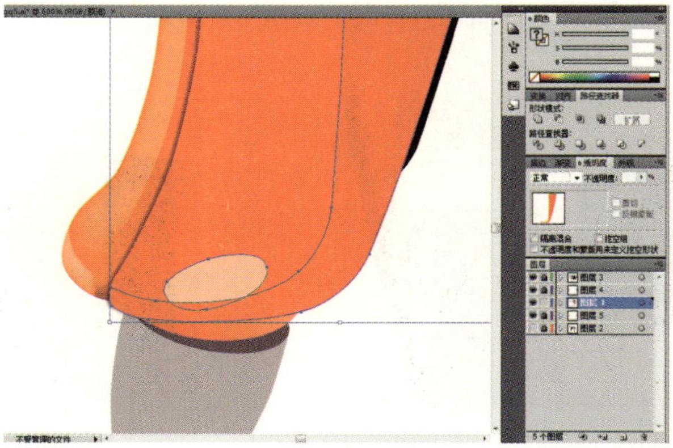

图 6.95

（18）选中刚才绘制的高光区域和分割的手柄外侧图形，右击选择“建立剪切蒙版”（见图 6.96）。

（19）用渐变“网格工具”画出内侧手柄光影。具体注意事项详见“步骤 8”（见图 6.97 和图 6.98）。

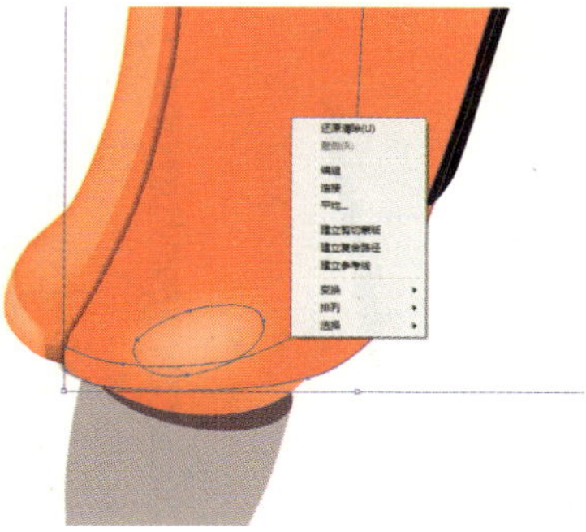

图 6.96

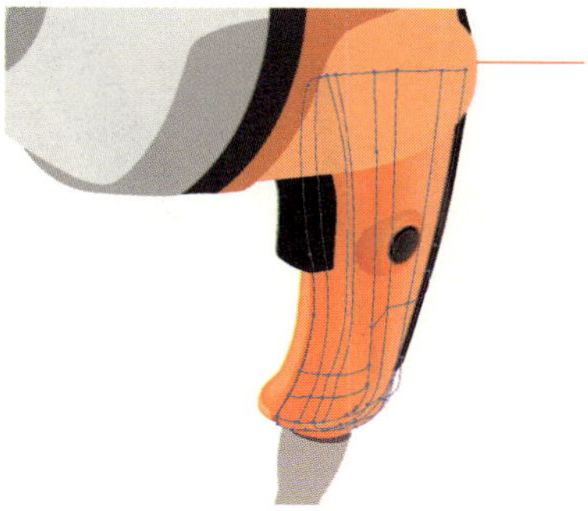

图 6.97

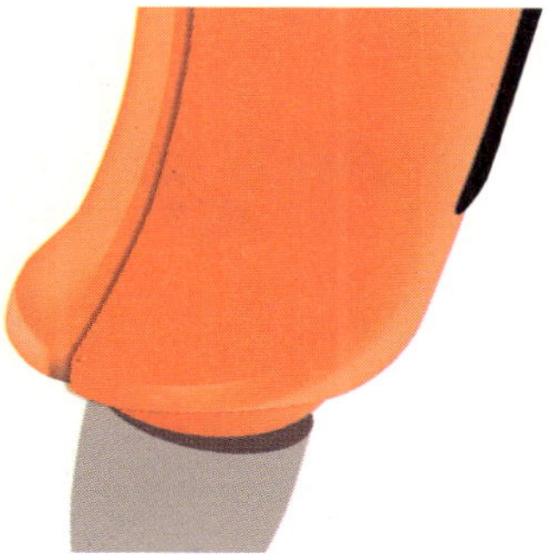

图 6.98

（20）按照以下步骤初步画出开关按钮（见图 6.99）。

（21）参照上述画手柄的方法，综合运用“渐变”、“高斯模糊”、“网格工具”、“剪切蒙版”、画出开关按钮光影（见图 6.100）。

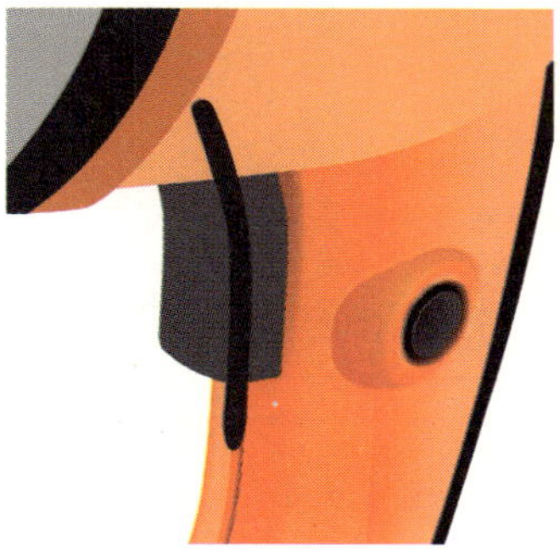

图 6.99

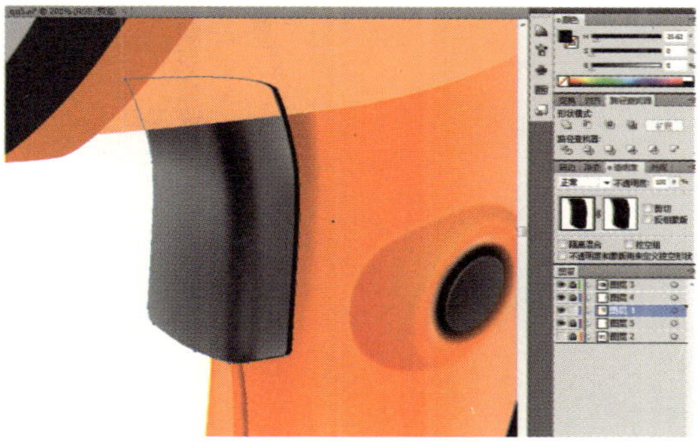

图 6.100

（22）执行“钢笔工具”画上手柄凹槽处的形状，与开关按钮外轮廓相交，选择“路径查找器”中的“交集”（见图 6.101）。

（23）按照同样的思路，画出凹槽中的细节部分（见图 6.102）。

图 6.101

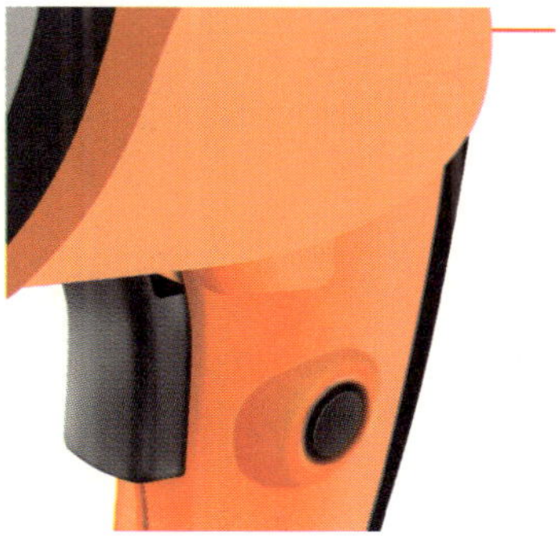

图 6.102

（24）执行“效果”—“风格化”—“投影”（见图 6.103）。

（25）执行“效果”—“模糊”—“高斯模糊”，6 像素（见图 6.104）。

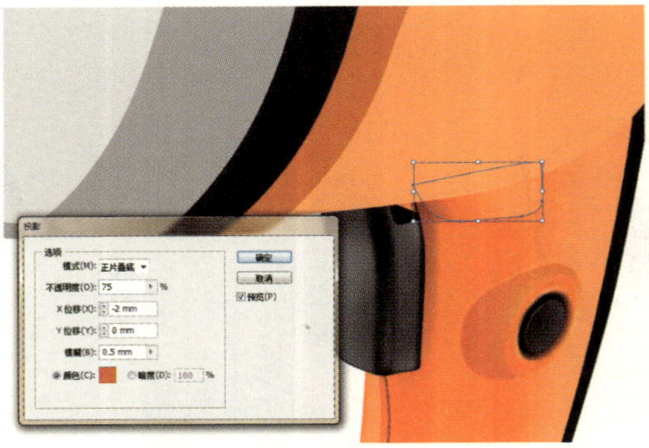

图 6.103

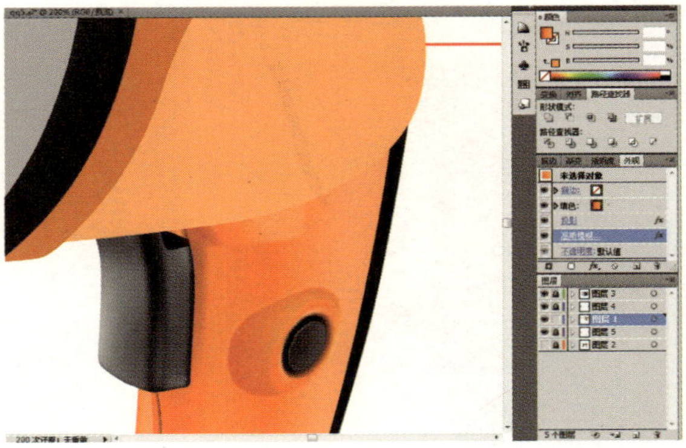

图 6.104

（26）用直接选择工具选手柄轮廓锚点，复制，并“粘贴在上面”，执行白色描边（见图 6.105）。

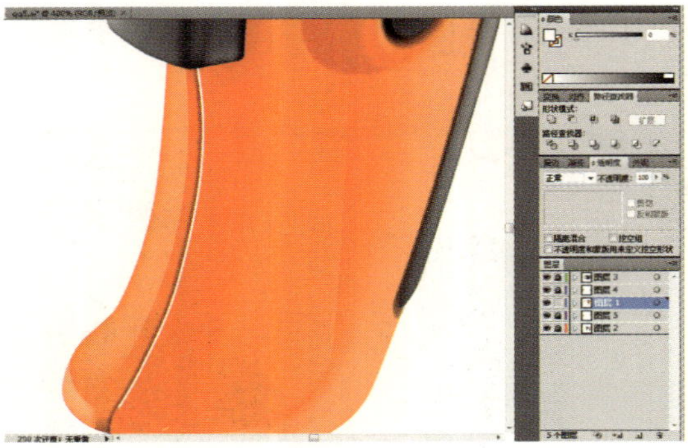

图 6.105

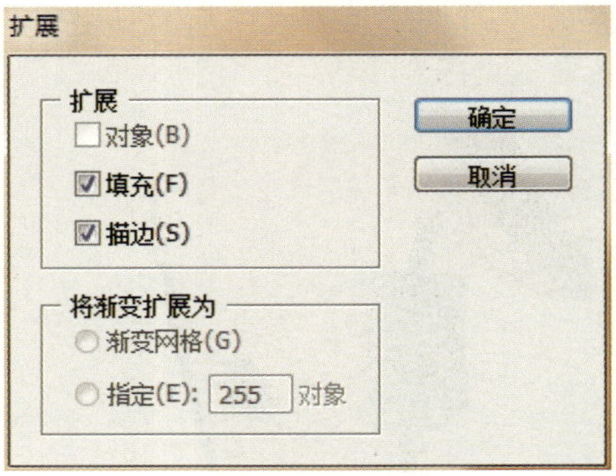

图 6.106

（27）选择白边，选择“对象”—“扩展”，点确定（见图 6.106）。

（28）为扩展之后的形状填充渐变色（见图 6.107）。

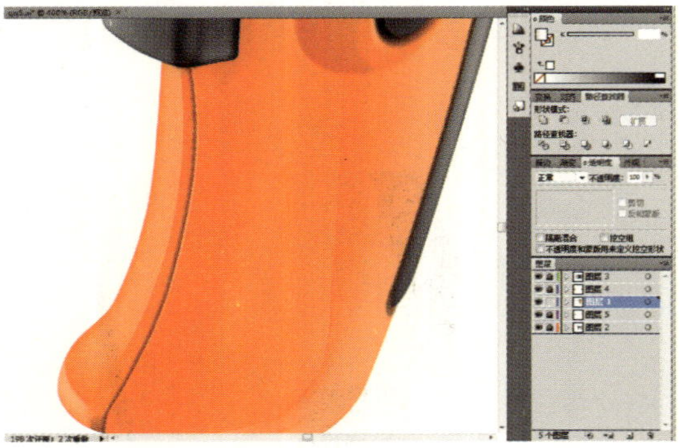

图 6.107

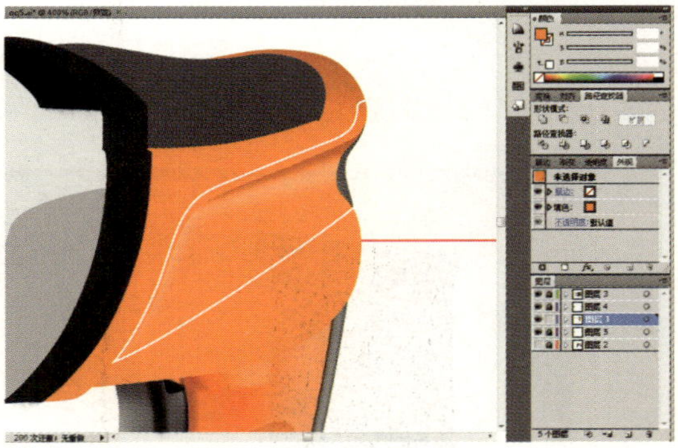

图 6.108

（29）画出高光轮廓，并填充白色（见图 6.108 和图 6.109）。

（30）选择橙色的主体和白色区域，执行“路径查找器”的差集命令，画出高光（见图 6.110）。

（31）执行“高斯模糊”，并修改透明度（见图 6.111）。

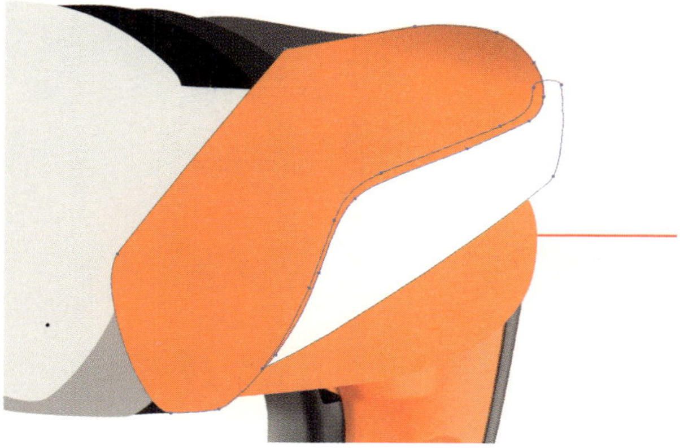

图 6.109

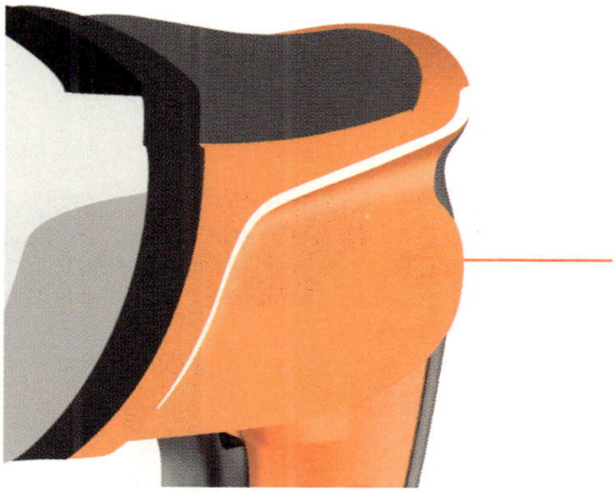

图 6.110

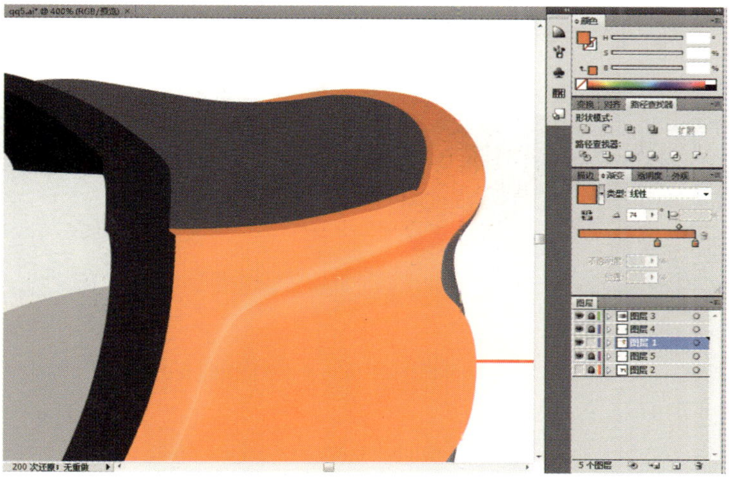

图 6.111

(32) 执行“渐变”工具画出上部操作按钮的光影（见图 6.112)。

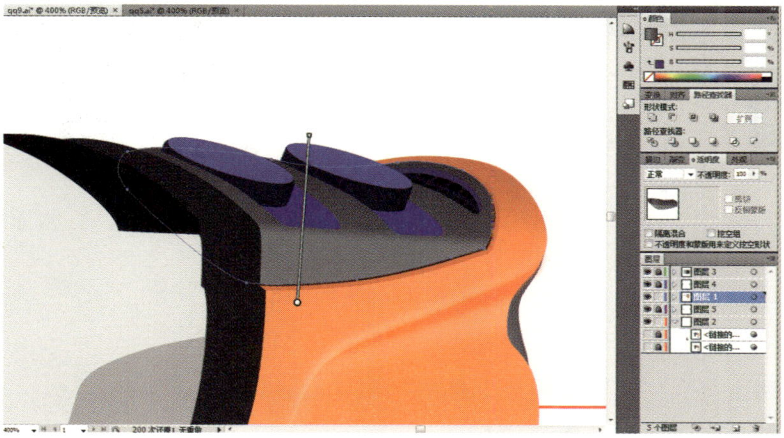

图 6.112

(33) 用“渐变”工具画出上部操作按钮位置处的光影（见图 6.113)。

(34) 参照手柄中间高光线的做法，画出按钮处高光线（见图 6.114)。

图 6.113

（35）执行“扩展”，“渐变”，“高斯模糊”等工具修改完善（见图 6.115～图 6.117）。

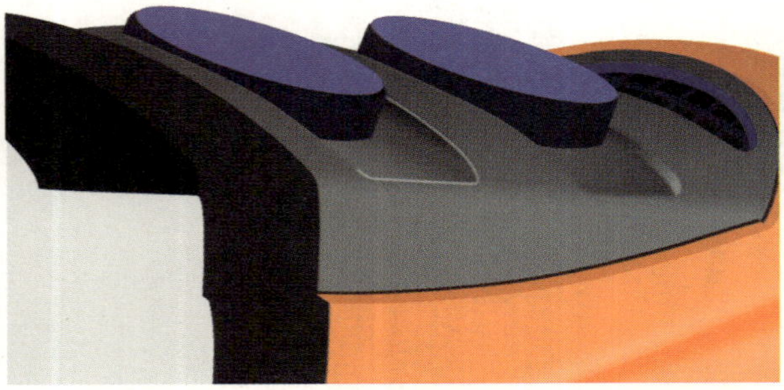

图 6.114

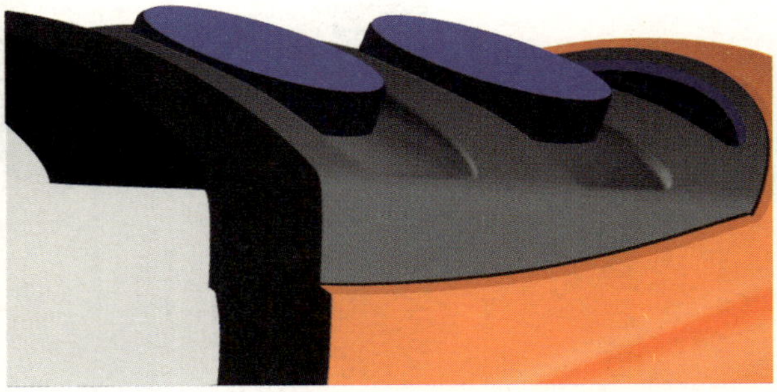

图 6.115

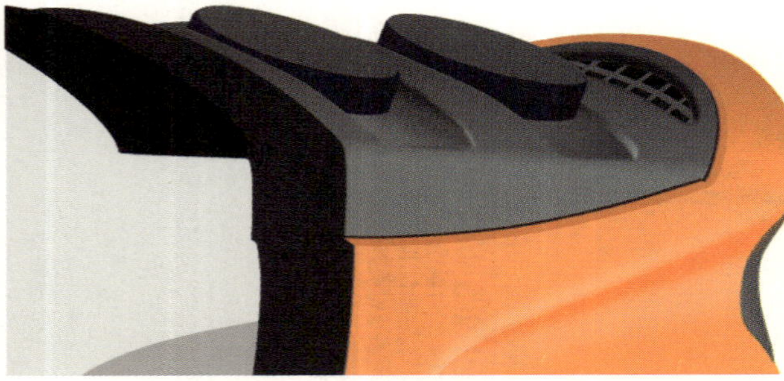

图 6.116

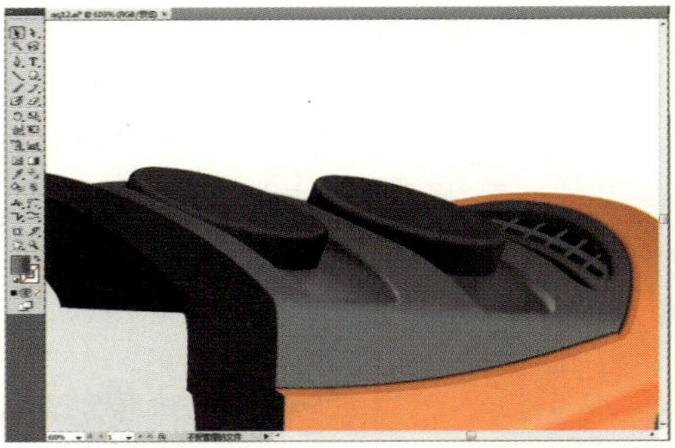

图 6.117

（36）执行“钢笔工具”，画出调节开关轮廓（见图 6.118）。

（37）执行“渐变”工具初步填充开关处光影（见图 6.119）。

（38）执行“网格工具”完善明暗效果（见图 6.120）。

（39）画出需要裁剪的细节（见图 6.121）。

（40）执行“减去顶层”命令裁剪路径，画出散热口细节（见图 6.122）。

（41）画出散热口内细节，将绘制的细节路径移动到刚才橙色路径的下层（见图 6.123）。

（42）双击形状，进入形状“隔离模式”，填充径向“渐变”效果（见图 6.124）。

图 6. 118

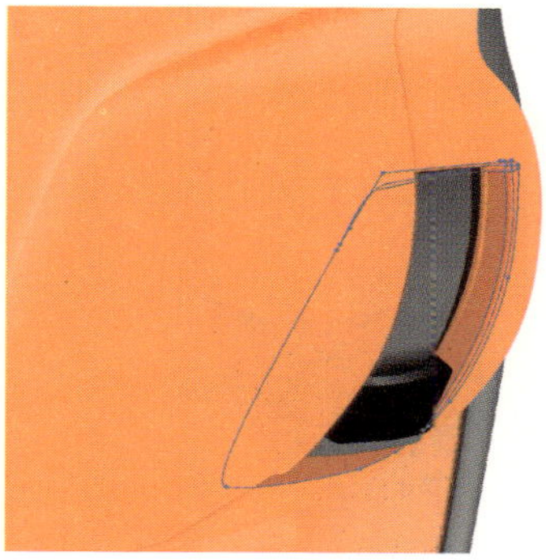

图 6. 119

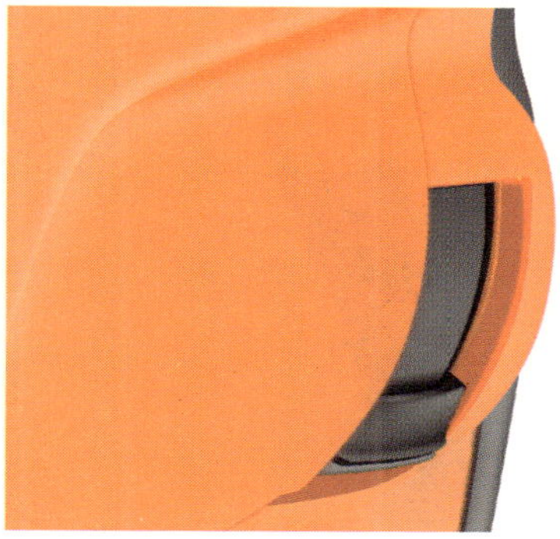

图 6. 120

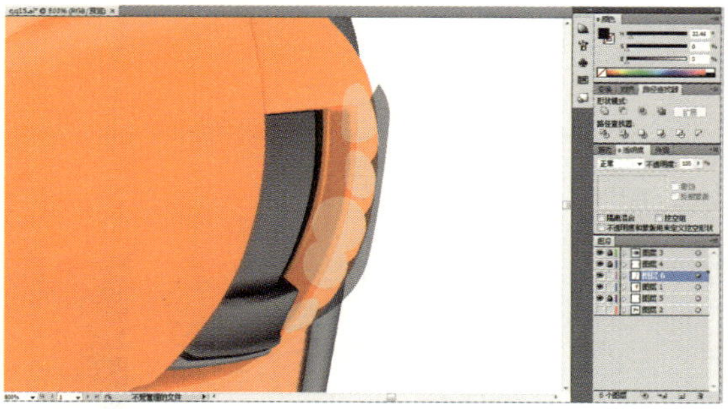

图 6. 121

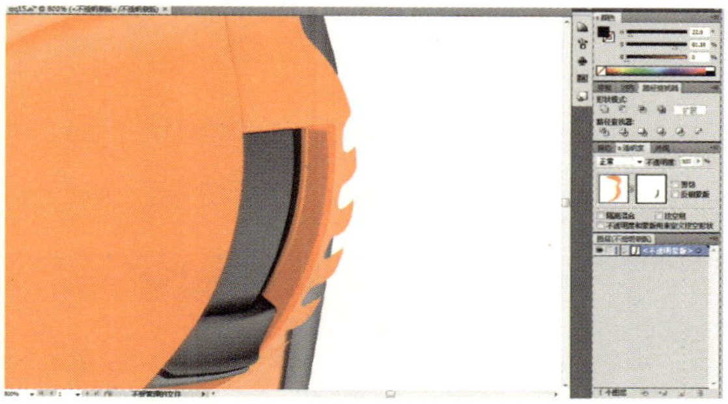

图 6. 122

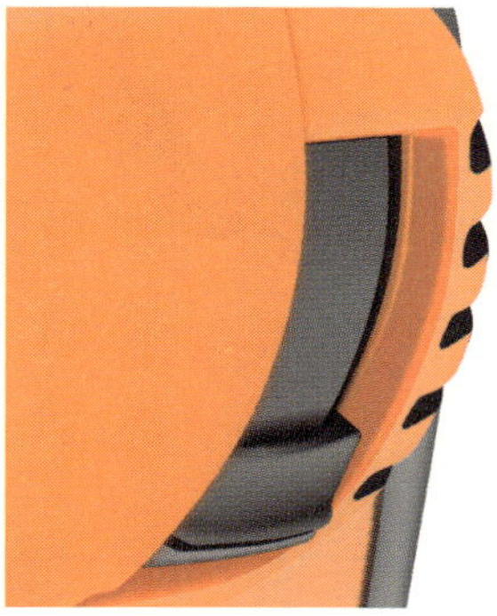

图 6. 123

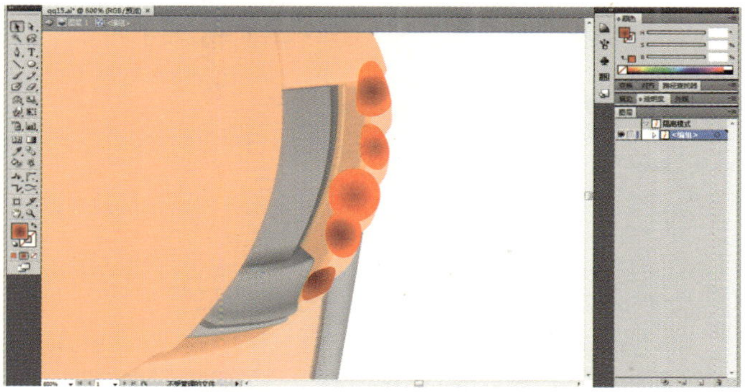

图 6. 124

(43) 散热口最终效果（见图 6.125）。

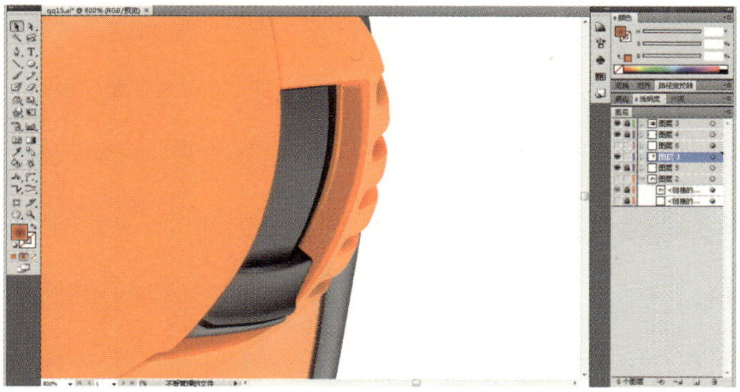

图 6. 125

（44）执行“网格工具”画出手柄光影（见图 6.126）。

图 6.126

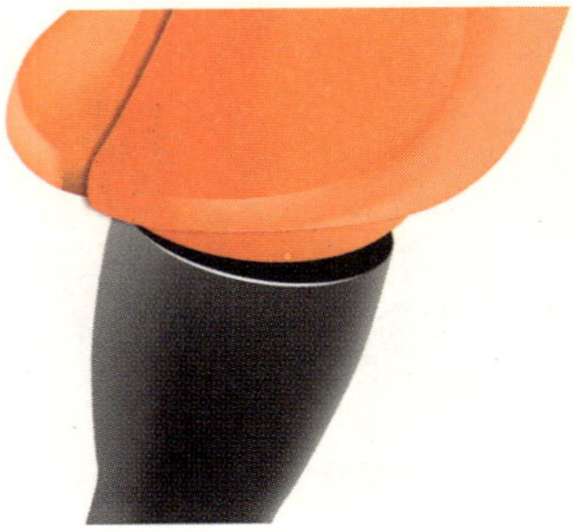

图 6.127

图 6.128

（45）参照之前的步骤，偏移出高光细节（见图 6.127）。

（46）对高光部分执行“模糊”命令（见图 6.128）。

（47）执行“钢笔工具”画出形状细节（见图 6.129）。

（48）针对形状细节执行“高斯模糊”命令（见图 6.130）。

图 6.129

图 6.130

（49）参照之前的步骤，画出高光，并模糊处理（见图 6.131～图 6.136）。

图 6.131

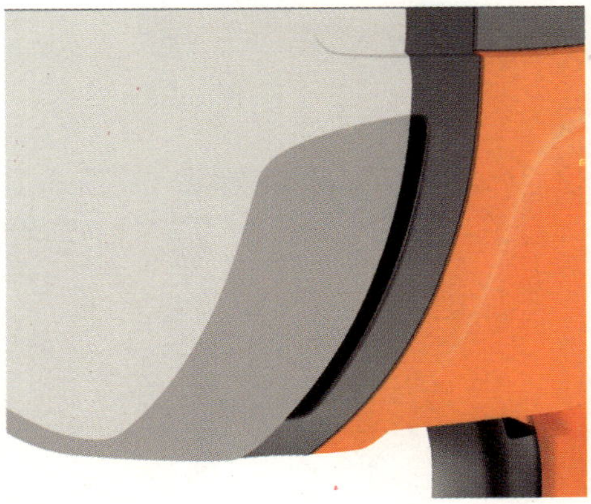

图 6.132

（50）执行“钢笔工具”画出阴影的大致形状（见图 6.137）。

（51）针对绘制的阴影形状，执行“高斯模糊”命令（见图 6.138）。

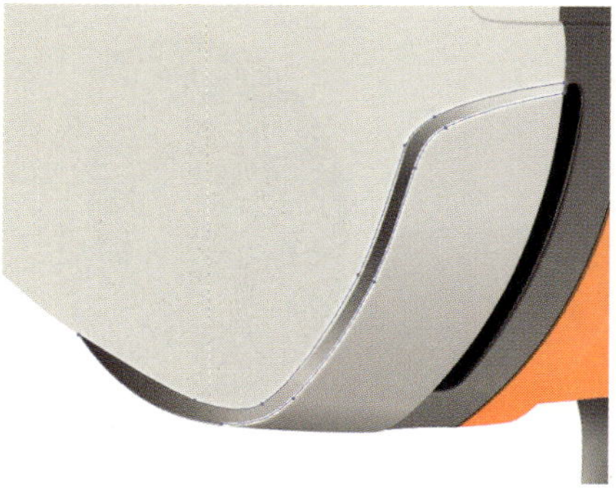
图 6.133

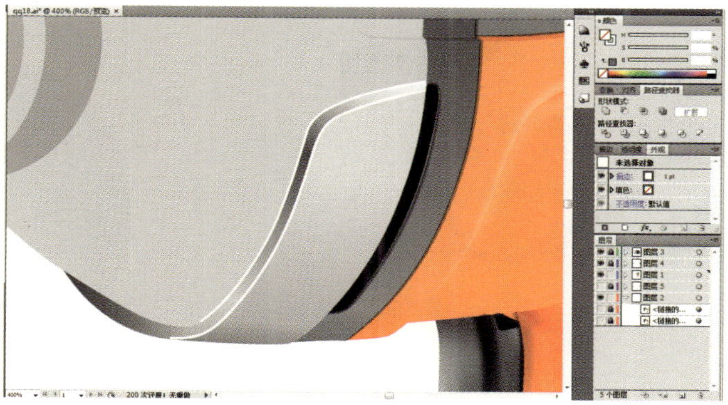
图 6.134

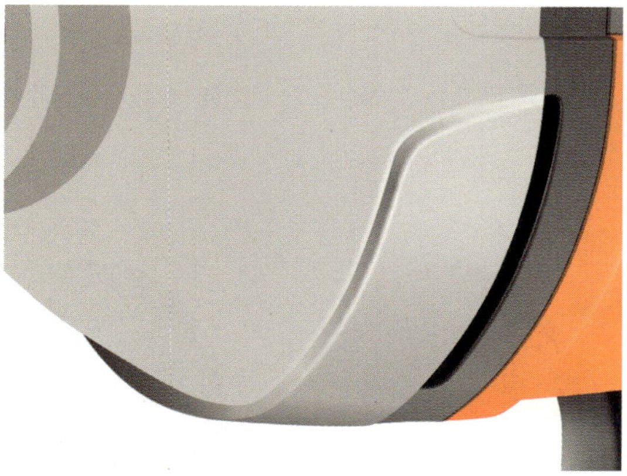
图 6.135

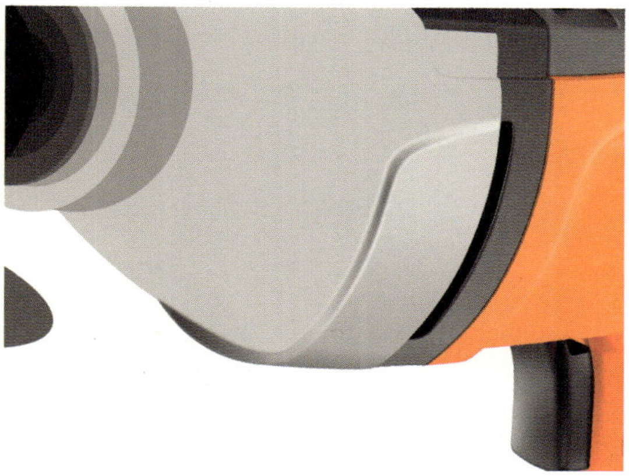
图 6.136

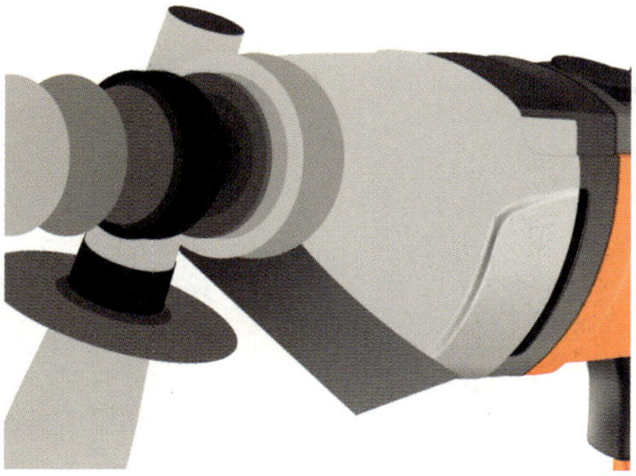
图 6.137

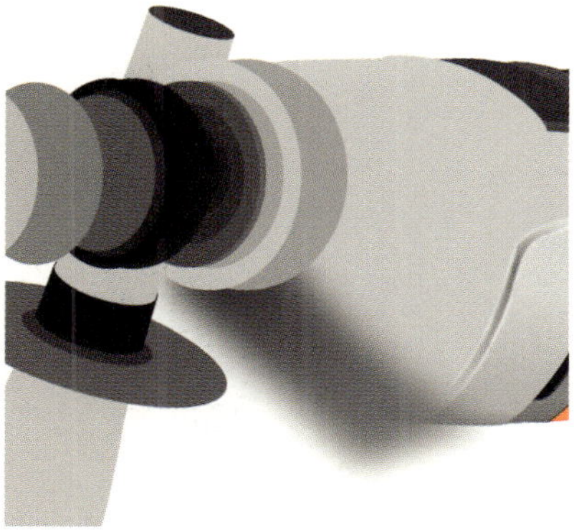
图 6.138

(52) 参考步骤 18，执行“剪切蒙版”(见图 6.139)。

(53) 准备开始画螺丝，在空白地方画一个椭圆，执行“径向渐变”填充 (见图 6.140)。

(54) 将椭圆“复制”并“粘贴在原图层上面”，使之粘贴在原位置，然后按住 Shift 拖动右边的控制点使之向左等比缩小 (见图 6.141)。

(55) 针对新生成的椭圆执行“高斯模糊”(见图 6.142)。

(56) 执行“剪切蒙版”(见图 6.143)。

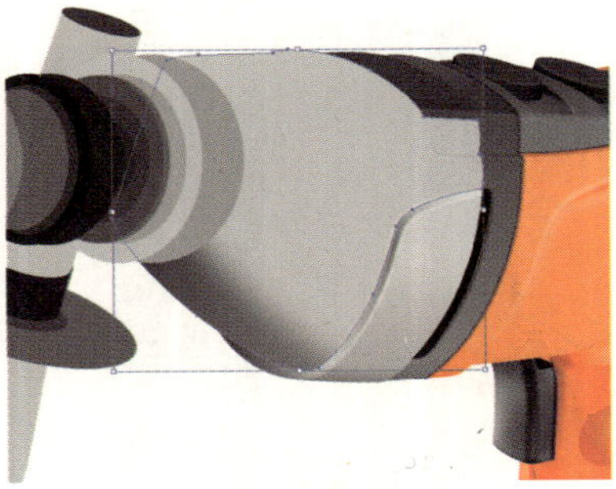

图 6.139

图 6.140

图 6.141

（57）参照之前的步骤，画出另一个椭圆（见图 6.144）。

（58）按住 Alt，再移动此椭圆一小段距离，使之复制一个椭圆，选择下层的椭圆填充浅色（见图 6.145）。

（59）用星形工具画出星形，然后执行“效果”—“风格化”—“圆角”，改变圆角半径使之合适（见图 6.146）。

（60）复制一份，缩放到合适位置（见图 6.147）。

图 6.142

图 6.143

图 6.144

图 6.145

图 6.146

图 6.147

图 6.148

图 6.149

（61）执行“剪切蒙版”（见图 6.148）。

（62）画出螺丝细节，移到底层，参照之前步骤，用“混合工具”画出渐变效果（见图 6.149）。

（63）选择整个画好的螺丝，执行“对象”－“编组”，然后移动到合适位置（见图 6.150）。

（64）执行“钢笔工具”画出电动工具受光面的大致形状，同样还是参照原始图片中的光影关系（见图 6.151）。

（65）针对受光面的形状部分执行“高斯模糊”（见图 6.152）。

（66）按照同样的思路画出相邻的部分，并执行“高斯模糊”（见图 6.153 和图 6.154）。

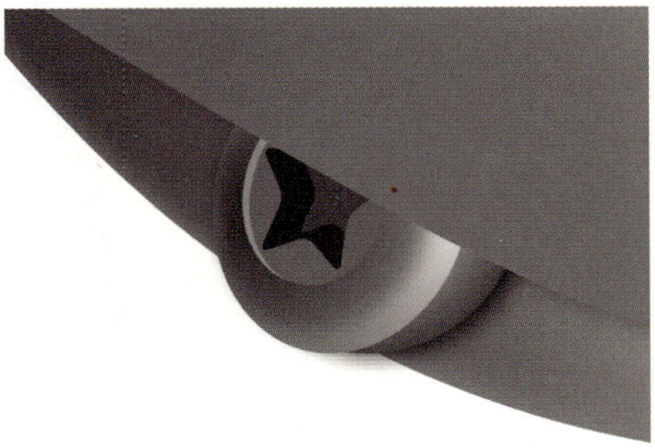

图 6.150

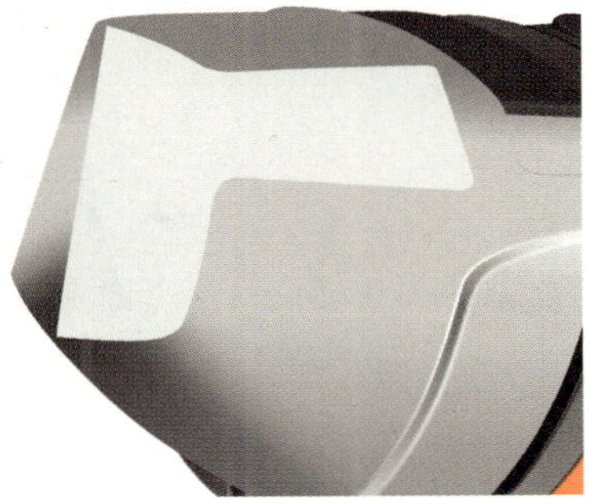

图 6.151

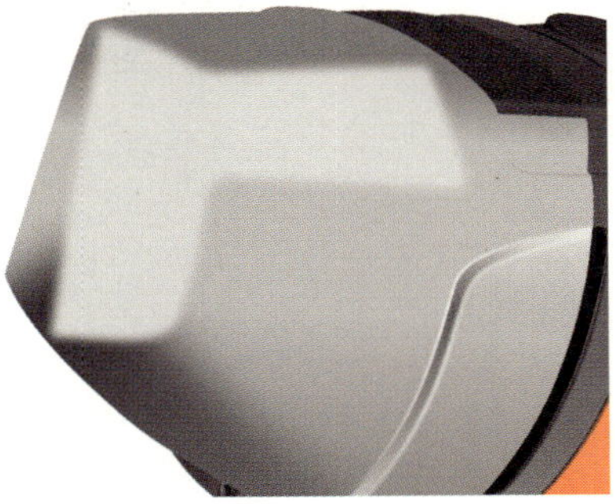

图 6.152

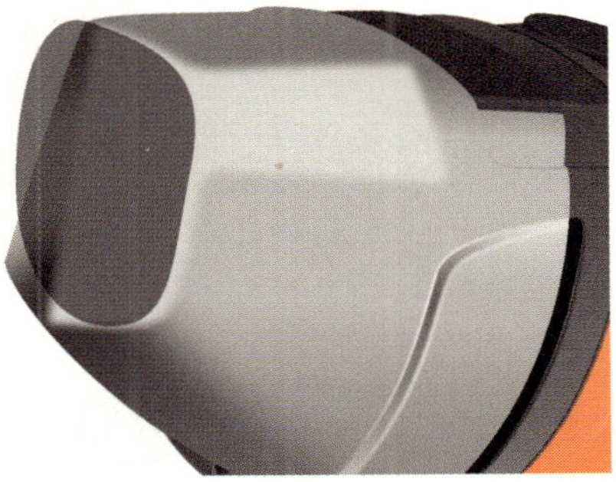

图 6.153

图 6.154

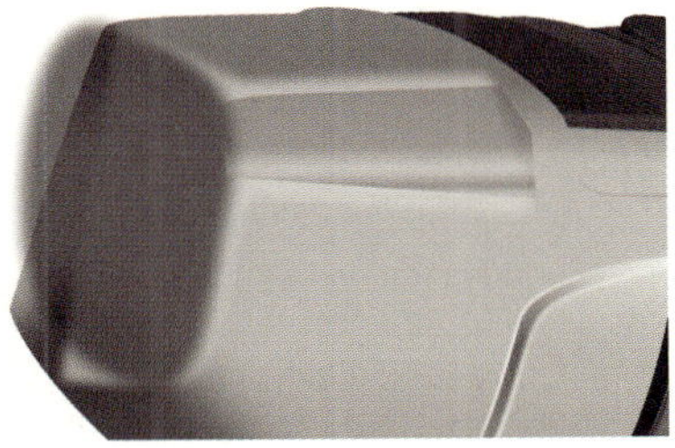

图 6.155

（67）用同样的思路和方法继续添加其他细节（见图 6.155）。

（68）画一个右边最大的椭圆，然后按住 Alt＋Shift 水平拖动复制出椭圆，需要的时候按住 Alt，拖动缩放点，向中心缩放椭圆（见图 6.156）。

（69）针对添加的其他细节执行“高斯模糊”（见图 6.157）。

（70）画出高光，并执行“高斯模糊”（见图 6.158）。

（71）添加其他部分细节高光（见图 6.159）。

（72）执行“高斯模糊”（见图 6.160）。

（73）在轴上添加渐变效果，运用各种渐变画出转轴的光影（见图 6.161）。

（74）复制并旋转高光（见图 6.162）。

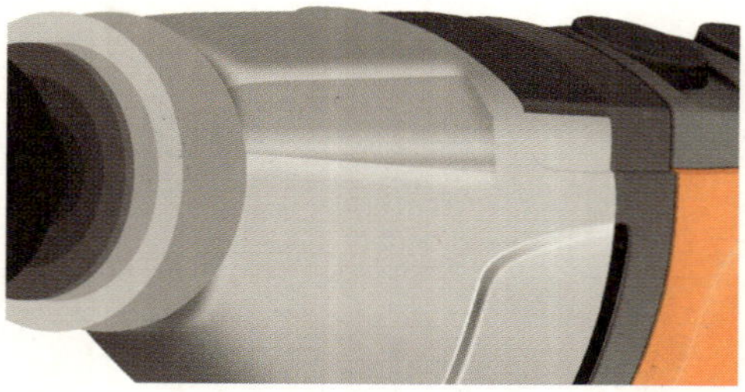

图 6. 156

图 6. 157

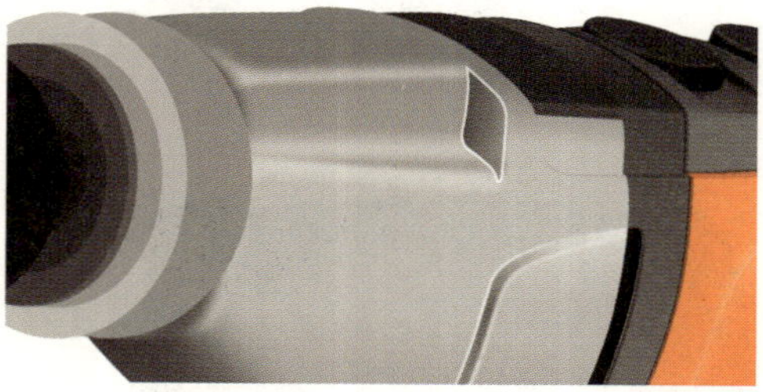

图 6. 158

图 6. 159

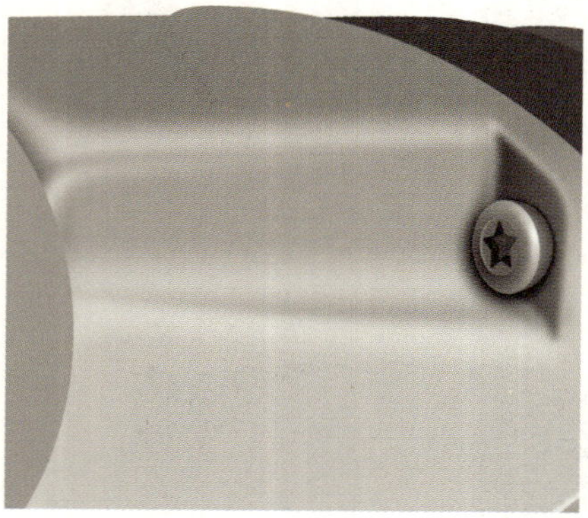

图 6. 160

图 6. 161

图 6. 162

（75）参照前面的步骤，针对添加的渐变效果执行“剪切蒙版”来形成金属的反射（见图 6.163）。

（76）综合运用“渐变”、“高斯模糊”、“剪切蒙版”完善转轴细节部分（见图 6.164）。

图 6.163

图 6.164

（77）准备画转轴上的纹理，依照透视规律先画两条直线（见图 6.165）。

（78）选择两条直线，双击“混合”工具，间距为“指定的步数”，数量为 70，点确定，产生如下效果（见图 6.166）。

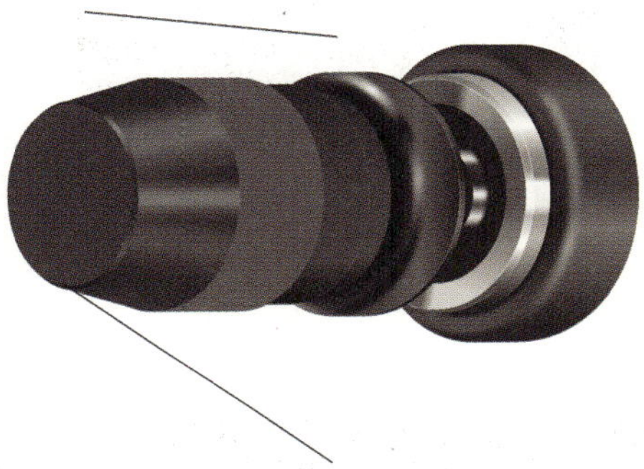

图 6.165

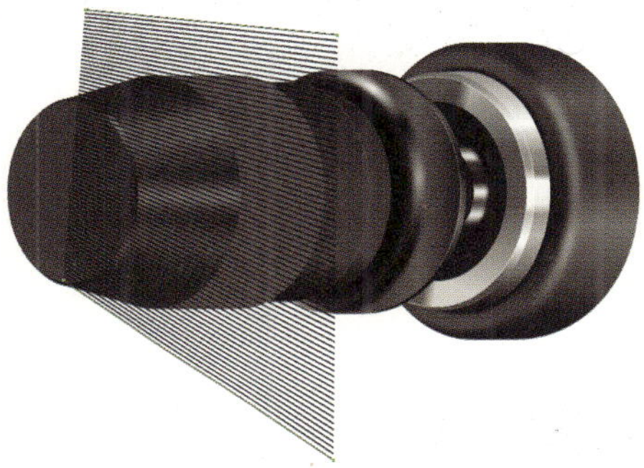

图 6.166

（79）用同样的方法画出另一方向的纹理（见图 6.167）。

（80）针对绘制的纹理部分执行“剪切蒙版”命令（见图 6.168）。

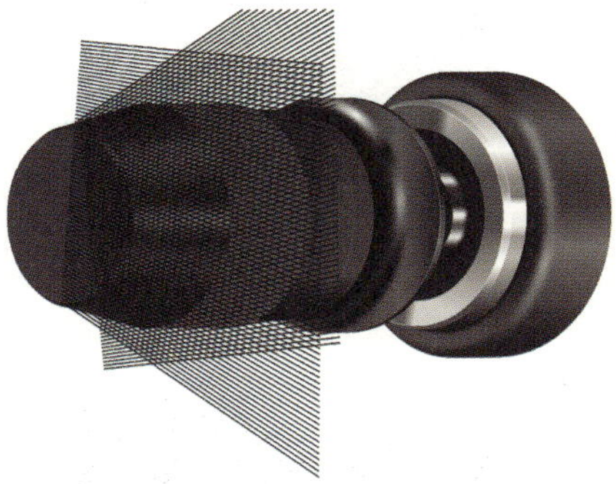

图 6.167

图 6.168

（81）将纹理部分偏移一小段距离，描边为白色，作为纹理中的受光面（见图 6.169）。

（82）画出夹嘴的形状（见图 6.170）。

（83）对夹嘴执行渐变填充（见图 6.171）。

（84）执行“剪切蒙版”（见图 6.172）。

（85）执行“钢笔工具”画出手柄形状，利用“网格工具”画出简单光影（见图 6.173）。

图 6.169

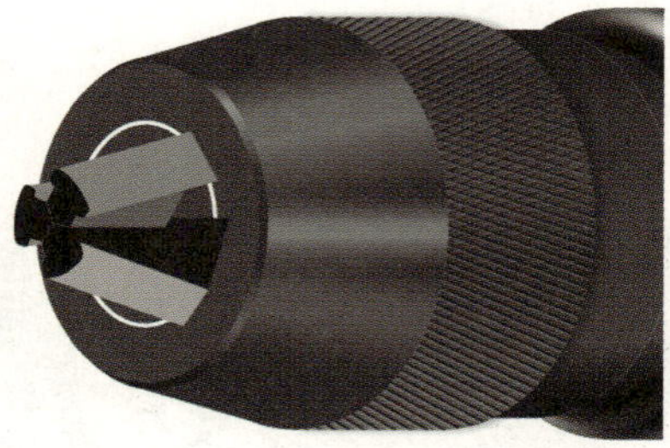

图 6.170

图 6.171

图 6.172

（86）添加细节部分，参照之前的步骤，画出高光（见图 6.174）。

图 6.173

图 6.174

（87）针对高光执行“高斯模糊”（见图 6.175）。

（88）综合运用各种工具继续添加其他细节（见图 6.176～图 6.179）。

图 6.175

图 6.176

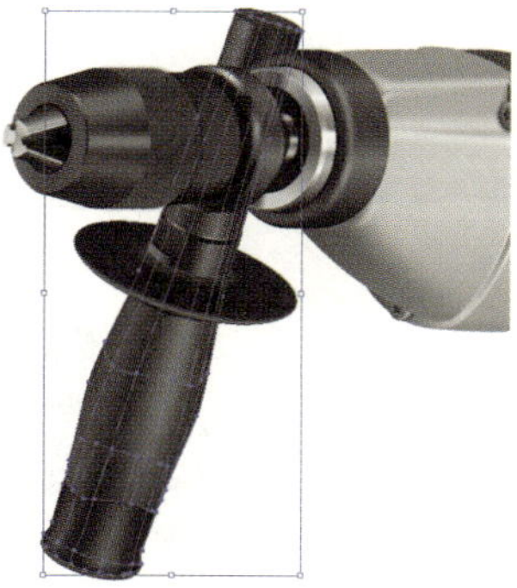

图 6.177

图 6.178

图 6.179

（89）利用“钢笔工具”画出相交部分的光影（见图 6.180）。

（90）针对相交部分执行“高斯模糊”（见图 6.181）。

（91）选择细杆，执行“对象”—“路径”—“偏移路径”，并填充白色（见图 6.182）。

图 6.180

图 6.181

图 6.182

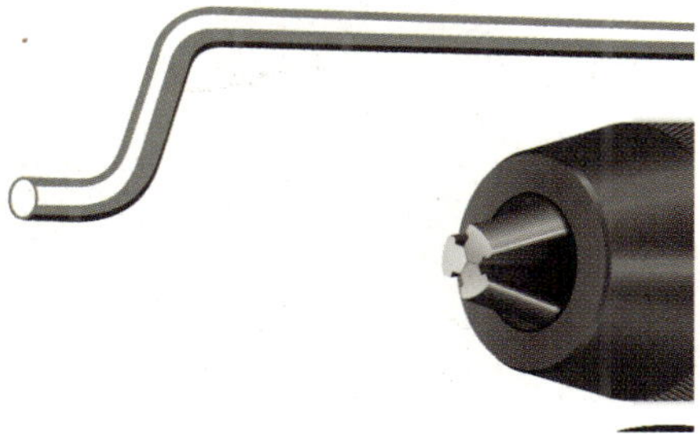

图 6.183

（92）按住 Alt，移动并复制一份，填充浅色（见图 6.183）。

（93）在白色高光形状的外侧再偏移出一段距离（见图 6.184）。

（94）参照前面的步骤，执行“混合工具”，将偏移出的形状分别和白色的形状与灰色的形状混合（见图 6.185）。

（95）利用“钢笔工具”画一个如下的形状，用作金属细杆的剪切蒙版（见图 6.186）。

（96）执行“对象”—“编组”，将画好的金属细杆编组，利用 Ctrl+F 原位置复制一份，然后按住 Shift 将上一步画好的形状加入选择，右击执行“剪切蒙版”，继续执行“对象”—“排列”—“置于顶层”，选择另一份金属细杆，执行“对象”—“排列”—“置于底层”（图 6.187）。

图 6. 184

图 6. 185

（97）继续添加其他细节形状（见图 6. 188）。

（98）执行“渐变填充”，调整光影效果（见图 6. 189）。

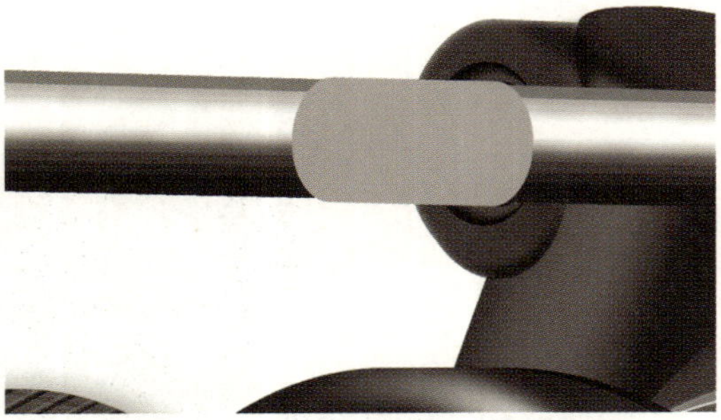

图 6. 186

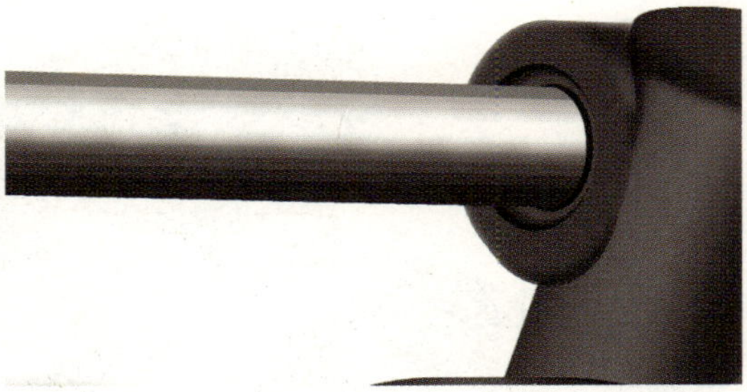

图 6. 187

图 6. 188

图 6. 189

（99）利用“钢笔工具”画出调节旋钮的基本形状（见图 6. 190）。

（100）参照之前步骤，画出高光、阴影等细节（见图 6. 191）。

（101）综合运用“高斯模糊”、“剪切蒙版”，完成调节旋钮细节（见图 6. 192）。

（102）用“文字”工具添加文字，移动并旋转到合适位置（见图 6. 193）。

（103）按住 Alt，移动并复制一份文字，填充深色（见图 6. 194）。

（104）将深色的文字透明度改为 50%，完成旋钮的制作（见图 6. 195）。

（105）电动工具效果图绘制完毕（见图 6. 196）。

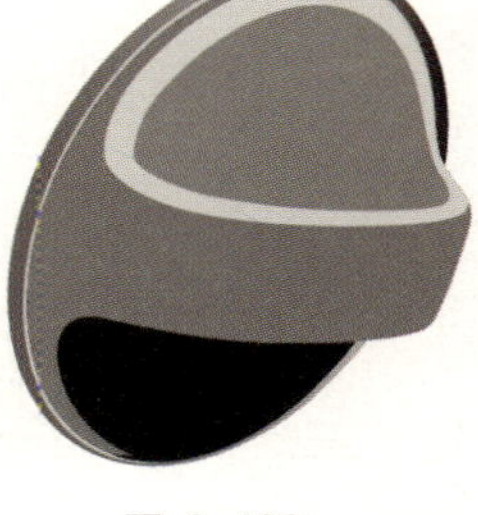

图 6. 190

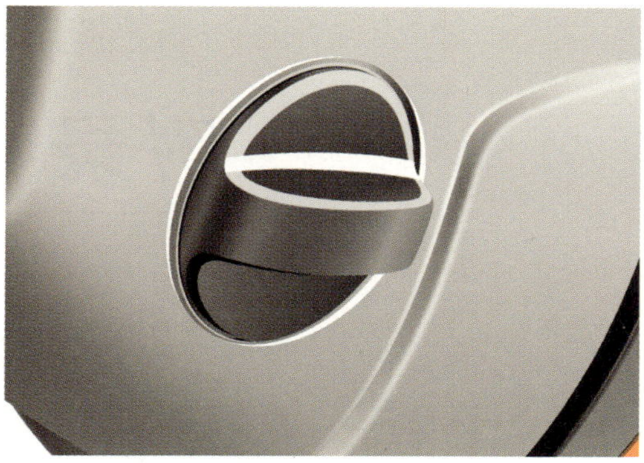

图 6. 191

图 6. 192

图 6. 193

图 6. 194

图 6. 195

图 6. 196

附录 A

Adobe 平面设计师试题（附答案）

一、单选题（70 题，每题 1 分，共 70 分）

1. 在可见光谱中光波最长的是：（　　　　）。

   A. 红色　B. 白色　C. 黄色　D. 紫色

2. 按住 Ctrl 键在 Photoshop 中的空白区域双击可以实现：（　　　　）。

   A. 新建一个空白文档

   B. 新建一幅图片

   C. 打开一幅图片

   D. 只能打开一幅扩展名为 .psd 的文件

3. 在 Photoshop 中，文件菜单中的“打开为”菜单项的作用是：（　　）。

   A. 打开一个新的图片

   B. 只能打开一个扩展名为 .psd 的文件

   C. 打开一个新建文件

   D. 打开所有格式的图片文件

4. 色彩深度是指在一个图像中（　　　　）的数量。

   A. 颜色　B. 饱和度　C. 亮度　D. 灰度

5. 色彩中最为被动的颜色是（　　　　），属中性色，有很强的调和对比作用。

   A. 橙色　B. 灰色　C. 黑色　D. 白色

6. 下列颜色中，亮度最高的是：（　　　　）。

   A. 红色　B. 蓝色　C. 黄色　D. 白色

7. 在 Photoshop 中，为了确定磁性套索工具对图像边缘的敏感程度，应调整的数值是：（　　　　）。

   A. 容差　B. 边对比度　C. 颜色容差　D. 套索宽度

8. 在平面设计构图的五大关系要素中，（　　　　）构成形态之间的横竖、正斜、平行、成角等方向差异。

   A. 形状关系　B. 位置关系　C. 方向差异　D. 层次关系

9. 在 Photoshop 中，变换选区命令不可以对选择范围进行哪个编辑：(　　　　)。

A. 缩放　B. 变形　C. 不规则变形　D. 旋转

10. Photoshop 中，在路径曲线线段上，方向线和方向点的位置决定了曲线段的：(　　　　)。

A. 角度　B. 形状　C. 方向　D. 像素

11. 平面设计构图基本形式中，凸现科技感与时尚感的是：(　　　　)。

A. 指示型　B. 交叉型　C. 几何型　D. 散点型

12. 在 Photoshop 中，若想使各颜色通道以彩色显示，应选择下列哪个命令设定：(　　　　)。

A. 显示与光标　B. 图像高速缓存　C. 透明度与色域　D. 单位与标尺

13. Photoshop 中的 Alpha 通道最主要的用途是：(　　　　)。

A. 保存图像色彩信息

B. 创建新通道

C. 用来存储和建立选择范围

D. 为路径提供通道

14. 在 Photoshop 中，移动图层中的图像时，如果每次需移动 10 个像素的距离，应：(　　　　)。

A. 按住 Alt 键的同时按键盘上的箭头键

B. 按住 Tab 键的同时按键盘上的箭头键

C. 按住 Ctrl 的同时按键盘上的箭头键

D. 按住 Shift 键的同时按键盘上的箭头键

15. 色彩深度指在一个图像中颜色的数量，每个像素可能是 256 种颜色中的任意一个，一个 24 位的图像包含的颜色是：(　　　　)。

A. 16 种　B. 256 种　C. 65536 种　D. 1677 万种

16. 滤镜中的（　　　　）效果，可以使图像呈现塑料纸包住的效果；该滤镜使图像表面产生高光区域，好像用塑料纸包住物体时产生的效果。

A. 塑料包装　B. 塑料效果　C. 基底凸现　D. 底纹效果

17. 在 Photoshop 中，如果要增加一幅为 LAB 模式的图像的红色，应该：(　　　　)。

A. 亮化 B 通道　B. 亮化 A 通道　C. 亮化 L 通道　D. 亮化 LAB 通道

18. Photoshop 生成的文件默认的文件格式扩展名为：(　　　　)。

A. JPG　B. PDF　C. PSD　D. TIF

19. 图像的分辨率为 300 像素每英寸，则每平方英寸上分布的像素总数为：(　　　　)。

A. 600　B. 900　C. 60000　D. 90000

20. HSB 中的 H 是指：(　　　　)。

A. 色相　B. 明度　C. 亮度　D. 纯度

21. 一个 8 位图像支持的颜色有：(　　　　)。

A. 16 种　B. 256 种　C. 65536 种　D. 1677 万种

22. Photoshop 最多可以设置的暂存盘的数目是：(　　　　)。

A. 3 个　B. 4 个　C. 5 个　D. 6 个

23. Photoshop 缺省时，设置的保留历史状态数是：(　　　　)。

A. 20 次　B. 50 次　C. 99 次　D. 999 次

24. 在 Photoshop 的对话框中，压住（　　　　）键，可使取消按钮变成复位按钮。

A. Shift　B. Alt　C. Ctrl　D. space

25. 在 Photoshop 中，当图像偏蓝时，使用变化功能应当给图像增加何种颜色：（　　　　）。

A. 蓝色　B. 绿色　C. 黄色　D. 洋红

26. 在 Adobe Illustrator 中，若当前文件中的图形复杂，为了加快屏幕刷新速度，最直接快速并且简单的方式是：（　　　　）。

A. 增加运行所需的内存

B. 增加运行所需的显示内存

C. 将当前不编辑的部分隐藏

D. 通过 View>Outline（视野>轮廓）命令使图形只显示线条部分

27. 在 Photoshop 中，下列哪种格式不支持无损失压缩：（　　　　）。

A. PNG　B. JPEG　C. PSD　D. GIF

28. 关于 Object>Transform>Transform again（图形>变换>再次变换）命令，下面的描述不正确的是：（　　　　）。

A. “再次变换”命令可以完成物体的多次固定距离的移动（Move）及复制

B. “再次变换”命令可以完成物体的多次固定数值的旋转（Rotate）及复制

C. “再次变换”命令可以完成物体的多次固定数值的倾斜（Shear）及复制

D. “再次变换”命令可以完成物体的多次固定数值的涡形旋转（Twirl）及复制

29. 如果你置入到 PageMaker 中的图像是 RGB 模式的彩色图像，输出成胶片后，印刷出来的可能结果是：（　　　　）。

A. 图像是彩色的

B. 图像是彩色的，但会偏红

C. 图像无法输出

D. 因为不能正确分色，所以印刷出来的图像是黑白的

30. 当使用 JPEG 作为优化图像的格式时：（　　　　）。

A. JPEG 虽然不能支持动画，但它比其他的优化文件格式（GIF 和 PNG）所产生的文件一定小

B. 当图像颜色数量限制 256 色以下时，JPEG 文件总比 GIF 的大一些

C. 图像质量百分比值越高，文件越大

D. 图像质量百分比值越高，文件越小

31. 下面对于高斯模糊叙述正确的是：（　　　　）。

A. 可以对一幅图像进行比较精细的模糊

B. 对图像进行很大范围的调整，产生区间很大的各种模糊效果

C. 使选区中的图像呈现出一种拍摄高速运动中的物体的模糊效果

D. 用于消除图像中颜色明显变化处的杂色，使图像变得柔和

32. Illustrator 中的文字可以转化为路径，那么转化后的文字路径：（　　　　）。

A. 可以使用 Shift＋Ctrl＋O 转回文字

B. 可以使用 Alt＋Ctrl＋O 转回文字

C. 不能再转回文字

D. 可以使用 Shift＋Alt＋O 转回文字

33. 在 Adobe Illustrator 中，一个开放的路径，两个端点距离较近，通过下列哪种方式可以将两个端点连接起来使之成为封闭的路径：（　　　　）。

A. 直接用 Direct Seletion Tool（直接选择工具）将一个端点拖到另一个端点上

B. 选择 Object＞path＞Join（图形＞路径＞连接）菜单命令

C. 选择 Object＞path＞Average（图形＞路径＞平均分布）菜单命令

D. 选择 Object＞Blend＞Make（图形＞混合＞创建）菜单命令

34. 在 Photoshop 中，下列可以使图像产生立体光照效果的滤镜是：（　　　　）。

A. 风　B. 等高线　C. 浮雕效果　D. 照亮边缘

35. 在 Photoshop 中，下列哪个不属于在图层面板中可以调节的参数：（　　　　）。

A. 透明度　B. 编辑锁定　C. 显示/隐藏当前图层　D. 图层的大小

36. Alpha 通道相当于几位的灰度图：（　　　　）。

A. 4 位　B. 8 位　C. 16 位　D. 32 位

37. 在图层面板中，按住（　　　　）的同时单击垃圾桶图标，可直接将选中的通道删除。

A. Shift　B. Alt　C. Ctrl　D. Space

38. 在 Adobe Illustrator 中，当使用旋转工具（Rotate Tool）时，按住下列哪个键的同时单击鼠标，就可弹出其设定对话框：（　　　　）。

A. Shift　B. Tab　C. Alt　D. Esc

39. 在 Illustrator 中，下列有关颜色调整的叙述中，正确的是：（　　　　）。

A. 颜色一旦确定，只能通过 Color（颜色）调板调整

B. 如果图形的填充色是专色，不能执行 Filter＞Color＞Adjust Color 命令

C. 如果图形的填充色是专色，通过 Filter＞Color＞Convert to CMYK 命令，可以很方便地将专色转换成印刷四色

D. 如果将填充色是印刷四色的图形转换成灰阶图，只能依次点选组成图形的单个物件，然后将其填充色由印刷四色改为灰阶色

40. 在 Photoshop 中，当单击路径调板下方的“用前景色填充路径”图标时，若想弹出填充路径的设置对话框，应同时按住下列的什么键：（　　　　）。

A. Shift　B. Ctrl　C. Alt　D. Shift＋Ctrl

41. 如果使用矩形选框工具画出一个以鼠标击点为中心的矩形选区应按住的键是：（　　　　）。

A. Shift　B. Ctrl　C. Alt　D. Shift＋Ctrl

42. 下列有关 Illustrator“渐层网格工具”（Gradient Mesh Tool）的描述正确的是：（　　　　）。

A. 渐层网格工具和混合工具（Blend Tool）的功能相同

B. 渐层网格工具形成的渐变是不可以进行再调整的

C. 只有具有填充色的开放路径才可以使用渐层网格工具，填充色为无的开放路径不可以使用渐层网格工具

D. 渐层网格工具形成渐变时，两个颜色必须都是 CMYK 的色彩模型

43. 在 Photoshop 中，下列哪种色彩模式可使用的内置滤镜最多：（　　　　）。

A. RGB　B. CMYK　C. 灰度　D. 位图

44. 在 Photoshop 中，下列选项哪些是动作调板与历史记录调板都具有的特点：(　　　　)。

A. 在关闭图像后所有记录仍然会保留下来

B. 都可以对文件夹中的所有图像进行批处理

C. 虽然记录的方式不同，但都可以记录对图像所做的操作

D. 历史调板记录的信息要比动作调板广

45. 在 Illustrator 中，使用混合工具（Blend Tool）对两个具有相同边线色，不同填充色的封闭图形进行混合，下列描述正确的是：(　　　　)。

A. 你可以执行 Object＞Ungroup（图形＞取消组）命令后，用直接选择工具单独移动混合体中的任何一个图形

B. 你可以用直接选择工具选择其中一个原始封闭图形，改变其颜色，但混合体的颜色不受影响

C. 你可以用直接选择工具单独移动混合体中的任何一个图形

D. 当你用直接选择工具移动其中一个原始封闭图形，整个混合体都会变化

46. 在 Photoshop 中，当将 RGB 模式的图像转换为多通道模式，产生的通道名称是：(　　　　)。

A. 青色、洋红、黄色和黑色

B. 四个名称是 Alpha 的通道

C. 青色、洋红和黄色

D. 红、绿、蓝

47. 如要将 Photoshop 的 RGB 模式转换为双色调模式，则需用（　　　　）模式作为中间过渡模式。

A. Lab　B. 灰度　C. 多通道　D. 索引颜色

48. 在 Illustrator 中，两个图形混合后，若要单独移动混合体中的任何一个图形，下列操作正确的是：(　　　　)。

A. 选择 Object＞Ungroup（图形＞取消组）命令后，用直接选择工具（白色箭头）进行移动

B. 选择 Object＞Ungroup（图形＞取消组）命令后，用选择工具（黑色箭头）进行移动

C. 选择 Object＞Blend＞Expand（图形＞混合＞展开）命令后，用选择工具（黑色箭头）进行移动

D. 选择 Object＞Blend＞Expand（图形＞混合＞展开）命令后，用直接选择工具（白色箭头）进行移动

49. 在 Illustrator 中，你最多可对多少个图形通过混合工具（Blend Tool）和混合（Object＞Blend＞Make）命令来执行混合操作：(　　　　)。

A. 2 个　B. 3 个　C. 6 个　D. 没有限制

50. 在 Photoshop 中，一张 RGB 的彩色图像使用图像/调整/去色功能后，与（　　　　）模式的效果相似。

A. CMYK　B. LAB　C. 灰度　D. 双色调

51. Photoshop 中打开上一次应用的滤镜对话框应按什么键：(　　　　)。

A. Ctrl＋F　B. Alt＋F　C. Alt＋Shift＋F　D. Ctrl＋Alt＋F

52. 在 Illustrator 中，如果两个图形的填充色是两个不同的专色，那么执行混合（Object>Blend>Make）命令后，中间混合体的颜色类型是：（　　　　）。

A. 专色　B. 有可能专色，也有可能是 CMYK 印刷色　C. RGB 颜色　D. CMYK 印刷色

53. 在 Photoshop 中，图像高速缓存级别的取值范围是：（　　　　）。

A. 1～4　B. 1～8　C. 1～16　D. 1～24

54. 在 Illustrator 中，Action（动作）调板中动作名称最左侧第二个图标是红色表示：（　　　　）。

A. 此动作有错误

B. 此动作不可执行

C. 此动作可被修改

D. 此动作中含有关掉对话框的命令

55. Photoshop 图像中以下能被打印出来的有：（　　　　）。

A. 参考线　B. 网格线　C. 像素　D. 路径

56. 在 Illustrator 9.0 中可设定多少个图层：（　　　　）。

A. 20 个　B. 99 个　C. 999 个　D. 没有限制

57. 临时切换到抓手工具的快捷键是：（　　　　）。

A. Alt　B. 空格　C. Shift　D. Ctrl

58. 在 Adobe Illustrator 的 Paragraph（段落规格）调板中，提供了五种文字的对齐方式，下列哪种方式不包含：（　　　　）。

A. 左边对齐　B. 居中对齐　C. 强制齐行　D. 顶部对齐

59. 在 Photoshop 中，你的图像必须是何种模式，才可以转换为位图模式：（　　　　）。

A. RGB　B. 灰度　C. 索引颜色　D. 多通道

60. 在 Photoshop 中，当你的图像是何种模式时，所有的滤镜都不可使用（假设图像是 8 位/通道）：（　　　　）。

A. 多通道　B. 索引颜色　C. 位图　D. 双色调

61. 在 Photoshop 中，你想增加一个图层，但在图层调板的最下面“创建新图层”的按钮是灰色不可选，最有可能的原因是什么（假设图像是 8 位/通道）：（　　　　）。

A. 因为图像太大，内存不够用

B. 暂存盘空间已满

C. 软件内部发生错误

D. 图像是索引颜色模式

62. 出版物在 PageMaker 中设定出血，一般是：（　　　　）。

A. 4 毫米　B. 3 毫米　C. 5 毫米　D. 3.5 毫米

63. 在 Photoshop 中，如要对当前图层进行锁定透明像素用前景色填充，则按：（　　　　）。

A. Ctrl＋Shift＋Del　B. Ctrl＋Alt＋Del　C. Alt＋Shift＋Del　D. Ctrl＋Alt＋Shift＋Del

64. 在 Photoshop 中，为了查看当前图层的效果，需要关闭其他所有图层的显示，最简便的方法是：（　　　　）。

A. 压住 Alt 键的同时，在图层面板中单击当前图层左边的眼睛图标

B. 新建一个透明的图像文件，将当前图层拖到建立的新文件中

C. 先后压下 Ctrl＋Alt＋Shift＋K

D. 先后压下 Ctrl＋Shift＋J

65. 下列关于打开 PDF 文件的操作哪些正确的是：（　　　　）。

A. Adobe Illustrator 9.0 可以一次打开多页 PDF 文件

B. Adobe Illustrator 9.0 可以打开多页的 PDF 文件，但一次只能打开一页

C. Adobe Illustrator 9.0 不可以打开多页 PDF 文件

D. Adobe Illustrator 9.0 只能置入 PDF 文件

66. 在 Photoshop 中，要为当前历史状态或快照建立一个复制文档可以：（　　　　）。

A. 点击“从当前状态创建新文档”按钮

B. 从历史面板菜单中选择新文档

C. 拖动当前状态（或快照）到“创建新快照”按钮上

D. 右键点击所要的状态（或快照）从弹出菜单中选择新文档

67. 在 Photoshop 中，把历史状态中当前图片的某一历史状态拖到另一个图片的窗口会：（　　　　）。

A. 可在另一个图片窗口中增加该历史状态之前的所有内容

B. 用当前历史状态的内容覆盖目的图片窗口的内容

C. 将当前历史状态的内容插入到目的图片窗口中

D. 以上都不对

68. 在 Photoshop 中，按住 Alt 键点击任一历史状态（除了当前的、最近的状态）可以：（　　　　）。

A. 将该历史状态之后的历史记录全部删除

B. 复制它，而后被复制的状态就变为当前（最近的）状态

C. 建立一个具有当前历史状态效果图的新快照

D. 以上都不对

69. 若 Adobe Illustrator 9.0 的当前图形文件比较复杂，包含有大量中文字体，同时又有置入的图像，关于如何生成 PDF 文件，下列哪种描述是正确的：（　　　　）。

A. 直接将此文件存储为 Acrobat PDF 文件

B. 只能通过 PDF Writer 进行生成

C. 只能通过 Acrobat Distiller 来生成

D. 通过 PDF Writer 或 Acrobat Distiller 均可进行生成

70. Edit＞reference（编辑＞预置）子菜单中有很多设定项用来定义 Illustrator 的操作环境，下列哪个选项不属于 Preference（预置）中的设定项：（　　　　）。

A. Smart Guide（智能参考线）

B. Type & Auto Tracing（字形和自动描边）

C. Units & Undo（度量单位和还原）

D. Document Setup（文档设定）

二、多选题（20 题，每题 1 分，共 20 分）

1. 在 Photoshop 中，下列哪几项内容不会随着文件而存储：（　　　　）。

A. 通道　B. 快照　C. ICC 色彩描述文件　D. 历史记录

2. 下列属于 Photoshop 纹理滤镜的是：（　　　　）。

A. 颗粒　B. 马赛克　C. 纹理化　D. 进一步纹理化

3. 在 Photoshop 中，下列可用于 16Bit /Channel（16 位/通道）图像的滤镜：（　　　　）。

A. Gaussian Blur（高斯模糊）

B. Watercolor（水彩）

C. Mosaic（马赛克）

D. Unsharpen Mask（usm 锐化）

4. 在 Photoshop 当前文档图像窗口上端的标题栏击右键时，可设置（　　　　）功能。

A. 图像大小　B. 画布大小　C. 页面设置　D. 打印预览

5. 下列是 Illustrator 中关于颜色定义的描述，其中正确的是：（　　　　）。

A. HSB 颜色模型用色相（Hue）、饱和度（Saturation）和亮度（Bright）三个特征来描述颜色

B. Color（颜色）调板中可通过 Grayscale（灰度）、HSB、RGB、CMYK 等不同的色彩模型来定义颜色

C. Grayscale（灰度）模型就是采用不同浓淡的黑色来表现层次

D. 专色是预先混合好的油墨，由印刷业使用一个标准的颜色匹配系统配置，如印刷中常用的烫金就是专色应用的例子

6. 在 Photoshop 中，选择工具箱中的同一种绘图工具，当移动到画面上时显示的图标有时可能不同，例如毛笔的图标可能会显示的形状：（　　　　）。

A. 与工具箱中毛笔图标相同形状

B. 十字形状

C. 所选画笔的形状

D. 光标形状

7. Adobe Illustrator 和 Photoshop 之间可互相交流，但两个软件有本质的不同，下列哪种叙述是正确的：（　　　　）。

A. Illustrator 是以处理矢量图形为主的图形绘制软件，而 Photoshop 是以处理像素图为主的图像处理软件

B. Illustrator 可存储为 EPS 格式，而 Photoshop 不可以

C. Illustrator 可打开 PDF 格式的文件，而 Photoshop 不可以

D. 同样的文件均存储为 EPS 格式后，Photoshop 存储的文件要小很多，原因是它们描述信息的方式不同

8. 在 Photoshop 中，下面哪些选项属于规则选择工具：（　　　　）。

A. 矩形工具　B. 椭圆工具　C. 魔棒工具　D. 套索工具

9. Illustrator 中，下列有关图表类型的描述正确的是：（　　　　）。

A. 柱状图表（Column Graph）是以坐标轴的方式，逐栏显示输入的资料，柱的高度代表比较的数值，数值越大，柱的高度就越高

B. 图表类型一旦确定，就不能做任何改动

C. 叠加条状图表（Stacked Bar Graph）用点来表示一组或者多组数据，以不同颜色的折线连接不同组的所有点，而且形成面积区域

D. 点状图表（Scatter Graph）的 X 轴和 Y 轴都为数据坐标轴，在两组数据的交汇处形成坐标点，有直线在这些点之间连接，使用这种图表可反映数据的变化趋势

10. 下面对 Photoshop 的“图像尺寸”命令描述正确的是：（　　　　）。

A. “图像尺寸”命令用来改变图像的尺寸

B. “图像尺寸”命令可以将图像放大，而图像的清晰程度不受任何影响

C. “图像尺寸”命令不可以改变图像的分辨率

D. “图像尺寸”命令可以改变图像的分辨率

11. 一个图形分别执行 Filter（滤镜）菜单中的 Roughen（粗糙化）命令和 Effects（效果）菜单中的 Roughen（粗糙化）命令，下列描述正确的是：（　　　　）。

A. 执行 Filter 菜单中的 Roughen（粗糙化）命令后，路径上增加了很多可编辑的锚点

B. 执行 Effects 菜单中的 Roughen（粗糙化）命令后，路径上增加了很多可编辑的锚点

C. 执行 Filter 菜单中的 Roughen（粗糙化）命令后，图形上的锚点数没有变化

D. 执行 Effects 菜单中的 Roughen（粗糙化）命令后，图形上的锚点数没有变化

12. 在 Photoshop 中，可以从下列（　　　　）中载入选区。

A. 图层　B. 通道　C. 蒙板　D. 历史记录

13. 在 Photoshop 中，下面功能中可以调整图像亮度的是：（　　　　）。

A. 色阶　B. 自动色阶　C. 曲线　D. 色调分离

14. 下面有关 Illustrator 滤镜变形命令描述正确的是：（　　　　）。

A. 执行 Roughen（粗糙化）命令可使图形的边缘变得粗糙，同时图形的节点减少

B. Free Distort（自由变形）命令可对图形进行自由变形

C. Punk&Bloat（尖角和圆角变形）可以改变图形的形状，但是不改变图形的节点数量

D. Twirl（涡形旋转）命令可通过围绕中心旋转来改变物体外形

15. 存储 Photoshop 的 PSD 格式的文件时，以下信息可以被保存的有：（　　　　）。

A. 对比度　B. 饱和度　C. 亮度　D. 颜色模式

16. 以下模式的图像中能表现 256 色以上的颜色的有：（　　　　）。

A. RGB　B. CMYK　C. 索引　D. 位图

17. 在 Photoshop 中，可精确控制图像模糊度的滤镜是：（　　　　）。

A. 模糊工具　B. 动感模糊　C. 高斯模糊　D. 进一步模糊

18. 在 Photoshop 中，以下工具可以编辑路径的有：（　　　　）。

A. 钢笔　B. 铅笔　C. 直接选择工具　D. 转换点工具

19. 在 Illustrator 中，双击工具箱中的旋转工具，在弹出的 Rotate（旋转）设定对话框中，Options（选项）一栏中有 Objects（图形）和 Patterns（图案）两个选项，关于它们的描述不正确的是：（　　　　）。

A. Patterns（图案）这个选项始终是灰色不可选的

B. Patterns（图案）这个选项始终不是灰色不可选的

C. 若同时选中 Objects（图形）和 Patterns（图案），执行命令的结果是保持原来的状态不变

D. 当封闭路径填充有图案时，若选择 Objects（图形），不选择 Patterns（图案），执行命令的结果是封闭路径被旋转，而图案保持原来的方向

20. 在 Photoshop 中，下列工具能直接建立选区的有：（　　　　）。
　A. 选框工具　B. 裁切工具　C. 文字工具　D. 文字蒙板工具

三、判断题（10 题，每题 1 分，10 分）

1. 使用 Illustrator 的铅笔工具绘制路径时，当终点和起点重合的时候，路径会自动封闭。
2. 图像的分辨率是指图像单位长度上的像素个数。
3. 在 Illustrator 的 Transform（变换）调板中 X 和 Y 后面的数值分别代表图形在页面上的横坐标和纵坐标的数值。
4. Photoshop 的锐化滤镜主要是增加图像中相邻像素的对比度，使图像的细节更清晰。
5. 置入到 PageMaker 中的 TIFF 图像在“标准”和“高分辨率”两种图形显示状态下有显著的不同。
6. Photoshop 中将带有剪贴路径的图像存储为 EPS 格式置入到 PageMaker 中可产生褪底的效果。
7. Photoshop 用“曲线”命令可以将图像反转成“反相”的效果。
8. Action（动作）调板中动作名称最左侧一栏中的对勾是红色表示此动作中含有关掉的命令。
9. Photoshop 的所有层都可改变不透明度。
10. 在 Photoshop 中，色彩平衡只能调节中间色调。

附答案：

一、单选题

1～5. AABBB　　6～10. CBCCB
11～15. CACDD　　16～20. ABCDA
21～25. BBABC　　26～30. DBDDC
31～35. BCBCD　　36～40. BBCCC
41～45. CCACD　　46～50. CBDDC
51～55. DDBBC　　56～60. DBDBB
61～65. DBCAB　　66～70. ABBCD

二、多选题

1. BD　2. AC　3. AD　4. ABC　5. ABCD　6. ABC　7. AB　8. AB
9. AD　10. AD　11. AD　12. ABC　13. ABC　14. BC　15. ABCD　16. ABC
17. ABC　18. AD　19. AC　20. ABD

三、判断题

1～5. ×√√√√　6～10. √√√××

附录 B

Photoshop 快捷操作速查

附录 B1　普 通 快 速 操 作

操　　作	快　捷　键
帮助	【F1】
剪切	【F2】
拷贝	【F3】
粘贴	【F4】
隐藏/显示画笔面板	【F5】
隐藏/显示颜色面板	【F6】
隐藏/显示图层面板	【F7】
隐藏/显示信息面板	【F8】
隐藏/显示动作面板	【F9】
恢复	【F12】
填充	【Shift】＋【F5】
羽化	【Shift】＋【F6】
选择→反选	【Shift】＋【F7】
隐藏选定区域	【Ctrl】＋【H】
取消选定区域	【Ctrl】＋【D】
关闭文件	【Ctrl】＋【W】
退出 Photoshop	【Ctrl】＋【W】
取消操作	【Esc】

附录 B2 工具栏操作

操 作	快 捷 键
矩形、椭圆选框工具	【M】
裁剪工具	【C】
移动工具	【V】
套索、多边形套索、磁性套索	【L】
魔棒工具	【W】
污点修复画笔工具	【J】
画笔工具	【B】
仿制图章、图案图章	【S】
历史记录画笔工具	【Y】
橡皮擦工具	【E】
铅笔、直线工具	【N】
模糊、锐化、涂抹工具	【R】
减淡、加深、海绵工具	【O】
钢笔、自由钢笔、磁性钢笔	【P】
直接选取工具	【A】
文字、文字蒙板、直排文字、直排文字蒙板	【T】
形状工具	【U】
渐变工具、油漆桶工具	【G】
吸管、颜色取样器	【I】
抓手工具	【H】
旋转视图工具	【R】
3D 旋转工具	【K】
3D 环绕工具	【N】
缩放工具	【Z】

附录 B3 视 图 操 作

操 作	快 捷 键
循环切换打开的文档	【Ctrl】＋【Tab】
在“标准”模式和“快速蒙版”模式之间切换	【Q】
在标准屏幕模式、最大化屏幕模式、全屏模式和带有菜单栏的全屏模式之间切换（前进）	【F】
在标准屏幕模式、最大化屏幕模式、全屏模式和带有菜单栏的全屏模式之间切换（后退）	【Shift】＋【F】
切换（前进）画布颜色	空格键＋F
切换（后退）画布颜色	空格键＋【Shift】＋【F】
将图像限制在窗口中	双击抓手工具
放大 100％	双击缩放工具
切换到“抓手”工具	空格键
使用抓手工具同时平移多个文档	按住【Shift】键拖移
切换到放大工具	【Ctrl】＋空格键
切换到缩小工具	【Alt】＋空格键
向上或向下滚动 10 个单位	【Shift】＋【Page】
将视图移动到左上角或右下角	【Home】或【End】

附录 B4 选择与移动对象

操 作	快 捷 键
选择时重新定位选框	任何选框工具＋空格键并拖移
添加到选区	任何选择工具＋【Shift】
从选区中减去	任何选择工具＋【Alt】
与选区交叉	任何选择工具＋【Shift】＋【Alt】
将选框限制为方形或圆形	按住【Shift】键拖移
从中心绘制选框	按住【Alt】键拖移
限制形状并从中心绘制选框	按住【Shift】＋【Alt】组合键拖移
切换到移动工具	【Ctrl】（选定抓手、切片、路径、形状或任何钢笔工具时除外）
从磁性套索工具切换到套索工具	按住【Alt】键拖移
从磁性套索工具切换到多边形套索工具	按住【Alt】键并单击
移动选区的拷贝	移动工具＋【Alt】键并拖移选区
将选区移动 1 个像素	任何选区＋方向键
接受裁剪或退出裁剪	裁剪工具＋【Enter】或【Esc】
将参考线与标尺记号对齐	按住【Shift】键拖移参考线

附录 B5　变　换　选　区

操　　作	快　捷　键
从中心变换或对称	【Alt】
限制	【Shift】
扭曲	【Ctrl】
应用	【Enter】
取消	【Ctrl】＋【.】（句点）或【Esc】
使用重复数据自由变换	【Ctrl】＋【Alt】＋【T】
再次使用重复数据进行变换	【Ctrl】＋【Shift】＋【Alt】＋【T】

附录 B6　图　层　操　作

操　　作	快　捷　键
将图层透明度作为选区载入	按住【Ctrl】键并单击图层缩览图
将滤镜蒙版作为选区载入	按住【Ctrl】键并单击滤镜蒙版缩览图
图层编组	【Ctrl】＋【G】
取消图层编组	【Ctrl】＋【Shift】＋【G】
创建/释放剪贴蒙版	【Ctrl】＋【Alt】＋【G】
选择所有图层	【Ctrl】＋【Alt】＋【A】
合并可视图层	【Ctrl】＋【Shift】＋【E】
使用对话框创建新的空图层	按住【Alt】键并单击“新建图层”按钮
在目标图层下面创建新图层	按住【Ctrl】键并单击“新建图层”按钮
选择顶部图层	【Alt】＋【.】（句点）
选择底部图层	【Alt】＋【,】（逗号）
添加到“图层”面板中的图层选区	【Shift】＋【Alt】＋【[】或【]】
向下/上选择下一个图层	【Alt】＋【[】或【]】
下移/上移目标图层	【Ctrl】＋【[】或【]】
将所有可视图层的拷贝合并到目标图层	【Ctrl】＋【Shift】＋【Alt】＋【E】
将图层移动到底部或顶部	【Ctrl】＋【Shift】＋【[】或【]】
仅显示/隐藏此图层/图层组，或显示/隐藏所有图层/图层组	右键单击眼睛图标
编辑图层效果/样式、选项	双击图层效果/样式
隐藏图层效果/样式	按住【Alt】键并双击图层效果/样式

续表

操　　作	快　捷　键
编辑图层样式	双击图层
切换图层蒙版的开/关	按住【Shift】键并单击图层蒙版缩览图
切换滤镜蒙版的开/关	按住【Shift】键并单击滤镜蒙版缩览图
在图层蒙版和复合图像之间切换	按住【Alt】键并单击图层蒙版缩览图
在滤镜蒙版和复合图像之间切换	按住【Alt】键并单击滤镜蒙版缩览图
创建剪贴蒙版	按住【Alt】键并单击两个图层的分界线
重命名图层	双击图层名称
创建隐藏全部内容/选区的图层蒙版	按住【Alt】键并单击“添加图层蒙版”按钮
创建显示全部/路径区域的矢量蒙版	按住【Ctrl】键并单击“添加图层蒙版”按钮
创建隐藏全部或显示路径区域的矢量蒙版	按住【Ctrl】＋【Alt】组合键并单击“添加图层蒙版”按钮

附录 B7　混　合　模　式

操　　作	快　捷　键
循环切换混合模式	【Shift】＋【＋】（加号）或【－】（减号）
正常	【Shift】＋【Alt】＋【N】
溶解	【Shift】＋【Alt】＋【I】
背后（仅限画笔工具）	【Shift】＋【Alt】＋【Q】
清除（仅限画笔工具）	【Shift】＋【Alt】＋【R】
变暗	【Shift】＋【Alt】＋【K】
正片叠底	【Shift】＋【Alt】＋【M】
颜色加深	【Shift】＋【Alt】＋【B】
线性加深	【Shift】＋【Alt】＋【A】
变亮	【Shift】＋【Alt】＋【G】
滤色	【Shift】＋【Alt】＋【S】
颜色减淡	【Shift】＋【Alt】＋【D】
线性减淡	【Shift】＋【Alt】＋【W】
叠加	【Shift】＋【Alt】＋【O】
柔光	【Shift】＋【Alt】＋【F】
强光	【Shift】＋【Alt】＋【H】

续表

操　　作	快　捷　键
亮光	【Shift】＋【Alt】＋【V】
线性光	【Shift】＋【Alt】＋【J】
点光	【Shift】＋【Alt】＋【Z】
实色混合	【Shift】＋【Alt】＋【L】
差值	【Shift】＋【Alt】＋【E】
排除	【Shift】＋【Alt】＋【X】
色相	【Shift】＋【Alt】＋【U】
饱和度	【Shift】＋【Alt】＋【T】
颜色	【Shift】＋【Alt】＋【C】
明度	【Shift】＋【Alt】＋【Y】

附录 B8　编　辑　路　径

操　　作	快　捷　键
选择多个锚点	方向选择工具＋【Shift】键并单击
选择整个路径	方向选择工具＋【Alt】键并单击
复制路径	钢笔（任何钢笔工具）、路径选择工具或直接选择工具＋【Ctrl】＋【Alt】并拖移
关闭路径	磁性钢笔工具＋双击
关闭含有直线段的路径	磁性钢笔工具＋【Alt】键并双击
当指针位于锚点或方向点上时从钢笔工具或自由钢笔工具切换到转换点工具	【Alt】

附录 C

Illustrator 快捷键速查

附录 C1　编　辑　操　作

操　　作	快　捷　键
还原前面的操作	【Ctrl】＋【Z】
重复操作	【Ctrl】＋【Shift】＋【Z】
将选取的内容剪切放到剪贴板	【Ctrl】＋【X】或【F2】
将选取的内容拷贝放到剪贴板	【Ctrl】＋【C】
将剪贴板的内容粘到当前图形中	【Ctrl】＋【V】或【F4】
将剪贴板的内容粘到最前面	【Ctrl】＋【F】
将剪贴板的内容粘到最后面	【Ctrl】＋【B】
选取全部对象	【Ctrl】＋【A】
取消选择	【Ctrl】＋【Shift】＋【A】
再次转换	【Ctrl】＋【D】
发送到最前面	【Ctrl】＋【Shift】＋【]】
向前发送	【Ctrl】＋【]】
发送到最后面	【Ctrl】＋【Shift】＋【[】
向后发送	【Ctrl】＋【[】
群组所选物体	【Ctrl】＋【G】
取消所选物体的群组	【Ctrl】＋【Shift】＋【G】
锁定所选的物体	【Ctrl】＋【2】
锁定没有选择的物体	【Ctrl】＋【Alt】＋【Shift】＋【2】
全部解除锁定	【Ctrl】＋【Alt】＋【2】
隐藏所选物体	【Ctrl】＋【3】

续表

操　　作	快　捷　键
隐藏没有选择的物体	【Ctrl】＋【Alt】＋【Shift】＋【3】
显示所有已隐藏的物体	【Ctrl】＋【Alt】＋【3】
连接断开的路径	【Ctrl】＋【J】
对齐路径点	【Ctrl】＋【Alt】＋【J】
调合两个物体	【Ctrl】＋【Alt】＋【B】
取消调合	【Ctrl】＋【Alt】＋【Shift】＋【B】
新建一个图像遮罩	【Ctrl】＋【7】
取消图像遮罩	【Ctrl】＋【Alt】＋【7】
联合路径	【Ctrl】＋【8】
取消联合	【Ctrl】＋【Alt】＋【8】

附录 C2　工　具　箱

操　　作	快　捷　键
移动工具	【V】
直接选取工具	【A】
钢笔工具	【P】
文字工具	【T】
椭圆、多边形、星形、螺旋形	【L】
矩形、圆角矩形工具	【M】
画笔工具	【B】
铅笔、圆滑、抹除工具	【N】
旋转、转动工具	【R】
缩放、拉伸工具	【S】
镜向、倾斜工具	【O】
自由变形工具	【E】
图表工具（七种图表）	【J】
渐变网点工具	【U】
渐变填色工具	【G】
颜色取样器	【I】

续表

操　　作	快　捷　键
油漆桶工具	【K】
视图平移、页面、尺寸工具	【H】
放大镜工具	【Z】
切换填充和描边	【X】
标准屏幕模式、带有菜单栏的全屏模式、全屏模式	【F】
切换为颜色填充	【<】
切换为渐变填充	【>】
切换为无填充	【/】
临时使用抓手工具	【空格】

附录 C3　视　图　操　作

操　　作	快　捷　键
放大视图	【Ctrl】＋【＋】
缩小视图	【Ctrl】＋【－】
放大到页面大小	【Ctrl】＋【0】
实际像素显示	【Ctrl】＋【1】
显示/隐藏所有路径的控制点	【Ctrl】＋【H】
隐藏模板	【Ctrl】＋【Shift】＋【W】
显示/隐藏标尺	【Ctrl】＋【R】
显示/隐藏参考线	【Ctrl】＋【；】
锁定/解锁参考线	【Ctrl】＋【Alt】＋【；】
将所选对象变成参考线	【Ctrl】＋【5】
将变成参考线的物体还原	【Ctrl】＋【Alt】＋【5】
贴紧参考线	【Ctrl】＋【Shift】＋【；】
显示/隐藏网格	【Ctrl】＋【”】
贴紧网格	【Ctrl】＋【Shift】＋【”】
捕捉到点	【Ctrl】＋【Alt】＋【”】
应用敏捷参照	【Ctrl】＋【U】
显示/隐藏“字体”面板	【Ctrl】＋【T】
显示/隐藏“画笔”面板	【F5】

续表

操　　作	快　捷　键
显示/隐藏“颜色”面板	【F6】/【Ctrl】+【I】
显示/隐藏“图层”面板	【F7】
显示/隐藏“信息”面板	【F8】
显示/隐藏“渐变”面板	【F9】
显示/隐藏“描边”面板	【F10】
显示/隐藏“属性”面板	【F11】
显示/隐藏所有命令面板	【TAB】
显示或隐藏工具箱以外的所有调板	【Shift】+【TAB】
选择最后一次使用过的面板	【Ctrl】+【～】

附录 C4　文　件　操　作

操　　作	快　捷　键
新建图形文件	【Ctrl】+【N】
打开已有的图像	【Ctrl】+【O】
关闭当前图像	【Ctrl】+【W】
保存当前图像	【Ctrl】+【S】
另存为...	【Ctrl】+【Shift】+【S】
存储副本	【Ctrl】+【Alt】+【S】
页面设置	【Ctrl】+【Shift】+【P】
文档设置	【Ctrl】+【Alt】+【P】
打印	【Ctrl】+【P】
打开“预置”对话框	【Ctrl】+【K】
回复到上次存盘之前的状态	【F12】

附录 C5　文　字　操　作

操　　作	快　捷　键
文字左对齐或顶对齐	【Ctrl】+【Shift】+【L】
文字中对齐	【Ctrl】+【Shift】+【C】
文字右对齐或底对齐	【Ctrl】+【Shift】+【R】
文字分散对齐	【Ctrl】+【Shift】+【J】
插入一个软回车	【Shift】+【回车】

续表

操　作	快　捷　键
精确输入字距调整值	【Ctrl】＋【Alt】＋【K】
将字距设置为 0	【Ctrl】＋【Shift】＋【Q】
将字体宽高比还原为 1 比 1	【Ctrl】＋【Shift】＋【X】
左/右选择 1 字符	【Shift】＋【←】/【→】
上/下选择 1 行	【Shift】＋【↑】/【↓】
将所选文本的文字大小减小 2 点像素	【Ctrl】＋【Shift】＋【<】
将所选文本的文字大小增大 2 点像素	【Ctrl】＋【Shift】＋【>】
将所选文本的文字大小减小 10 点像素	【Ctrl】＋【Alt】＋【Shift】＋【<】
将所选文本的文字大小增大 10 点像素	【Ctrl】＋【Alt】＋【Shift】＋【>】
将行距减小 2 点像素	【Alt】＋【↓】
将行距增大 2 点像素	【Alt】＋【↑】
将基线位移减小 2 点像素	【Shift】＋【Alt】＋【↓】
将基线位移增加 2 点像素	【Shift】＋【Alt】＋【↑】
将字距微调或字距调整减小 20/1000ems	【Alt】＋【←】
将字距微调或字距调整增加 20/1000ems	【Alt】＋【→】
将字距微调或字距调整减小 100/1000ems	【Ctrl】＋【Alt】＋【←】
将字距微调或字距调整增加 100/1000ems	【Ctrl】＋【Alt】＋【→】
光标移到最前面	【HOME】
光标移到最后面	【END】
选择到最前面	【Shift】＋【HOME】
选择到最后面	【Shift】＋【END】
将文字转换成路径	【Ctrl】＋【Shift】＋【O】